JN233859

保全遺伝学

小池裕子・松井正文 ── [編]

東京大学出版会

Conservation Genetics
Hiroko KOIKE and Masafumi MATSUI, Editors
University of Tokyo Press, 2003
ISBN978-4-13-060213-6

出版されているので，ここでは野生動物を対象とした分析法にできるだけ的を絞って，基本的な留意事項を紹介するよう心がけた．第3部の「野生動物の保全遺伝学」では，大型哺乳類から昆虫まで，プロジェクトの研究成果を中心に野生動物の保全の実際を紹介した．紙面の都合上，トピックスが限られた感はぬぐえないが，さまざまな動物たちの研究現場のいきいきとした雰囲気を感じていただければ幸甚である．

　遺伝情報は，地史的時間にわたる系統進化の問題だけではなく，現在みられる動物種，あるいは個体群の比較的新しい歴史をも反映していることがわかった．たとえば，ある種が保護によって国立公園内で急激に個体数を増やしても，遺伝子流動がなければ遺伝的多様性は回復しない．一方，適応放散して多数の個体群を維持してきた種は，現在の個体数が少なくても，遺伝情報から過去の繁栄を読み取ることができる．すなわち，重要なのはいまどのような状況になっているかということだけではなく，その種が過去においてどのような経過をたどってきたかについても評価することである．

　野生動物の遺伝的分析は，記載的な地味な仕事といってよいであろう．しかし，研究者の心に焼きついている動物の鳴声や食物をあさる姿は，毎日の実験室での分析を続けていくための原動力になっているのだ．今後，この分野の研究がさらに進み，それぞれの動物たちの自然史が記述されていくなかで，われわれが野生動物とどう向き合っていくのかの答は，自然に出てくるのではないだろうか．それほど動物たちの歴史とは多様であり，たくさんのドラマに満ちたものだから．

小池裕子

はじめに

　日本に生息するヤマネコ，ライチョウ，オオサンショウウオなどのミトコンドリアDNAの遺伝的多様性はきわめて低いということが明らかになったとき，野生動物の保全に携わる人たちは大きな衝撃を受けた．そこから環境省の生物多様性研究の一環として，遺伝的多様性プロジェクトが立ち上げられたのである．そして絶滅危惧種や希少種の研究からは，大きな成果が上がった．これらの研究の主眼は，「種レベルの多様性」の概念にもとづいたものであった．

　それでは「遺伝子レベルの多様性」とはなにか——プロジェクト会議では幾度も議論されたが，なかなか共通の見解にはいたらなかった．「生物多様性」の概念は市民権を得て認められるようになった．同時に「遺伝的多様性」もその言葉自体はかなり知られるようになった．一方，「遺伝的多様性は高ければよいのだろうか」「遺伝的多様性が低かったとしても，その種が歴史的に少ない個体数で維持されてきたのなら，それでもよいのではないか」などの考えもあり，「遺伝的多様性」が野生動物の保全の指標になるには，解決しなければならない課題がまだ山積している．なぜ「遺伝子レベルの多様性」を保全していかなければならないのか．より多くの人々にその必要性を理解してもらうためには，さらに理論的な裏づけが必要だと，プロジェクトのメンバーは感じていた．研究がまだ荒削りな段階であるにもかかわらず，かれらが本書の刊行に同意してくれた理由は，おそらくそこにあるのだろう．

　本書は3部構成になっている．第1部の「保全遺伝学とはなにか」では，第1章において生物多様性における保全遺伝学の役割を示し，第2章では生物進化からみた保全遺伝学の課題にどう対処するかを論じ，第3章では種内多型からみたその課題を列挙し，保全遺伝学の意義づけを示そうと試みた．また，第4章では，国際的見地を含めた，いくつかの遺伝的多様性保全プロジェクトを紹介した．第2部の「保全遺伝学の方法論」では，染色体レベル，タンパク質レベル，DNAレベルから，それぞれ保全遺伝学の方法を概説し，さらに野外でのサンプリング法についてもふれた．バイオテクノロジーの専門書はすでに多数

目次

はじめに ……………………………………………………………………………… i

1　保全遺伝学とはなにか

1｜生物多様性と保全遺伝学
1.1　繁栄の時代から絶滅の時代への急転回——保全生物学の課題 ……… 3
1.2　生物多様性とはなにか ……………………………………………… 6
　　(1)生態系レベルの多様性 7　(2)種レベルの多様性 9
　　(3)遺伝子レベルの多様性 10
1.3　遺伝的多様性の意味するもの ……………………………………… 11
1.4　保全遺伝学とはなにか ……………………………………………… 15

2｜生物進化と保全遺伝学
2.1　進化機構の遺伝的背景 ……………………………………………… 19
　　(1)ゲノムと遺伝子 19　(2)遺伝子の構造 21
2.2　突然変異と進化 ……………………………………………………… 22
　　(1)染色体レベルの変異 22　(2)遺伝子レベルの重複・変異 22
　　(3)点突然変異 23　(4)突然変異率 23
2.3　種分化とはなにか …………………………………………………… 24
2.4　分子時計 ……………………………………………………………… 26
　　(1)分子時計の発見 26　(2)分子時計を用いるうえでの留意点 27
2.5　進化速度と分析領域 ………………………………………………… 28

3｜種内多型と保全遺伝学
3.1　遺伝的多様性とはなにか …………………………………………… 40
　　(1)遺伝子多様度(h) 40　(2)塩基多様度(π) 42　(3)遺伝的分化係数(F_{ST}) 43
　　(4)近交係数(F) 45
3.2　遺伝的構造とはなにか ……………………………………………… 45
　　(1)繁殖個体群の認定 45　(2)個体群の分布域と寄与率 46
　　(3)ネットワーク樹 47　(4)地域間共有率 48　(5)個体群間の遺伝距離 49

3.3 遺伝情報から過去の個体群動態を読む ……………………………… 50
(1)塩基置換頻度分布 50　(2)祖先ノードからの塩基置換頻度分布 50
(3)ネットワーク樹と塩基置換頻度分布図の関係 51

3.4 遺伝情報から個体の行動を読む ………………………………………… 52
(1)個体識別 53　(2)性判別 54

3.5 保全のための遺伝学的研究 ……………………………………………… 56
(1)MHC 遺伝子 56　(2)病原生物の DNA 診断 57

4 遺伝的多様性保全のためのプロジェクト ………………………………… 59

4.1 日本の野生動物と遺伝的多様性 ………………………………………… 59
(1)日本の野生動物の遺伝的絶滅 59　(2)遺伝的分化と多様性研究 60

4.2 国内の取り組み …………………………………………………………… 61
(1)生物多様性条約 61　(2)国家戦略 62
(3)行政機関によるモニタリング調査 62

4.3 国際的取り組み …………………………………………………………… 64
(1)国際条約・国際機関による取り組み 64　(2)希少種の遺伝的多様性 65

4.4 遺伝的多様性回復——世界の具体例 …………………………………… 67
(1)どのような対策があるか 67　(2)生息域内保全 68　(3)生息域外保全 68

4.5 遺伝的多様性の回復——日本の例 ……………………………………… 69
(1)生息域内保全と生息域外保全 69　(2)具体的対策 70
(3)冷凍動物園と試料バンク 72

4.6 今後の課題 ………………………………………………………………… 73
(1)全生物調査(遺伝子インベントリー) 73　(2)地域個体群と遺伝的多様性 74
(3)標本保存と博物館 74

2　保全遺伝学の方法論

5 染色体レベルの研究法 ……………………………………………………… 79

5.1 細胞培養と染色体標本の作製 …………………………………………… 80
(1)血液培養 80　(2)皮膚培養 81　(3)染色体標本の作製 81
(4)サンプルの保管法 81

5.2 染色体分染法を用いた形態学的解析 …………………………………… 82
(1)ギムザ染色法 82　(2)Q-染色法 82　(3)G-染色法 84　(4)C-染色法 85

5.3 FISH 法を用いた分子細胞遺伝学的解析 ………………………………… 87
(1)染色体マッピング法 87　(2)染色体ペインティング法 90

6 タンパク質レベルの研究法 ··· 92

6.1 電気泳動法 ··· 92
(1) 通常の電気泳動法の原理 92　(2) 通常の電気泳動の実際 93
(3) アイソザイムとアロザイム 94　(4) アロザイムのバンドパターンの解釈 97
(5) その他の電気泳動法 98

6.2 アロザイムデータの応用 ··· 99
(1) アロザイムデータの解析 99
(2) 異なった分類群レベルでのアロザイムの変異 101

7 DNA レベルの研究法 ·· 104

7.1 DNA 分析に必要な機材 ·· 104

7.2 DNA の増幅 ·· 104
(1) PCR 法による DNA の増幅 104　(2) PCR 実験の基礎事項 105
(3) PCR のトラブルシューティング 108　(4) いろいろな PCR 法 110
(5) クローニング法 114

7.3 塩基置換の検出 ··· 115
(1) 塩基配列の決定 116　(2) 1 塩基置換の検出法 118
(3) フラグメント解析 119

7.4 DNA 解析 ··· 120

7.5 系統樹の作成 ·· 122

8 野外でのサンプル採取法 ·· 128

8.1 DNA サンプルの採取 ·· 128
(1) 生体からのサンプリング 128　(2) 死体からのサンプリング 130
(3) フィールドでのサンプリング 130　(4) 博物館標本からのサンプリング 133
(5) 化石標本からのサンプリング 134

8.2 DNA 試料の調整 ·· 134
(1) 軟組織試料の調整 135　(2) 付着物・派生物試料の調整 136
(3) 骨試料の調整 138

3　野生動物の保全遺伝学

9 大型・中型哺乳類 ·· 143

9.1 日本に生息する大型・中型哺乳類 ································ 143

9.2 イリオモテヤマネコおよびツシマヤマネコでの取り組み ················ 143
(1) 分類と種の保全 143　(2) 低い遺伝的多様性 146
(3) ヤマネコから得た教訓 148

9.3 北海道におけるヒグマと遺伝的特徴 ……………………………………149
    (1)北海道全域からの遺伝子探索 149　(2)北海道ヒグマ集団の三重構造 151
    (3)遺伝子の定着と拡散 154
9.4 激増するエゾシカと遺伝子分析 ………………………………………154
    (1)乱獲，保護，生態系のアンバランス 154
    (2)遺伝的多様性の低下と個体数増加の過程 155
9.5 今後の問題と展望 …………………………………………………157

10 | 小型哺乳類 ……………………………………………………………159
10.1 日本の小型哺乳類 …………………………………………………159
10.2 各種の起源と遺伝的多様性 ………………………………………160
    (1)ニホンヤマネ 160　(2)トゲネズミ 162　(3)アカネズミ類 164
    (4)ヤチネズミ類 167　(5)モグラ類 169　(6)ヒミズ類 170
    (7)ハツカネズミ 172
10.3 多様性研究の宝庫――日本列島 …………………………………174

11 | 海生哺乳類 ……………………………………………………………175
11.1 海生哺乳類の系統進化 ……………………………………………175
    (1)クジラ目 176　(2)鰭脚亜目 178　(3)海牛目 179
11.2 鯨類の遺伝的多様性 ………………………………………………180
    (1)ザトウクジラ 180　(2)セミクジラ 181　(3)ミンククジラ 182
11.3 ミンククジラの保全 ………………………………………………187

12 | 鳥類 ……………………………………………………………………189
12.1 鳥類の特徴 …………………………………………………………189
12.2 鳥類の種内多型に関する研究史 …………………………………189
12.3 高山に隔離された鳥類 ……………………………………………191
12.4 広く森林に分布する鳥類 …………………………………………194
12.5 渡りをする鳥類 ……………………………………………………196

13 | 爬虫類 …………………………………………………………………198
13.1 日本の爬虫類相――特色と保全上の位置づけ …………………198
13.2 遺伝学的手法を用いた分類学的多様性の解明 …………………200
13.3 遺伝学的手法を用いた進化的に重要な単位やクローン多型の検出
    ……………………………………………………………………204
13.4 遺伝学的手法を用いた人為的移入個体群の検出 ………………211

13.5　遺伝学的手法を用いた生活史の解明 ……………………………………212

14 │両生類 …………………………………………………………………………214
　14.1　日本産両生類の遺伝的多様性 ……………………………………………214
　14.2　日本産両生類の遺伝的多様性研究の手法と研究例 ……………………214
　　　　(1) 有尾類 214　　(2) 無尾類 215
　14.3　保全上問題のある種についての研究事例 ………………………………217
　　　　(1) オオサンショウウオ 217
　　　　(2) カスミサンショウウオとトウキョウサンショウウオ 218
　　　　(3) ハクバサンショウウオとヤマサンショウウオ 220
　　　　(4) オオダイガハラサンショウウオ 222　　(5) ダルマガエル 224
　14.4　遺伝的多様性の研究結果と種個体群の保護・保全 ……………………225

15 │淡水魚類 ………………………………………………………………………227
　15.1　淡水魚類とは …………………………………………………………………227
　15.2　淡水魚類の分子系統学的・集団遺伝学的研究 …………………………228
　　　　(1) これまでの研究 228
　　　　(2) 遺伝マーカーを用いた研究事例と保全における位置づけ 230
　15.3　淡水魚の保全に向けて ………………………………………………………238

16 │昆虫類 …………………………………………………………………………241
　16.1　日本の昆虫類の種多様性と保全の現状 …………………………………241
　16.2　日本の昆虫類の遺伝的多様性研究の歴史と現状 ………………………242
　　　　(1) 染色体レベルの研究 242　　(2) アロザイムレベルの研究 243
　　　　(3) DNA レベルの研究 243
　16.3　日本の昆虫類の遺伝的多様性研究の実際例 ……………………………245
　　　　(1) 染色体——カタアカスギナハバチ 245
　　　　(2) アロザイム——ゲンジボタルとその仲間 249
　　　　(3) DNA——ゲンジボタルとその仲間 251　　(4) DNA——オサムシ類 255
　16.4　昆虫類の保全遺伝学の今後 …………………………………………………258

　おわりに ………………………………………………………………………………259

引用文献 …………………………………………………………………………………261
事項索引 …………………………………………………………………………………293
生物名索引 ………………………………………………………………………………297

1
保全遺伝学とはなにか

1 生物多様性と保全遺伝学

1.1 繁栄の時代から絶滅の時代への急転回——保全生物学の課題

　地球上には，熱帯雨林や砂漠，ツンドラ，サンゴ礁，南極海氷縁など，多様な生態系(ecosystem)が存在している．これらの生態系は，温度分布からみると熱帯から極域まで，雨量では熱帯雨林から砂漠まで，地形では陸上の高山・山稜・平地・河川，海洋の干潟・陸棚から深海溝まで，さまざまな環境要因が組み合わされてつくりあげられている．そして，これらの無機的環境基盤の上に，光合成をする一次生産者としての植物，それを食べて生きている一次消費者の植物食動物，さらにそれを食べる高次消費者の動物食動物，それらの分解者という，食物連鎖の複雑な階層構造が生態系を成り立たせている(岩槻・加藤 2000)．もちろん，この複雑な生態系は，それぞれの地域に特有な生物種から構成されている．

　生態系を構成する生物種の数は莫大であるが，その祖先をたどっていけば，単一の生物であったと考えられる．その理由としては，バクテリアから人類まで，すべての生物は基本的には同様の遺伝暗号を使用してタンパク質合成を行うことや，同一のアミノ酸型(L型アミノ酸)をもつことなどがあげられる．地球上の生物の歴史は，ある事件(event)に端を発し，発生した生命の誕生以来，種の絶滅を含みながらも，結果的にはたえまなく種の数が増え続けた歴史，すなわち種の多様性が増大してきた歴史にほかならないといえよう．

　しかし，この生物種の増加は，地史的にみるとつねに同じ速度で進行してきたわけではなく，環境の激変による種の絶滅期，それに適応するための急速な種分化の時代，その後の安定した環境下での緩慢な種分化の時代など特徴的な変化が認められる(Emiliani 1955)．地球環境の変動には，(1)太陽系の構成惑星が地球にもたらす地史的時間スケールの変動周期(数千万年周期)，(2)ミランコビッチの太陽エネルギー収支に起因する変動周期(約数十万年周期)，(3)地球の

熱収支に起因する気候変動周期(10-15年周期),が知られている.

多様性を一時的に減少させる地史的な大規模絶滅(mass-extinction)は,恐竜時代の終焉のように,広範囲にわたる小惑星の衝突や火山の爆発による気候の激変によって,多くの種が生存できなくなったため生じたと考えられている.最大規模の大規模絶滅は2億5000万年前の二畳紀に起こり,海産動物種の77%から96%が絶滅したと見積もられている.この二畳紀に大絶滅した科がもとの数に戻るには5000万年もの歳月が必要であった.

しかし,地球上の生物は,それらの大絶滅を乗り越える生命力を有していたからこそ,多様性は増大してきたのである.大絶滅の後,空白になったニッチェ(生態的地位 niche)には,新しい生活形をもつ新生物が出現し新世紀を創出してきた.たとえば,爬虫類の絶滅の後には新生代第三紀(Tertiary)という哺乳類の時代がやってきた.そして,この温暖な時代には,元来地中生活者だった小型哺乳類が,絶滅した爬虫類の占めていた地・海・空で多様な生活形をもつ種を生み出した.

第三紀の後には,氷河が発達する寒冷な第四紀(Quaternary)の更新世(Pleistocene)が始まった.この第四紀は,ミランコビッチが示した太陽エネルギーの周期的環境変動で特徴づけられている.地球が受ける太陽エネルギーの総量は,毎年ほとんど一定であるようにみえる.しかし,(1)地球の楕円軌道の離心率(9万年周期),(2)地軸の傾き(4万年周期),(3)春分点の移動(2万年周期),の3つを合成した周期性はしだいに一方向へ大きくふれ,その結果として氷期と間氷期が繰り返し起こってきた.

一方,この寒冷な気候を特徴とする変動の更新世が長く続いた後,最終氷期のピークである1.8万年前を最後に,温暖な時代である完新世(Holocene)が訪れた.この温暖化とともに,一次生産者のバイオマス(生物量 biomass)が大幅に増大して,生物は大放散し,現世(Recent)の豊かな生物多様性の局面を迎えている.

Wilson(1992)の集計結果によれば,現在,地球上に生存する生物種の数は141万3000種はあるという.しかし,実際には少なく見積もっても,この2倍の未記載の生物種がおり,人目につかない生物は分類学的に正当に認知されていないというのが現状である.その多くは熱帯地域の昆虫を中心とする節足動物で,それらの正確な種数を把握することはきわめて困難である.また,細菌についても多様性の実態はほとんどわかっていない.

日本国内で記載されている種は，植物 7000 種，海産魚類をのぞいた脊椎動物が 1200 種，昆虫が 3 万種，その他の動物が 4000 種ほどにのぼる．昆虫や無脊椎動物はもちろん，脊椎動物でさえ，いまだに新種が報告されており，日本に生息するすべての種の記載「全種記載調査」の完成が急がれる．

　さて第四紀という時代は，人類の出現で特徴づけられる時代でもある．人類の進化において，現代人 *H. s. sapiens* の直接の祖先は約 15 万年前に出現した．DNA 解析の結果，現代人の起源はアフリカ大陸にあり，拡散の第 1 期にはユーラシア大陸へ，第 2 期にはアメリカ大陸，オーストラリア大陸，オセアニアへの移住が行われたとされている (Lewin 1999)．最終氷期が終焉を迎え，その後の温暖な時代になると，人類は各地域の生態系に適した生活技術を発展させた．

　ところが，現在地球では，その人類の繁栄とは対照的に，人類のもたらした地球環境破壊が深刻な問題になっている．人類は狩猟採集段階のおもに食料対象としての動植物の採集捕獲から，農耕牧畜段階では，農地化による野生生物の生息地の縮小という生態系の破壊を起こしてきた．さらに現代の高度な文明化社会では，野生生物の生息地の分断化を進めただけでなく，生産動植物や移入動物による自然生物群集の攪乱によって，いままでの地史的大規模絶滅とは質の異なる生物種の大量絶滅を引き起こしている (Vida 1994)．

　たとえば日本の現状をみても，日本国内で記載されている種のうち，動物の約 670 種，植物の約 2000 種が，絶滅の危機に瀕しているといわれており，環境省のレッドリストには，日本産生物約 4 万 2000 種のうち，現在 2400 種もが掲載されている．

　さて，この絶滅の問題を個体群 (population) のレベルからみてみると，どうなるであろうか．それぞれの種が約 220 個体群から成り立つと仮定すると，地球には 11 億–66 億の個体群が存在することになるとした Hughes *et al.* (1997) は，もし個体群の消滅が単純に生息地の消滅と直線的な関係をもつと仮定すると，現在の生息地の消滅のスピードは，1 時間に 1800 個体群，年間で 1600 万個体群を消失させることになるという．これらの個体群ひとつひとつが新しい種へ進化する可能性をもつと考えれば，個体群レベルでの多様性を守ることは，非常に重要なことである．

　こうした人類の環境破壊による生物種の大量絶滅に対して，正面から取り組もうとしているのが保全生物学 (conservation biology) である．保全生物学は，い

ま直面している生物多様性の危機に対して，既存の科学が十分な解決策を示さなかったという反省に立ち，学際的なアプローチを含む総合科学をめざしている．既存の分野，たとえば農学では，おもに有用種のみを研究対象として，商品価値のない希少種などは学問の対象外とされてきた．保全生物学は生態学，進化系統学，遺伝学などの専門分野を研究の軸としているが，これらの学問領域では，伝統的に生物を自然環境のもとで観察することに主眼をおいており，一般に人間の影響は排除，あるいは軽視されてきた．しかし，人間の生活圏が拡大し，人間の生態系への影響を無視することは，もはや誤った結論を導くおそれさえある(Primack 2000)．保全生物学の課題は，(1)人間活動が，生物の種，生物群集，生態系に与える影響を研究すること，(2)種の絶滅を防ぐための実際的な方策を提示すること，(3)絶滅に瀕している種を保護し，できるだけ本来の生態系に戻すこと，からなり，総合的な見地から生物多様性(biodiversity)を保持することである．

　生物多様性の危機の多くは，人間活動が直接的間接的にその原因となっている．そこで保全生物学は，生物学のみならず，広範な専門分野，たとえば環境学や環境管理学，保全政策論などを含むさまざまな学際的な研究分野を取り込む必要がある．それは，たとえば保護か開発かの論争が起こったときには，種の保存や管理に対して生物学的側面だけでなく，生物多様性を多面的に評価することにより，保護の重要性に客観的根拠を与え，地域住民の理解を高めて，解決への道を開くからである．

1.2　生物多様性とはなにか

　地球上の生物種はすでに知られているものだけでも141万種を超えるという．また，この生物種には種を構成する個々の個体群間や個体群内にも，遺伝子レベルでの大きな変異が含まれており，遺伝的にけっして均一ではない．自然下では，そうした内部に莫大な数の遺伝的変異を含む種が，たがいに関係しあって多数集まり，生物群集を構成している．そのため，生物群集はさらに多様ということになる．

　人類が守るべき生物多様性とは，なにを意味し，どこまでを含むのであろうか．世界自然保護基金(WWF；World-Wide Fund for Nature 1989)の定義によれ

```
                    生物多様性
         ┌─────────────────────────────┐
   個体性 │                             │
     ↑   │     遺伝子レベルの多様性     │
     ↑   │                             │
         │      種レベルの多様性        │   ↓
         │                             │   ↓  複合性
         │    生態系レベルの多様性      │
         └─────────────────────────────┘
```

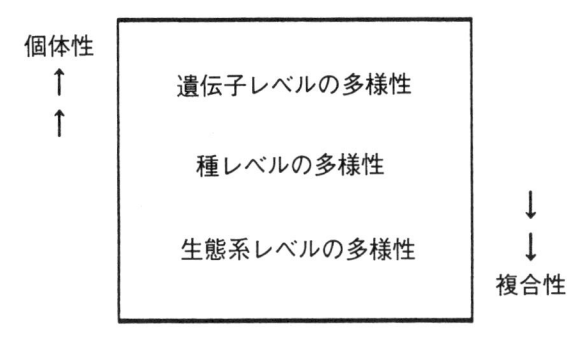

図1-1　生物多様性における3つのレベル.

ば，生物多様性とは「地球上の生命の総体」を意味する．生物多様性は，植物，動物，微生物のすべての種(species)に関する多様性(species diversity)，およびマクロなレベルでの生態系多様性(ecosystem diversity)，そしてミクロなレベルでの遺伝的多様性(genetic diversity)の3つのレベルから構成される(図1-1)．これが生物多様性の概念であり，上述のように，現在地球にある「生きもの」の多様性をできるだけ保持していこうとするのが，保全生物学の究極の目的である．

　図1-2に示すように，「ノアの方舟」は，それぞれの動物種につき1つがいが生き残れば，それぞれの種が復原できるとする西洋の古い考え方を反映したものであった．しかしながら，現在問題とされている生物多様性は，それぞれの「種」の絶滅を防ぐためには，地球上のさまざまな「生態系」をそれぞれ確保し，一方，種のなかの地域個体群のもつ「遺伝子レベル」の多様性を維持することが不可欠であるとする新しい概念なのである．

(1) 生態系レベルの多様性

　生態系とは，「生物群集とそれを取り巻く物理的環境の全体」と定義される．また，生物群集は「特定の場を占有し，おたがいに相互作用をもつ生物種の集まり」をさす．生態系レベルでの生物多様性とは，異なる複数の生物種が生活をともにしている場である生態系の多様性を意味している．地球上には，温度や降雨量などのさまざまな物理的環境があり，生物群集の構造と特性に影響を与えている．その結果，森林，ステップ，サバンナ，砂漠，湿地など，特徴的

ノアの箱舟から

生物多様性の時代へ

遺伝的多様性

種多様性

生態系多様性

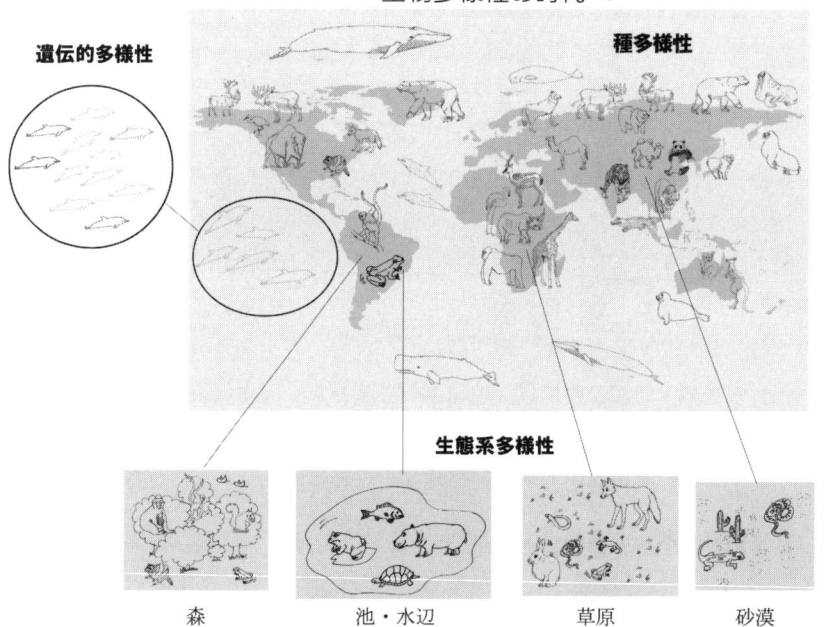

森　　池・水辺　　草原　　砂漠

図1-2　「ノアの方舟」から「生物多様性の時代」へ．

な生態系が創出されている．生物群集はまた逆に，生態系の物理的特性にも影響を与えており，とくに一次生産者は土壌特性，あるいは水の化学的特性や物質循環などに大きな影響を与えている．

　生物群集内の動植物種はそれぞれに固有のニッチェとよばれる「食餌特性や生息域などの構成要素からなる場」を利用している．ニッチェを占有するそれぞれの種の個体数は徐々に変化し，やがて種組成の変化をもたらす．各々の種はニッチェに規定されながら，生態系の遷移における特定の過程でみられるものである．したがって，生態系の遷移は，このような個々のニッチェを占める生物群集と物理的環境の遷移ともいえる．

　生態系レベルの多様性は，後述の遺伝子レベルの多様性とも関連がある．個々の生態系にみられる生息環境の不均一性とタンパク質レベルでの遺伝的多型との関連を調べた研究の結果によれば，環境の異質性が生息場所選択を引き起こし，その結果，全体としての遺伝型の多様性が生じるといわれる(Powell & Taylor 1979)．たとえば，ショウジョウバエを，均一の環境下と変動する環境下で飼育すると，変動する環境条件下のほうが均一条件下のものに比べ，ヘテロ接合度(heterozygosity)が有意に高くなるという(McDonald & Ayala 1974, Powell 1971)．Nevo & Shaw(1972)は，穴居性のモグラネズミでヘテロ接合度の低いことを見出し，これは地下の狭い生息場所という変化の少ないニッチェではホモ接合が選択されるためと考えた．さらに，Selander & Kaufman(1973)は，ヘテロ接合度は小型であまり移動しない動物でもっとも高く，大型で移動力の大きな動物でもっとも低いと推測した．その理由は，前者にとって環境は，選択可能か不能か二者択一的なきめの粗いパッチと認識されるため，選択可能な限られた環境内で変動に耐えるだけの表現型を発現できる遺伝的特性の保持が要求される．一方，後者にとっては，環境は選択不能部分に可能部分が隣接するきめ細かなパッチと認識されるため，変動の影響を受けずにつねに最適な環境を選択することが可能となり，ある特定の表現型を発現する遺伝子をもつことが有利になると考えられるためである．また，Smith & Fujio(1982)は海生魚のヘテロ接合度は，生息場所の特殊化の程度と正の相関をもつと述べている．

(2) 種レベルの多様性

　種レベルの生物多様性とは，単細胞性の細菌など原核生物から多細胞性の菌

類,植物,動物に至る地球上に生息するすべての種の多様性をさす.このそれぞれの種の存在を安全に保とうとするのが,種レベルの生物多様性保全の基本である.

「種」というものが実在するのかどうかは,近年,とくに議論がされている.しかし,自然下には実際に,だれがみても識別でき,たがいに交配せず,同所的ないし,同地的に生活する複数の生物が存在することは事実である.こうした場合,それらを異なった「種」とよぶことは,なによりもまず便利である.種の定義については古くから多くの論議がなされ,近年はとくにさまざまな定義が提唱されているが(たとえば松井 1996参照),遺伝という面からみると,もっともわかりやすいのはMayr(1942)に始まる「生物学的種」,つまり遺伝子の交流に基礎をおく種の概念であろう.

定義はさておき,多様な種が自然界に存在する理由としては,(1)種が生物の安定かつ不連続な状態を示す実態であるため,(2)種が不連続な生態的ニッチェに適応している生物の実態であるため,(3)とくに有性生殖する生物の場合には,繁殖隔離が分類群間に独自の進化を許すような断絶をつくっているため,といった説明が提唱されている(Maynard-Smith & Szathmáry 1995).

現在,分類学者が記載し終えている生物種は実際のわずか10-30%にすぎず,多くの種はまだ未記載であり,記載される前にこの地上から姿を消してしまう危惧さえある.したがって,世界中の生物種についてのインベントリー(目録 inventory)を速やかに作成し,分類することが急務である.最近ではDNAの塩基配列のちがいが種の同定に用いられており,これはとくに菌類のように外見上のちがいで区別できない生物には有効な手法である.このような遺伝的手法を用いてインベントリーを早く完成させることも,重要課題のひとつである.

(3) 遺伝子レベルの多様性

遺伝子レベルの生物多様性とは,種内に存在する遺伝的多様性を意味している.これには地理的に隔たった個体群間にみられる遺伝的変異と個体群内の個体間にみられる遺伝的変異がある.一方,各個体の示す形態的,生理的,生化学的特徴は「表現型」とよばれる.この表現型は先天的に決定されている遺伝的要因と,周囲の環境に合わせて後天的に決定される環境的要因の両方によって形成されるものである.

個体が保持する遺伝情報の総体をゲノム(genome)とよぶ．このゲノム情報は，個体発生の過程で，一定の条件下で発現しながら個体形成を成し遂げさせる．その発現条件とは，個体の生育条件，ひいては地域生態系が保持している環境条件を包含している．このように「生態系という場」でゲノムが発現する際，遺伝的多様性は，多少の生育条件の変化にも対応するために重要である．つまり，遺伝的多様性は，種が環境変化に適応して生存することを可能にしており，一部の希少種のように，遺伝的変異の幅が少なくなった種は，豊かな遺伝的多様性を保有している種に比べ，環境条件が変化したときに絶滅しやすいものと考えられている．

　それぞれが特異な生活形をもつ生物種を維持する生体機構は，35億年にわたる生命の歴史のなかで培われてきたもので(斉藤 1997)，地球上のすべての生物がもつ遺伝情報は，われわれの地球の貴重な財産(heritage)である．この地球上に生息するすべての生物の遺伝情報を解明し，今後も保持していこうとすることが，「遺伝子レベルでの多様性保全」の究極的な目標である．

1.3　遺伝的多様性の意味するもの

　2000年6月，ヒトゲノム約30億塩基対の90%以上の塩基配列が決定されたという発表があった．これによりヒトの遺伝子構造，ひいては生体機構の研究が飛躍的に進展すると期待される．一方，一部の家畜や実験動物に比べて，野生生物のゲノム解明は立ち遅れている．しかし，もはや遺伝学の研究は一部のバクテリアやショウジョウバエや有用生物・実験動物に集中することはなく，ごく普通の野生生物も研究対象とするようになった．野生生物の遺伝資源の解明は，未知の機能遺伝子の発見などを通して，生命の多様性を知るうえの貴重な情報をもたらすと考えられる．

　実際，ここ10年間の保全生物学における分子遺伝学的アプローチは，DNA分析の自動化により，高度でむずかしい技術を必ずしも必要としなくなった．多くのフィールド研究において，DNA分析は各自の研究テーマに貢献する有効なツールとして，急速に普及してきた(Page & Holmes 1998)．

　遺伝子(gene)とは，特定の遺伝情報をもつ単位をさし，ひとつの遺伝子座(locus)はそれぞれ1対の対立遺伝子(allele)からなる．それぞれの対立遺伝子の突然

変異(mutation)は，遺伝子の本体であるDNA(デオキシリボ核酸deoxyribonucleic acids)の変化によって起こる．ひとつの種に存在するすべての遺伝子の対立遺伝子の総体をまとめて遺伝子プールとよび，また，対立遺伝子にみられる特定の塩基配列を遺伝子型(ジェノタイプgenotype)とよぶ．

　遺伝的多様性は，DNAが子孫に受け継がれていく過程で，突然変異によって少しずつ塩基の配列が変化していくというプロセスを通じて生じる．通常はDNAの二重らせんが半保存的複製を行って，親DNAから子DNAへと正確に引き継がれていく．しかし，ここで子DNAに突然変異が生じると，孫DNAにその変異が引き継がれる．突然変異には，DNA塩基のひとつが別の塩基に変わる置換(substitution)，塩基が新たに加わる挿入(insertion)，塩基が脱落する欠損(deletion)がある．また，DNAのごく一部分が変化する点突然変異(point mutation)から，染色体の一部が転位するような大規模な染色体変異(chromosome mutation)まで，あらゆる種類の変化がこれに含まれる．

　図1-3に示されるように，DNAのもつ情報は多面的であるが，主として3つの側面をもつ．DNA情報のもつ第1の側面は，個体形成や個体の維持に直接かかわる遺伝情報をコードしていることである．個体の生命には限りがあり，やがては死を迎えるが，個体の繁殖行動により個々の遺伝子が子孫に引き継がれることで，種は存続することができる．こうした個々の種の存続をとおして，個々の生命が入れ替わっても，地域の生態系全体は維持されていくことになる．この生命の連続性は，染色体中のDNAに書き込まれた各個体の遺伝情報が，次世代に正確に伝えられることによって営まれる．

　このような遺伝子の転写領域(コーディング領域coding region)における遺伝的多様性の重要性は，両親の有性生殖の過程で生じる遺伝子組換え(gene recombination)によって，新しい世代がいままでになかった新たな遺伝子と染色体の組み合せを獲得することにある．遺伝子組換えとは，有性生殖の際に起こる減数分裂の過程で，それぞれの親に由来する遺伝子群の間で交叉が起こり，両親の染色体にはなかった新たな組み合せが生じることをいう．突然変異は遺伝的変異を起こす重要な要因ではあるが，有性生殖を行う種では，遺伝子群間でランダムに生じる遺伝子の組換えが，適応性の高い個体を生み出す可能性を劇的に高める役割を果たしている．

　膨大な遺伝情報のなかで，実際に形質発現に使われているゲノムDNAはわず

DNA情報の多面性

個体の形成
個体の維持
機能領域として発現するDNA

遺伝子重複によって
生じたジャンクDNA
系統発生を継承する遺伝情報
大進化

点突然変異による
塩基置換の集積
小進化

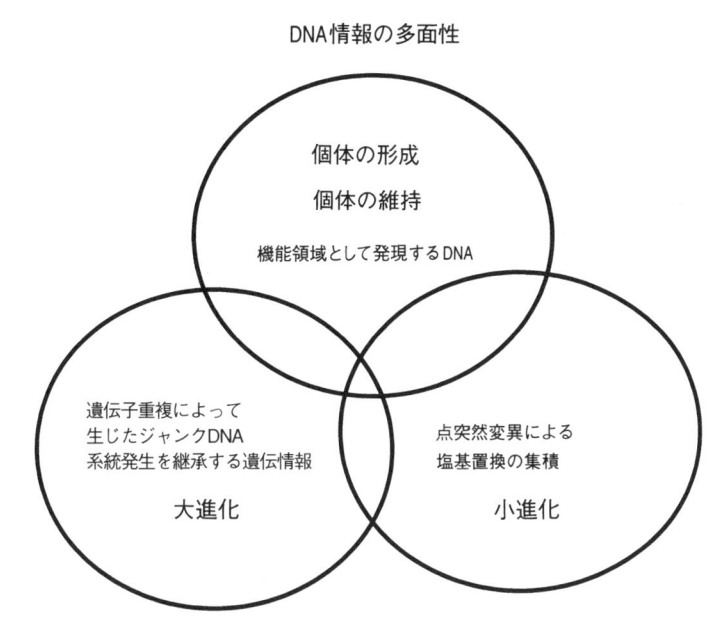

図1-3　DNA情報のもつ多面性.

かなもので，残りはジャンクDNA(がらくたDNA, junk DNA)とよばれる，進化の過程で不要になった，いわば進化の副産物である．DNAの構造解析が進むにつれ，真核生物の遺伝子は，これまでわれわれが予想していた以上にしばしば遺伝子重複を起こしていることが明らかになった．実際に生物のゲノムで起きている過程は，まず遺伝子重複によって同一の情報(配列)をもつコピーをつくり，一方で必要な機能を遂行しながら，他方に多くの突然変異を蓄積し，新しい機能をもった遺伝子を生み出すというものである．この遺伝子の重複や分断化は，脊椎動物など，より高次の生物に特徴的にみられる現象で，新しい形質を生み出すうえで大きな役割を果たしており，これがDNA情報の第2の側面である．生物進化の過程で蓄積された遺伝情報は，機能を失った後も現生種に引き継がれて，系統発生のような大進化の筋道を書き記した貴重な情報となっているのである．

　DNA情報の第3の側面は点突然変異(point mutation)である．この塩基置換が蓄積されて，やがてそれが種分化(speciation)への第一歩となる(図1-4)．生殖細胞上のDNAの塩基置換など，突然変異の大半は自然淘汰されていく．この場合，

1) 生殖細胞のDNA上に突然変異が起こり，蓄積される ⟶ **遺伝的多様性の増大**

2) その変異をもつ個体が生き残る
　(a) その突然変異が生存に有利な場合
　(b) 遺伝的浮動によってその変異をもつ個体が多くなる場合

⬇

3) その集団が隔離されるなど，その形質が固定される ⟶ **種分化**

図1-4　遺伝的多様性と種分化への道.

　塩基置換の箇所が生命維持に大切であればあるほど淘汰され残りにくいが，中立的であったり機能していない遺伝子の場合には，その塩基置換は淘汰の対象にならずに残される．

　このように遺伝子が子孫に正確に伝えられながらも，遺伝子が変化することによって進化は引き起こされている．ネオダーウィニズムの総合説では，進化の過程は，(1)生殖細胞のDNAが突然変異を起こす，(2)生存に有利な変異をもつ個体が生息環境のなかで生き残る，(3)集団が隔離されて，有利な形質(をもつ個体)が固定される，という3つの段階を経て，つまり，突然変異・自然淘汰・隔離の3つが要因となって，進化が起こると考えられている．

　一方，木村(1988)の中立説は，中立的な突然変異−遺伝的浮動−種分化というプロセスを唱え，まず自然淘汰に対して中立な突然変異が生じ，その頻度が偶然に変動しながら，ある特定の形質が固定されると考えるものである．蓄積された塩基置換は，遺伝的浮動(genetic drift)によって偶発的にそれをもつ個体の数が多くなったり，その集団が地理的隔離を受けると，しだいに他集団と交配が不可能なまでに固定され，やがて新しい種が形成される．この種分化の現象は，連続的な世代交代の間に塩基置換が蓄積され，やがて新しい種が形成されていくという「生命の不連続性」を表すともいえる．

　このように中立性突然変異にみられる塩基置換の集積は，種分化，つまり進化のゆりかごでもあり，遺伝的多様性の重要性を示す根拠のひとつになっている．

1.4 保全遺伝学とはなにか

　保全遺伝学(conservation genetics)は,「野生生物を保全するための遺伝学」として,野生生物の遺伝的多様性の解析をとおして,生の営みを調べる新しい研究分野である(Avise & Hamrick 1996).希少種や絶滅危惧種が保全遺伝学の主要な研究対象となっているが,その一方,絶滅の危険性のない一般の動植物についてもいまや遺伝的研究が行われ,進化過程の解明および野生生物保全管理策定のための基礎的研究として,保全生物学において重要な位置を占めるようになった.

　保全遺伝学は多面的な性格をもつ.その歴史的経緯を鑑みると,絶滅危惧種を救うための研究がこの学問の発端で,絶滅危惧種を人工飼育する場合に起こる近親交配(inbreeding)が,重要なテーマのひとつとなった.近親交配の結果生じるであろう近交弱勢(inbreeding reduction)の問題は古くから品種改良における大きな問題であったが,個体数が極端に減少した野生個体群でも内在的要因として重要な問題であり,また個体数の減少した個体群は,たんに個体数の機会的な変動からも容易に絶滅に傾くことがありうると指摘されている.近親交配を回避し,遺伝的多様性を保つことは,新しい学問——保全遺伝学として注目するに足る主要な課題になってきた(Loeschcke *et al.* 1994, Smith & Wayne 1996).

　しかしながら,保全遺伝学の分野において,遺伝子多様度などの狭義の遺伝的多様性に議論を集中することは危険である.Lande(1988)が指摘するように,従来希少種に対する遺伝的な保全評価において,遺伝子多様度のみを重視する傾向がみられたが,遺伝的保全評価は,遺伝的多様性のみならず,個体群の遺伝的独立性や遺伝子流動など,対象動物の行動特性を考慮して総合的になされなければならない.本書で示そうとする保全遺伝学的研究成果は,生態学,個体群動態学や進化系統学とともに,保全生物学における新しい視点を提供しようとするものである.

　絶滅危惧種や希少種のなかには,広域に分布し,複雑な移動パターンをもっているものや,個体数を安定に保つためにはある程度の大きさの個体群サイズを維持する必要性のあるものも考えられる.このような,それぞれの種に特有な個体群の構造を解明するには,ある個体群における個体間の遺伝的交流を調べることが有効である.1980-90年代には,保全遺伝学的手法は,おもに個体群

表1-1 保全遺伝学の課題.

1. **種の同定と進化系統上の位置づけに関する課題**
   キーワード：単系統群，種分化，分子時計，亜種判定

2. **個体群構造に関する課題**
   キーワード：遺伝的多様性，遺伝的構造，遺伝子流動，有効個体群サイズ

3. **個体識別に関する課題**
   キーワード：親子判別，性判別，近縁関係，交配システム

4. **保護のための遺伝学**
   キーワード：免疫関連遺伝子など機能遺伝子の多様性，
   人工飼育と近交弱性，人工飼育個体の放流と遺伝的モニタリング，
   病原菌やウイルスの検出

の遺伝的構造(genetic structure)の検証に用いられてきた．

　現在，保全生物学のなかでの保全遺伝学は，生物多様性の概念のひとつである遺伝子レベルの多様性から，よりダイナミックに，かつ理論的な背景をもつ分野へと発展した(Avise & Hamrick 1996)．その保全遺伝学の全体像を，表1-1に提示した．

　第1にかかげた「種の同定と進化系統上の位置づけ」に関する課題は，いま対象としている生物分類群(taxon)が，どのような進化のすじみちを経て形成されてきたのかを明らかにすることである(第2章参照)．その結果，種としてどの程度独立しているのか，近縁種とどのような系統関係にあるのか，あるいはいくつかの亜種を包含するのかなど，生物体系学(biosystemaics)的位置づけを明確にすることがあげられる．とくに絶滅危惧種では形態分類に関する遺伝学的裏づけに大きな関心が寄せられ，保全政策の提言をするうえでも重要な決定要因となることがよくある．

　希少種においてはしばしばみられる種間交雑の問題についても，遺伝的マーカーを応用した鑑定が有効である．また一部の在来種では，本来の系統関係をやや逸脱して，移入種との交雑が頻繁に起こっているといわれている．このような移入種による遺伝的攪乱の研究は，動物法医学(animal forensics)的応用として近年保全遺伝学に参入してきた分野である(Avise 1994)．

　第2の課題となる「個体群構造」は，最近さかんになった，種内多型，つまり個体群の遺伝的構造(genetic structure)の理解に関する課題である(Avise 2000)．

種が遺伝的に区別されうる個体群から成り立っている場合には，それぞれの個体群を遺伝的に独立した個体群「遺伝的単位(ユニット)」として区別することができる．絶滅危惧種などの管理のためには，この遺伝的ユニットを設定しながら，それぞれのユニットに固有の保全アクションプランを策定することが望まれる．

各個体群内での遺伝的構造の研究には，たとえば遺伝子流動(gene flow)はどの程度生じるのか，遺伝子流動に性による差はみられるのか，遺伝子流動は個体群動態とどう関連しているのか，などの生態学的問題が関係してくる．また，種の生息域の拡大の支障となるような歴史的長期間におよぶ移動の障壁の有無も遺伝的構造と関連している．

地域個体群がいま遺伝的にどの程度均一かという問題は，急速に個体数が減少した個体群において，とくに重要な評価項目となる．絶滅危惧種では遺伝的多様性が小さいことがたびたび報告されており，遺伝的多様性の減少が絶滅の原因となる可能性が論議されている．

第3の課題は，個体レベルの遺伝的研究にもとづく「個体識別・近縁関係」に関するものである．具体的には，各個体を遺伝的マーカーで識別し，どの個体がどの個体と交配してどの個体が生まれたかといった親子関係(parentage)を推定したり，近縁関係を推定しながら家系図(pedigree)を作成したりすることである．このほか，個体レベルの保全遺伝学的解析からは，近交係数(inbreeding co-efficience)を用いて各個体間での遺伝子流動がどの程度生じているか，このことがその種の社会特性とどう関連するか，などに関して議論するためのデータが得られる．

絶滅危惧種の人工繁殖を含む種存続計画に際しては，集団遺伝学的な算定法にもとづき有効個体群サイズ(effective population size；Ne)を最大にする方策が必要である(Avise 1994)．交配システム，近親交配，遺伝子流動といったいわゆる分子生態学的な課題に関しては，第3章で具体的に解説したい．

「保護のための遺伝学」は，いま進展している比較的新しい研究分野である．ゲノム解析が進むことによって個体形成に必要な機能的遺伝子の解明が進むであろう．この場合，絶滅危惧種でみられる遺伝的変異の減少に関して，たんに多型性だけを論ずるのではなく，直接免疫機構に関与している遺伝子であるMHC(主要組織適合遺伝子複合体 major histocompatibility complex)など，生存適合性

に大きな影響をもつ遺伝子を指標にして評価していくことがますます重要となっていくだろう(Edward & Potts 1996).

　人工飼育下の希少種でみられる近親交配の結果としての近交弱勢の危険性の評価に関しても，成長や形質形成に関する遺伝子を取り上げ，調査することが必要であり，将来はそれが可能になると考えられる(Young & Clarke 2000).

　また，遺伝的構造を経時的に追跡する遺伝的モニタリング(genetic monitoring)は，急速な環境変化が予想される場合や人工飼育個体の放流や導入の際に行われる．たとえば，意図的に人工孵化させた魚の放流や，野生種ないし飼育繁殖個体の他地域への導入が，従来の自然個体群のもつ遺伝的構造に与える影響の評価は，遺伝的分析なくしては不可能である．

　最後に，病原となるウイルスなどの検出はDNA診断(DNA diagnosis)の手法の発達とともに保全遺伝学の重要な分野となってきた．最近，家畜の病原性ウイルスや細菌の研究が進展し，野生生物においても，海生哺乳類の集団座礁の原因として，ヒトの風疹ウイルスの近縁種であるモルビリウイルスの感染などが注目されている．

〈小池裕子・松井正文〉

2 生物進化と保全遺伝学

2.1 進化機構の遺伝的背景

　生物種の進化が起こるためには，第1章で述べたように，集団内に遺伝的変異，すなわち遺伝的多様性のあることが前提条件となる．ある生物集団に属する全個体がまったく同一の遺伝子構成（頻度）を示し，それが時間がたっても変化することがなければ，その集団の遺伝子構成はまったく均一な状態を保つことになり，進化が起こることはないであろう．つまり，遺伝的多様性は進化のゆりかごであり，その産物が生物多様性である．

(1) ゲノムと遺伝子

　遺伝情報の総体であるゲノムは，高等生物では細胞のなかにある染色体の1セットである．ヒトの例をあげると，ゲノムは約30億の塩基対からできており，このなかに6万6000種類の遺伝子が点在している．これらの遺伝子は，第1番から第22番の常染色体と，XとYの性染色体の計23対の染色体上に分散して載っている．平均すると，もっとも大きな第1染色体には8500個，もっとも小さな第22染色体には1600個の遺伝子がある計算になる．これらの遺伝子は染色体全体の遺伝情報からすると約1.5%にすぎず，残りはジャンクDNAで，その遺伝情報は現在使われていない．

　真核細胞の染色体は，細胞分裂の中期に核DNAが集合して一定のかたちと大きさ（核型 kayotype）をとる．DNAはこの染色体のなかに整頓・凝縮されてしまわれている（図2-1）．染色体にコイル状にたたみ込まれている一部を拡大してみると，クロマチン（染色糸 chromatin）といわれる縮んだ糸がみえる．通常，つまり細胞分裂期以外には，染色体はほどけてクロマチン繊維として核内に分散して存在する．これをさらに拡大すると，ヌクレオソーム（nucleosome）とよばれるヒストン（histone）タンパク質をコアとした複合体が数珠玉状に連結したものがみ

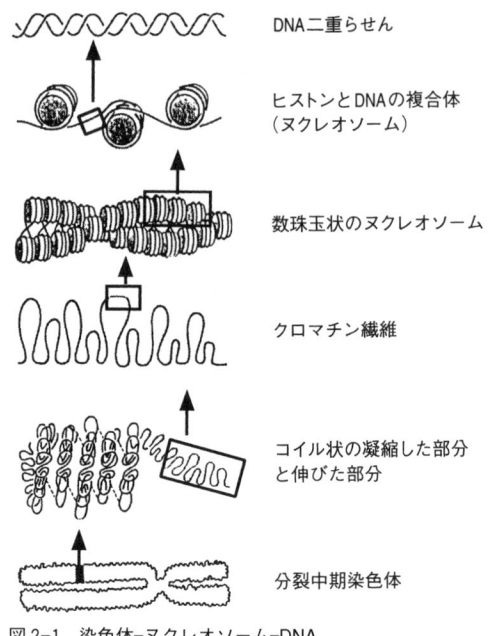

図2-1 染色体-ヌクレオソーム-DNA.

DNA二重らせん
ヒストンとDNAの複合体（ヌクレオソーム）
数珠玉状のヌクレオソーム
クロマチン繊維
コイル状の凝縮した部分と伸びた部分
分裂中期染色体

え，これが遺伝情報をファイルする基本単位だといわれている．最後に，このヌクレオソームのまわりにコイル状に巻きついているのが，二重らせん構造をしたDNAである．

DNAは，リボースとよばれる糖と，リン酸，およびアデニン（adenine；A），グアニン（guanine；G），シトシン（cytocine；C），チミン（thymine；T）という4種の塩基から構成される二本鎖の高分子である．これらの塩基のうち，AはTと2つの水素結合で，GはCと3つの水素結合で対合しており，この相補性がDNAの遺伝性を保証している．

典型的な染色体は，中央部の動原体（セントロメア）を境として短腕（p）と長腕（q）に2分され，それらの先端部はテロメアとよばれている（第3章の図3-12参照）．これまでギムザ染色などによって識別される染色バンドによって，染色体には番地づけがされている．最近は蛍光 in situ ハイブリダイゼーション（flourescence in situ hybridization；FISH）などの方法で，遺伝子地図づくり（gene mapping）が行われ，どの遺伝子がどこに位置しているか，より詳細に染色体地図（chromosome map）が作成されている．

一般に同一の種に属する個体の細胞には一定数の染色体が含まれ，ふつう，相同染色体(homologous chromosome)とよばれる同じかたちの染色体が2本ずつ存在する(2n；2倍体)．染色体の数は細胞分裂(有糸分裂 mitosis)の直前にはちょうどその2倍になり(4n)，細胞分裂の後，半減してもとの数に戻る(2n)．逆に精子や卵子，すなわち生殖細胞の染色体は，半数体(haploid；n)となるが，その際には減数分裂(meiosis)が生じ，たんに染色体数がnに半減するばかりでなく，組換えが起こり，遺伝子が交換される．その後，精子が卵子に受精することによって体細胞特有の2nの染色体が回復される．

(2) 遺伝子の構造

DNAの情報は，上述のA，G，C，Tという4つの塩基で表現され，3個の塩基配列(トリプレット triplet)によって，遺伝暗号表(コドン表)に示される特定のアミノ酸を指定する仕組みになっている．

DNA情報の一部は，メッセンジャーRNA(messenger RNA；mRNA)として一本鎖RNAに転写される．この一次転写産物(primary transcript, 前駆体mRNA)のうち，余分な部分(イントロン intron)はスプライシングによって切り出され，遺伝子部分であるエクソン(exon)だけがつながった熟成mRNAとなって，核から細胞質へ移動する(図2-2)．

遺伝子発現(gene expression)を制御しているプロモーター(promotor)として真核生物でもっとも普遍的なモチーフは，転写開始部位から約30塩基対(base pair；

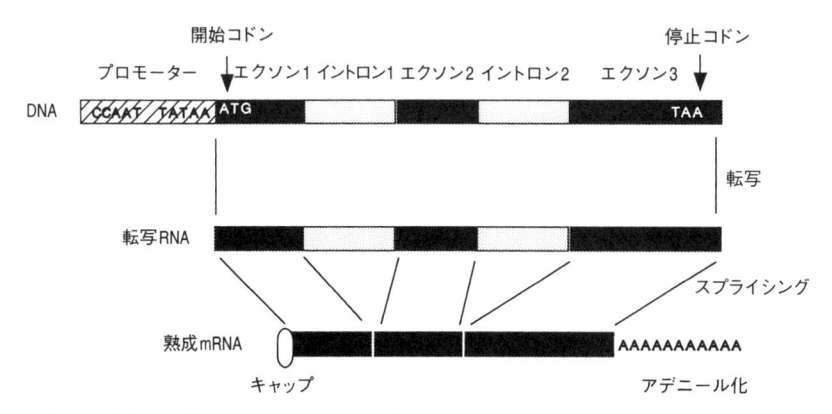

図2-2 遺伝子の構造(イントロンとエクソン)．

以下 bp とする)上流付近に存在する TATAA 配列(TATA box)である．ほかにも，転写調節領域(regulatory region)として，転写開始部位の上流およそ 50 から 100 bp の位置に CAAT や GGGCG(GC box)などの配列が存在することも知られている．

2.2 突然変異と進化

　DNA 複製は基本的に高度な保守性を保ち，正確に行われる必要がある．しかし，複製の誤りとして，突然変異といわれる現象が少なからぬ確率で生じている．進化に必要とされる突然変異は，(1)染色体レベルの変異，(2)遺伝子レベルの重複・変異，(3)点突然変異，の 3 つに大別される．

(1) 染色体レベルの変異

　遺伝子が進化の根源であるばかりでなく，遺伝子の入れものである染色体もまた，進化のひとつの原動力である(第 5 章参照)．つまり，たとえ遺伝子そのものは保守的な状態を保ったとしても，それらが載っている染色体に変異が起こることにより多様化は起こりうるのである．染色体の単位で大きく変化する変異を染色体突然変異といい，染色体数全体が倍数化($n \times i$)や，異数化($kn+i$)することなども知られている．このほかに染色体の一部が切れてほかの染色体に移る転座や，染色体の一部の重複や欠損も知られている．これらの染色体レベルの変異は遺伝病を起こしたり，ガンなどの原因にもなる．

　なお，染色体の数とかたち(核型)に変異がなくても，遺伝現象が実際に起こる場合には，(1)減数分裂によって生殖細胞が形成される際にどのように遺伝子が配分されるか，(2)これに次いで受精が起こる際にどのように遺伝子が結合するか，という 2 つの変異を起こす要因がある．したがって，進化の原動力となる遺伝的変異には，生殖細胞が形成される際に生じる相同染色体の交叉による，遺伝子の組換えも含まれることになる．

(2) 遺伝子レベルの重複・変異

　つぎの変異は，遺伝子レベルのものである．前にも述べたように，全ゲノムのうち，遺伝子としてコードされている領域は，脊椎動物では 1.5% 以下であると見積もられている．残りは調節領域，あるいはジャンク DNA 領域である．

これらのジャンク DNA は，進化の過程において遺伝子の重複・欠損・挿入が何度も起こり，突然変異で新しい機能を獲得した遺伝子が発現する一方で，機能を失った遺伝子が集積して生じたと考えられている．このような共通の祖先遺伝子に由来する遺伝子族(gene family)は，多数の遺伝子が相互に相同的(homologous)である．なお，ジャンク DNA では突然変異が頻繁に起こるため，系統進化を調べるための重要な手がかりともなっている．

一方，大腸菌やミトコンドリアのゲノムには，ジャンク DNA はみつからず，コーディング領域として転写され，mRNA, rRNA, tRNA として機能するか，複製や転写開始を調節する制御領域だけが存在している．

(3) 点突然変異

生物の進化にはさまざまな側面があるが，その根本は，遺伝子(DNA)が子孫に受け継がれるとき，突然変異を生じて少しずつ変化していくというプロセスである．

DNA の突然変異には，置換，挿入(insertion)，欠損(deletion)がある(挿入／欠損を合わせて indel とよび，その配列上のミスマッチを gap とよぶ)．塩基置換とは，DNA の 4 種類の塩基が置き換わる現象である．この塩基置換には，置換する塩基がプリンどうし(G-A)，およびピリミジンどうし(T-C)である転位(transition ; Ts)と，プリンとピリミジン間の置換である転換(transversion ; Tv)の 2 種類がある(図 2-3)．一般的に，転位(Ts)のほうが転換(Tv)より起こりやすく，とくにヒトのミトコンドリア DNA では，塩基置換の 95% 以上が転位である．

この転位(Ts)と転換(Tv)の割合を調べることは，生物分類群間(OTU)の分岐年代を推定する際，考慮すべき事項である．なぜなら，転換(Tv)の頻度が高い遺伝距離の大きい種間の比較では，多重置換が起こる確率も増大するために，多重置換により計算された分岐年代が実際よりも過小評価になる可能性が高いためである(図 2-7 参照)．

(4) 突然変異率

突然変異率は集団に供給される遺伝的変異の確率尺度のひとつであるが，自然突然変異で変異率を正確に測定できるのは，前項で述べた点突然変異であり，そのかなりの割合を中立的突然変異が占めるといわれている．電気泳動法によ

図2-3 点突然変異における転位 Ts と転換 Tv.

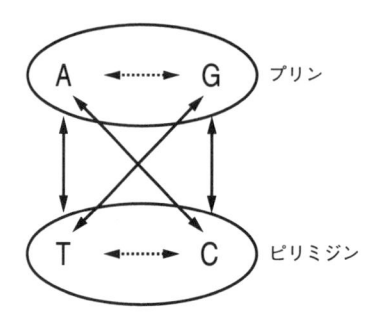

◀┄┄┄▶ 転位（transition；Ts）

◀────▶ 転換（transversion；Tv）

って調べられたショウジョウバエの構造遺伝子では，世代あたり遺伝子座あたりに換算して，アミノ酸置換型で 0.2×10^{-6}，欠失型で 1.0×10^{-5} という自然突然変異率（タンパク質レベル）が得られており（Mukai & Cockerham 1977），ヒトでも自然突然変異率は $0.3\times10^{0.5}$ と見積もられている（Neel et al. 1986）．また，このショウジョウバエの構造遺伝子の突然変異率から計算された塩基置換率は，世代あたり $3.7\text{--}18.6\times10^{0.9}$ と見積もられている（Mukai & Cockerham 1977）．

このように生物1個体に含まれるひとつの遺伝子座では，わずか 10^{-5} 程度の割合でしか生じない突然変異であっても，この個体のもつ遺伝子座の全数が数万にもおよぶことから，生物集団には突然変異によって，かなりの量の遺伝的変異がたえず供給されていることになる．

2.3 種分化とはなにか

以上に述べてきたような突然変異を基礎に，生物は種分化（speciation）を通じて，種レベルの多様性を増大させることになる．本書で用いた「生物学的種」の考えを前提とすれば，種分化は「2分類群間の生殖隔離の起源」と定義することができるだろう（Coyne & Orr 2000）．進化からみた場合，遺伝的多様性は欠かすことのできない重要な材料ではあるが，それだけでは種分化に始まる進化を引き起こすことはできないと考えられている．また，逆に種分化という過程にとって遺伝的な制約は，どうもそれほど大きいものではないともいわれてい

る．遺伝子構成全体からみれば，ごくわずかな遺伝要素によって生殖隔離(reproductive isolation)は生じ，種分化は始まるものである．Singh(2000)によれば，新種が定着するには，むしろ生殖隔離後の生態的制約が大きく働き，発端の種の多くは新種になりきれずに消えていってしまうものだという．たがいに大きな集団間で異所的種分化が生じる場合には，そうした生態的制約は小さいかもしれないが，新たに分化しつつある集団の規模が小さい場合には，その多くは消滅してしまう可能性が高い．

Mindel et al. (1990)は脊椎動物の111属について，アロザイムにおける遺伝距離(後述)をレビューし，遺伝距離と種数の間に正の相関がみられるとした．つまり，分子レベルでの分化が種分化を推進するという結論を得た．しかし，新種ができるのには，どんなに速くても1万年から10万年くらいかかるらしい(ハワイのショウジョウバエ，タンガニーカ湖のカワスズメの例が有名)．

実際に，ある系統の内部で，種分化が起こると進化的な分化は促進されるのだろうか．形態の面からは，生物の系統は変化しにくく，大きく変化するのは種分化の際だけであるという考え(分断平衡；Eldredge & Gould 1972)があるが，この考えが正しいとすれば，現生種の分化の程度は，進化史において，共通祖先から分岐してからの絶対時間よりも，種分化の回数に比例するはずである．この仮説の検証はAvise & Ayala(1975)によって行われた．かれらは時間的には似たような進化の歴史をもちながら，種分化の程度のちがう複数の系統について，それぞれの系統内部での遺伝距離を計算し，その値を系統間で比較した．つまり，化石や生物地理の証拠からみて，ほぼ同じ時代に生じたと推定されるが，現在の種数が大きく異なる群間の比較を行ったわけである．もし，遺伝的な分化が時間に比例して生じるなら，速く種分化する系統でも，ゆっくり分化する系統でも，その内部での平均的な遺伝距離は同じになるはずである．逆に，種分化の回数に比例して遺伝的分化が生じるなら，種数の少ない(つまり種分化の回数の少ない)系統では，その内部の平均遺伝距離は大きくなるはずである．

北米産のコイ科は約200種を含み，代表的なNotropis属だけで100種以上が知られる．一方，サンフィッシュ科は約30種ほどで，ブルーギル属で11種がいるにすぎない．これらは化石の証拠から，ともに中新世に北米大陸に出現したとされる．コイ科で種数が多いのは，絶滅による種数の減少が無視できるほど，種分化の速度が速いからかもしれない．Avise(1977)は，これらのうち，80

種以上についてアイソザイムの分化度を比較したところ, *Notropis* 属 47 種では平均距離は 0.62 なのに対し, ブルーギル属の 10 種では 0.63 で, 両者の遺伝距離はほぼ同じであった. さらにおもしろいことに, 平均異型接合度(H)の平均値も, コイ科の 0.052 に対し, サンフィッシュ科では 0.049 でほとんど差がなかったという. つまり, これら 2 系統の魚類間で明瞭に異なる種分化率を, 種間のちがいを助長するもととなる種間の遺伝的変異性のちがいに帰することはできない. また, この結果は, 系統の漸進進化説を支持し, 分断平衡説を支持しないものでもある.

このように, 進化の発端である種分化の過程で, 遺伝的分化はたいして増加しない. 種分化の過程で遺伝的分化が飛躍的に増加しない理由としては, (1)形態的分化と繁殖不親和性は本来, 遺伝子の調節の変化に影響されるから, (2)形態的変化と繁殖隔離機構は, 遺伝子総体のごく一部の変化によるにすぎないから, (3)構造遺伝子にはいくつかの階級があり, 形態や性的行動を変化させる遺伝子は, 電気泳動法で検出されるような, おもに基本的な細胞代謝にかかわる遺伝子とは異なるから, といった説明がなされている.

2.4 分子時計

(1) 分子時計の発見

分子進化学者がアイソザイムやタンパク質の解析から, 1960 年代の初期までに明らかにした重要な事実は, 分類学的な位置づけが離れれば離れるほど, 分子置換数が大きくなるということである. たとえば, ヘモグロビン α 鎖でみると, ヒトとイヌの間では, アミノ酸置換は全体の 16% にすぎないが, ヒトと鳥類では 25%, さらにヒトと魚類になると 53% のちがいが認められる. 脊椎動物のさまざまな系統で同様の比較を行い, 種間ごとに座位あたりの置換数 k(進化距離 evolutionary distance)を求めると, おおまかにみて, 系統的に遠い関係になるにつれて, k の値が大きくなる(宮田 1998).

Zuckerkandl & Pauling(1965)は, 2 つの生物間でヘモグロビンにおける, アミノ酸の置換数 k と化石から知られている共通祖先からの分岐時間 T とを比較した(図 2-4). その結果, アミノ酸の置換数 k と分岐時期 T との間にはみごとな

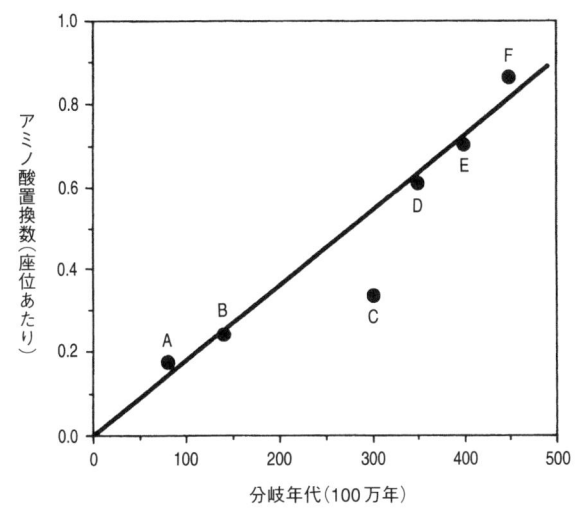

図2-4 ヘモグロビンの分子時計．分岐年代は，A：霊長類と齧歯類，B：有袋類と有胎盤類，C：哺乳類と鳥類，D：両生類と有羊膜類，E：硬骨魚類と四足動物，F：硬骨魚類と軟骨魚類，にもとづく．Zuckerkandl & Pauling(1965)を改変．

直線関係があることがわかった．このようなタンパク質やDNAの定速的な経時変化は，分子時計(molecular clock)とよばれるようになった．分子進化速度とは，通常，座位あたりの1年の間に起こる置換頻度をさし，

$$進化速度\ v = k/2T$$

である．ここで2で割ったのは，いま認められる置換数が，2つの種が分岐以来，それぞれの系統で蓄積した置換の総数だからである．ちなみに，ヘモグロビンの進化速度は1×10^{-9}／座位／年と見積もられている．

(2) 分子時計を用いるうえでの留意点

分子時計のもっとも大きな特徴は，それを利用することで，現在生存している生物がもっている遺伝情報を用いて，それぞれの生物が共通祖先から枝分かれした時期を推定できることにある．特定の分子の進化速度がわかっていれば，たとえそれぞれの進化段階を示す化石が発見されない場合でも，現生する生物だけから，過去に起きた進化のタイミングを推定することができるのである．

しかしながら，分岐年代を計算するうえでもっとも問題になるのは，分類群による進化速度のちがいが存在することである(梶田 1999)．分子時計を使って

生物の分岐時期を推定する場合には，それぞれの対象分類群について化石のデータにもとづく進化速度の推定が必要になってくる．その手順をふんでおけば，進化速度を利用して，生物の分岐時期を推定することができる．たとえば，鳥類においてよく利用されるチトクローム b 領域における100万年あたりの塩基の置換率2%という値は，現生のガン類の分子データとその化石資料から計算されたものである(Shields & Wilson 1987)．同じ領域の進化速度が，ツル類では100万年あたり0.7-1.7%と計算されている(Krajewski & King 1996)．

分岐年代を計算する場合には，比較対象となる生物群間で代謝速度や世代交代速度および個体数が極端に異ならないことを確認する必要がある．哺乳類，鳥類，爬虫類，両生類，硬骨魚類といった脊椎動物の綱のレベルでみると，それぞれが異なった進化速度をもつといわれている(Nunn *et al.* 1996)．この大きな分類群レベルでの進化速度のちがいは，動物群ごとに代謝速度が異なることに起因すると考えられており，一般に体の小さいもの(代謝速度の速いもの)ほど進化速度が速いと考えられている(Martin & Palumbi 1993)．

また，より近縁な分類群の間でも，世代交代の速度の速いものは進化速度が大きくなると考えられている．これは，世代交代の速い種のほうが突然変異が固定されるのに必要な絶対時間が短くなるからである(Sibley & Ahlquist 1990)．

一方，突然変異が固定される率は，1世代あたりの繁殖個体数がより少ない個体群で，より高い可能性があることも指摘されている(Ohta 1992)．歴史的にボトルネック効果(bottleneck effect；瓶首効果ともいう)や創始者効果(founder effect)の働いた可能性のある個体群や種の系統を対象に，分岐年代の計算をする場合には，注意が必要である．

2.5 進化速度と分析領域

図2-5に示すように，進化の流れはミクロ的にみると各個体の親子関係を表す血縁関係図(pedigree)からできている．この血縁関係図では，ミトコンドリアDNAで代表される母系性の系譜，Y染色体DNAで継承される父系性の系譜，および核DNAのように両性を受け継ぐ系譜があり，それぞれ祖先の個体は，実際には異なっている．

この個体レベルの血縁関係図を大局的にみると，繁殖個体群といわれる繁殖

に関与するグループの単位がみえてくる．ある繁殖個体群という単位はほかの単位から完全に分離できるものではなく，ときおりグループ間で交配が行われ，このような交配は遺伝子流動(gene flow)とよばれる．この繁殖個体群に地理的な障壁が加わり隔離(isolation)が起こると，2つの個体群では，それぞれの環境により適応した形質が優占し，別々の種内系統に分岐する．これを示すのが種内多型レベルの系統樹である．さらに種間レベルの近縁関係を調べる場合には，DNA塩基置換やアミノ酸置換にもとづく分子時計を検討することによって，進化系統樹を推定できる．このように，個体レベル・個体群レベル・種間レベルのうち，どのレベルを調べようとしているかによって，的確な分解能をもった分析領域を選定しなければならない．

　一般に淘汰圧の高い遺伝子は進化速度が遅くなり，淘汰圧の低い遺伝子は進化速度が速くなる(図2-6)．進化速度の遅い遺伝子は長い生物進化のすじみちを描くのに適している．これに該当する分析領域としては，核DNAの18S rRNAやヘモグロビン遺伝子など核DNAにコードされたタンパク質遺伝子がある．進

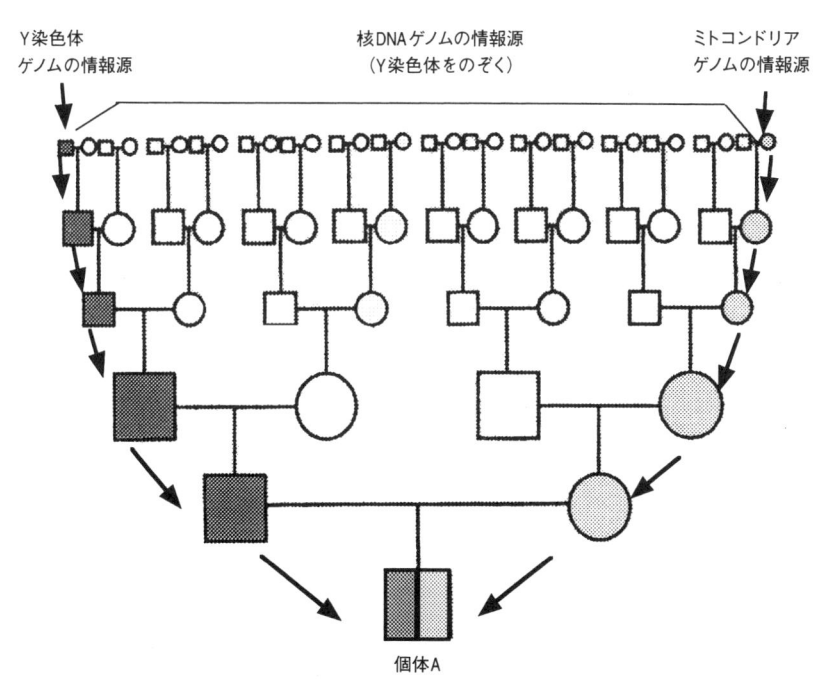

図2-5　個体Aにおけるミトコンドリア DNA(母系)とY染色体(父系)およびその他の核DNAの系譜．

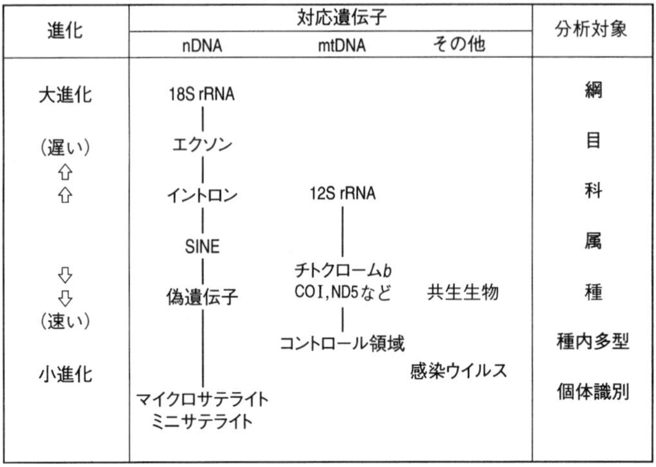

進化	対応遺伝子			分析対象
	nDNA	mtDNA	その他	
大進化	18S rRNA			綱
(遅い)	｜			目
⇧	エクソン			
⇧	｜			
	イントロン	12S rRNA		科
	｜			
	SINE			属
⇩	｜	チトクロームb		
⇩	偽遺伝子	COI, ND5など	共生生物	種
(速い)		｜		
		コントロール領域		種内多型
小進化			感染ウイルス	個体識別
	マイクロサテライト			
	ミニサテライト			

図2-6 置換速度にもとづく分析対象と分析領域の概念図.

化速度の中程度のものとしては，ミトコンドリアDNAの12S rRNAやチトクロームb領域，COI領域などミトコンドリアDNAにコードされたタンパク質遺伝子があげられる．なお，分岐関係の推定には，後述する進化のおきみやげとよばれるレトロポゾンが決定打ともいうべき特徴をもっている．

一方，置換の速い遺伝子は種内多型，つまり個体群レベルの遺伝的指標になりうる．このような進化速度の速いのものとしては，ミトコンドリアDNAのコントロール領域があり，個体群レベルの解析によく用いられている．ミトコンドリアDNAは時間とともに置換頻度が高くなり，最終的には飽和状態となる．たとえば，500 bp程度の配列を解析した場合，10万年程度で塩基置換率は2%になるが，通常置換率が5%を超えると，置換率と年代との間に直線的な関係がなくなるので，20万年を超えるような古い時代に関する系統関係を調べるのには，この領域の解析は不適切である(Mindel 1997)．

系統関係をみる際の分析対象と分析領域の妥当性を調べるのには，転位(T_s)と転換(T_v)の置換頻度分布がよく用いられる．図2-7に，鳥類を例とした，ミトコンドリアDNAのチトクロームb領域における種内多型から種間・属間・科間・目間多型までの置換頻度を示した．このチトクロームb領域では属間多型・科間多型・目間多型の転位(T_s)頻度が10%前後に達し，すでに飽和していることがわかる．つまりチトクローム領域は，属内系統，つまり種間系統をみるの

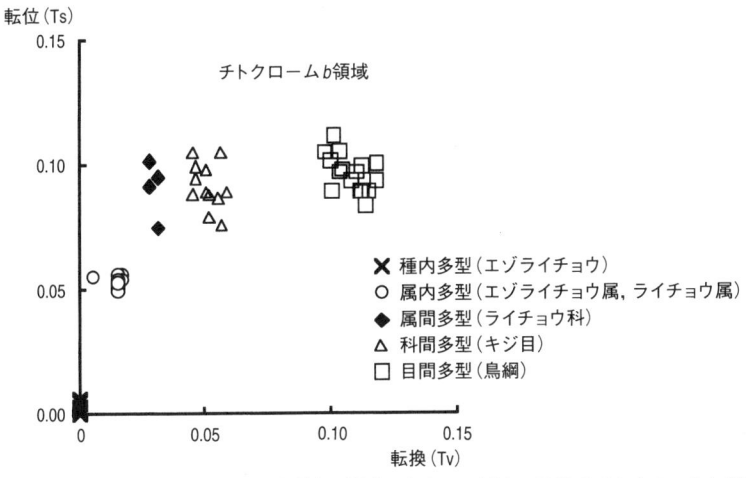

図2-7 転位(Ts)／転換(Tv)による分析対象の選定．ミトコンドリアDNAのチトクローム b 領域における鳥類の種内多型から目間多型までの置換頻度の例．Baba(2001)を改変．

にはもっとも適しているが，属間以上では転位(Ts)の平行置換が起こり，あまり適さないことを示唆している．

　もっとも置換速度の高い領域は個体レベルの多型の指標になる．マイクロサテライトなどの反復配列が，この目的によく用いられている．生態観察によるデータの蓄積には膨大な時間を要するが，このような速い進化速度をもつDNAの遺伝的指標を用いれば，映画の早撮りのように生と死のドラマをみることができる．

レトロポゾン

　一定の率をもった塩基置換を想定する分子時計とはまったくちがう進化の指標となるのが，レトロポゾンである(Ogiwara *et al.* 1999)．レトロポゾンとは，一度DNAからRNAに転写された配列が，逆転写酵素の働きで，相補的なDNA(cDNA)に変わり，それがゲノム中にふたたび組み込まれた配列の総称である．レトロポゾンには，ウイルス性と非ウイルス性の2つのグループ(スーパーファミリー)が知られている．系統進化の解析によく用いられているものは，コピー数が圧倒的に多いSINE(short interspersed element)とよばれる短い散在性の反復配列で，その起源がもっともよく知られているのはリジンのtRNAの偽遺伝子である．

　レトロポゾンは，一度ゲノム内に挿入されると，ふたたび切り出されること

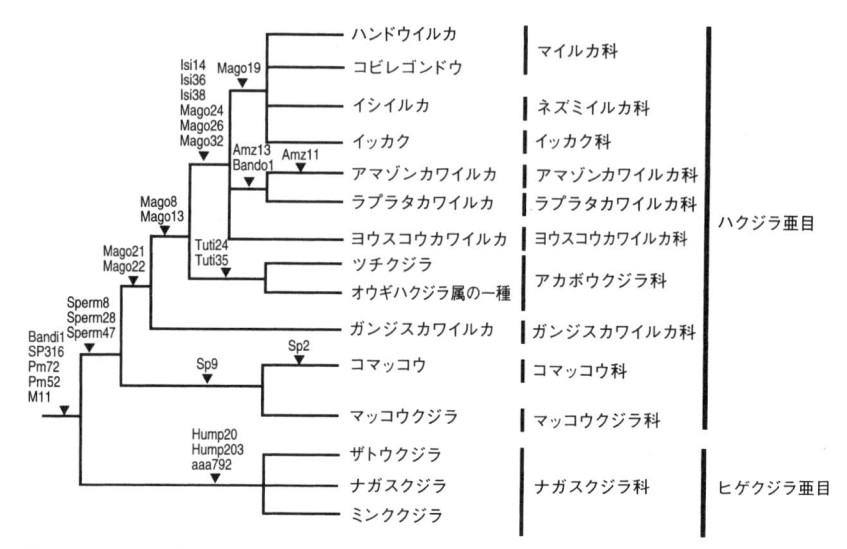

図2-8 レトロポゾンによる鯨類の系統樹の例．Nikaido et al.（2001）を改変．

はなく，また進化的な長い時間をかけて形成されると考えられている．このような性格をもつレトロポゾンを，進化における時間の標識として用いることにより，種の正確な分岐系統関係を推定することが可能である．

ここでクジラの例をあげておこう．鯨類は形態学的にヒゲクジラとハクジラに大別されているが，ミトコンドリアDNAのチトクロームb領域を用いた系統解析で，ハクジラであるマッコウクジラがヒゲクジラのクラスターに入り論議をかもしだした．しかし，SINEを用いた分析では，ヒゲクジラとハクジラがそれぞれ単系統性を示し，マッコウクジラはハクジラ類に含まれ，従来の形態学にもとづく分類が支持された（図2-8；第11章参照）．

核DNAの18S rRNA

核DNAはミトコンドリアDNAに比べ進化速度の遅い領域を多く含み，たとえば18S rRNA領域（約2000 bp）は哺乳類と両生類の間で9％のちがいしかない（和田ら 1992）．このため類縁の遠い生物間の系統解析に適しており，分岐時期の古い昆虫などの無脊椎動物で，この18S rRNA領域が，分岐系統解析の研究に用いられている．一方，18S rRNAのスペーサー領域では，比較的進化速度が速く，100万年に約1％で，チトクロームb領域の約半分の速度である．

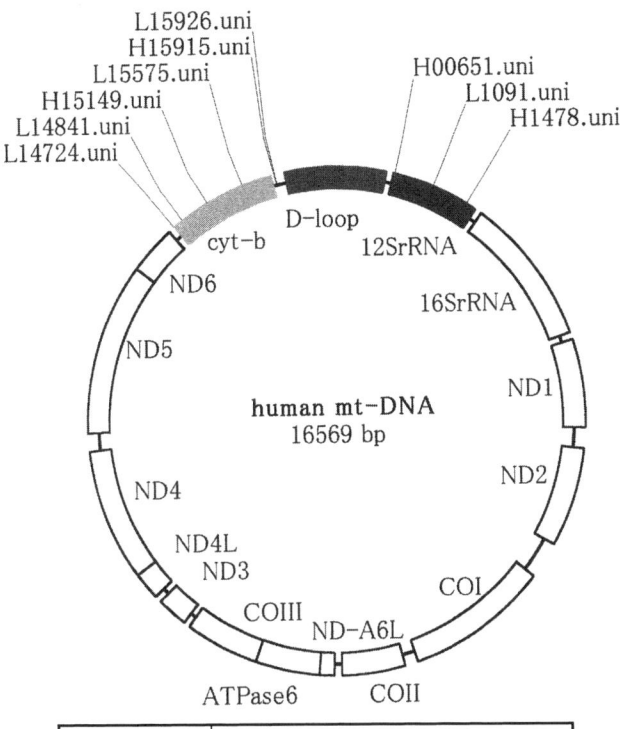

図2-9 ミトコンドリアDNA全体図とユニバーサルプライマーおよびそのユニバーサルプライマーで増幅される動物種.

ミトコンドリアDNA

　ミトコンドリアDNA(mitochondrial DNA；mtDNAと略記する)は，ミトコンドリアが保有する独自のゲノムで，一般に環状二本鎖DNAである．ショウジョウバエ(12.4 kbp)，ウニ(15.7 kbp)，アフリカツメガエル(17.6 kbp)，ウシ(16.3

kbp），マウス（16.3 kbp）からヒト（16.5 kbp）まで，イントロンを失い，よりコンパクトなかたちに進化してきた．哺乳類のミトコンドリアDNA（図2-9）は，2種のリボゾームRNA（16S rRNA, 12S rRNA），22種の転写RNA（tRNA），13種のタンパク質（NADH還元酵素の7サブユニット，チトクローム酸化酵素の3サブユニット，ATPアーゼの2サブユニット，チトクロームb）に関する遺伝子で構成されている（Anderson *et al.* 1981）．これらの遺伝子はほとんど隙間なく配置されており，tRNA遺伝子は転写の際に文章の句読点のような働きをする．転写された長いRNAはtRNA分離プロセッシングによって各mRNAに分割される．ミトコンドリアDNAにおける遺伝暗号は核DNAとは若干異なり，核DNAの終止コドンであるUGAがトリプトファン（Trp）に，イソロイシン（Ile）コドンであるAUAはメチオニン（Met）に，アルギニン（Arg）コドンであるAGAとAGGは終止コドンにそれぞれ変わっている．

　ミトコンドリアは細胞質を通して母系遺伝するため，核DNAのような組換えが起こらないことから，系統解析にはすぐれている．ミトコンドリアDNAの顕著な特徴はその非常に速い進化速度であり，同義置換の速度を核の遺伝子のものと比べると，およそ5-10倍に達する．この高い突然変異率は複製時のエラーや修復酵素の欠損などに起因していると考えられる．このためミトコンドリアDNAは近縁な種間の系統を調べるうえで適当な分子時計の役割を果たしている．

　しかし，核にミトコンドリアDNAの偽遺伝子や類似配列の存在することが指摘されているので，ミトコンドリアDNAを分子時計として使用する場合には注意する必要がある．核のなかに存在するミトコンドリアDNAと類似する配列としては，核のチトクローム遺伝子やrRNA，あるいはコントロール領域の偽遺伝子が知られている．PCR法を用いる場合，誤ってこのような核DNAの類似配列を増幅しないよう，シークエンスデータをホモロジー検索でよくチェックすることが必要である．

　ミトコンドリアDNAは母系遺伝するので，遺伝情報はすべて母方のメスから遺伝されたものである．大半が非組換え領域のY染色体が父系遺伝するのと似ており，いわば両者とも半数体である．2倍体の核DNAに対して，有効個体群サイズが4分の1に減少するため，ミトコンドリアDNAでは遺伝的浮動（genetic drift）が起こりやすい．また，異種間で交雑が起こった場合，生まれる子ども（F_1）の核DNAは両種のものが混じって遺伝するが，ミトコンドリアDNAは薄めら

れることなく集団のなかに広がっていき，創始者効果によって特定のミトコンドリアDNA型をもつ集団を生じさせることになる．

　ミトコンドリアDNAにコードされているリボゾームRNA領域(ribosomal RNA region ; rRNA)は，タンパク質合成に関与し，大きい16S rRNA領域(約1400 bp)と小さい12S rRNA領域(約1000 bp)からなる．図2-10に示す鳥類の12S rRNAの二次構造(Houde et al. 1997)では，比較的保存性の高いステム部と置換率のやや高いループ部とで構成されている．保存性の高いステム部が多くを占めることから，進化速度はミトコンドリアDNAのなかでは，もっとも遅いといわれている(Mindel & Honeycutt 1990)．Nagata et al. (1995)によるニホンジカの例では，12S rRNA領域はチトクロームb領域の約2.7分の1の進化速度であった．したがって，種よりも上の目や科レベルの系統解析によく用いられる．なお，ユニバーサルプライマー(L 1092とH 1478)は，昆虫類から各種の脊椎動物まで，PCR法によって12S rRNAを増幅することができるすぐれたもので(Kocher et al. 1989)，種不明個体の同定には，これらのプライマーを用いた分析が適する．

　ミトコンドリアDNAのチトクロームb領域(cytochrome b region)は，1100 bpあまりの長さをもち，ミトコンドリアの電子伝達系の反応に関与する酵素タンパク質の1種チトクロームbの遺伝情報をコードしている(Desjardins & Morais 1990)．そのアミノ酸の二次構造(図2-11)は，膜とループの繰り返しからなり，機能的な制約が強いループ部は膜部分よりも置換率が低い．

　チトクロームb領域などアミノ酸をコードしている領域を用いて系統関係を調べる際には，たんに塩基置換を比較するだけでなく，アミノ酸に翻訳し，同義置換と非同義置換を区別したり，アミノ酸の形態的類似度による重みづけを試みることが必要である．このアミノ酸コーディング領域の進化速度は，12S rRNA領域とコントロール領域の中間程度であり，おもに種間や属間レベルの系統解析に適する．豊富なDNAデータベースが容易に利用できることも，チトクロームb領域やCOI領域が頻繁に利用される理由のひとつである(Avise 1994)．

　ミトコンドリアDNAのコントロール領域(control region ; 制御領域，あるいはD-loopともよばれる)は，遺伝情報をコードしていない領域(non-cording region)であるため(Desjardins & Morais 1990)，突然変異による塩基の置換を容易に固定し，非常に大きな進化速度をもつのが特徴である(Brown 1986)．そのためおもに種内レベルの多様性の調査や，個体群の識別などに利用されている．

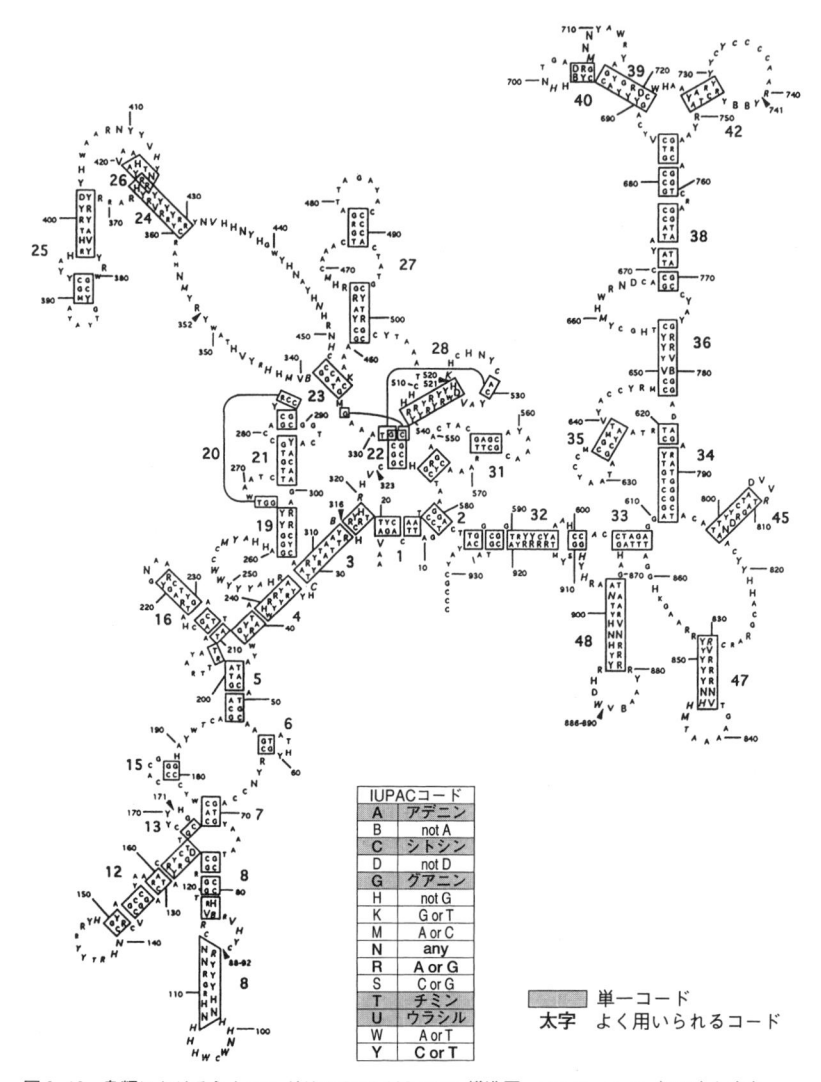

図 2-10 鳥類におけるミトコンドリア DNA 12S rRNA 構造図. Houde et al. (1994)を改変.

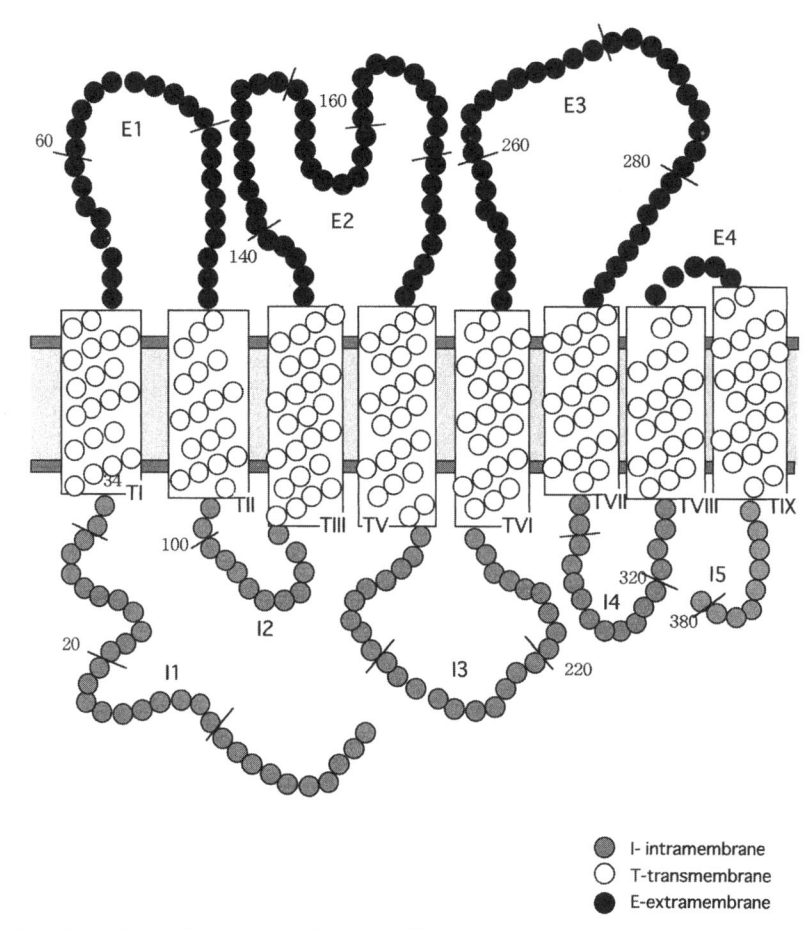

図2-11 ミトコンドリアDNAチトクローム b 構造図. Baba(2001)を改変.

● I- intramembrane
○ T-transmembrane
● E-extramembrane

ヒトの場合，コントロール領域は約1135 bpの長さをもつ．哺乳類のコントロール領域は，TAS(termination associated sequence)を含むレフトドメイン(ドメイン1，またはHV領域1 [hyper-variable region 1]ともよばれる)，サブシークエンスA, B, C(subsequence A, B, C)やLFSSLRAH motifを含むセントラルドメイン(ドメイン2ともよばれる)，CSB 1-3(conserved sequence block 1-3)を含むライトドメイン(ドメイン3，またはHV 2領域ともよばれる)の3つのドメインに分けられる．同属種内の塩基置換率はドメイン1と3で高く，種内多型の検出には，これらの領域がもっとも適することが示されている．

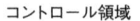

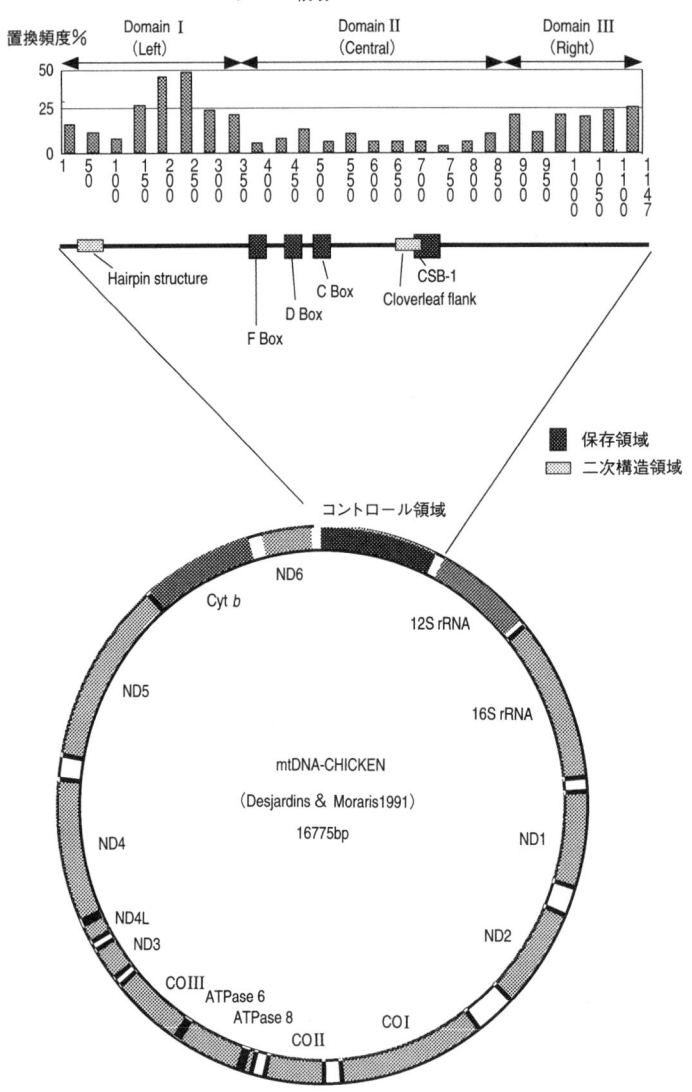

図2-12 鳥類のミトコンドリアDNAとコントロール領域構造図およびコントロール領域の置換頻度分布（ライチョウ-エゾライチョウの例）．Baba(2001)を改変．

コントロール領域全体を増幅するには，チトクローム b の 5′ 末端から tRNA^{PHE} に位置する L 15926 と，12S rRNA の 3′ 末端に位置する H 651 の 1 対のユニバーサルプライマーがよく用いられるが(Irwin *et al.* 1991)，もっとも塩基置換率の高い HV 領域には対象動物ごとに特異的なプライマーの設計が必要である．

　ミトコンドリア DNA の各遺伝子の配置は分類群によって異なっていることが認められている．たとえば鳥類の場合，ニワトリを含むキジ目などでは，図 2-12 にみられるようにチトクローム b と ND 6 の位置が哺乳類と入れ替わっているので，PCR による増幅には注意を要する．

松井正文・小池裕子

3 種内多型と保全遺伝学

　遺伝情報は，前章で述べられた大進化にかかわるドキュメントばかりでなく，小進化，すなわち種内で起こっている集団間の分化過程についても，多くを語ってくれる．この章では，個体群レベル，および個体レベルでの保全遺伝学に関する研究法について紹介する．種内多型の遺伝情報の担い手は個体であるが，繁殖は個体群レベルで維持されている．その実体が繁殖個体群であり，わずかな遺伝子流動が個体群の遺伝子の多様性を支えている．

3.1 遺伝的多様性とはなにか

(1) 遺伝子多様度(h)

　それぞれの地域個体群の遺伝的多様性(genetic diversity)を調べるにあたり，基本的概念となっているのが，遺伝子多様度(gene diversity ; h)である(根井 1987)．これはアイソザイム多型，制限酵素多型やDNA多型など，あらゆる遺伝的多型に適用でき，各多型の出現頻度を指標にして，集団内の多様性をみるものである．ヘテロ接合度(heterozygosity ; h)もこの遺伝子多様度のひとつであり，とくに平均ヘテロ接合度(average heterozygosity ; H)は，すべての遺伝子座にわたる h の平均で与えられる．また，ミトコンドリアDNA多型をハプロタイプ(haplotype)とよぶため，ミトコンドリアDNAの遺伝子多様度はハプロタイプ多様度(haplotype diversity)ともよばれる．

　遺伝子多様度(h)は，

$$h = 1 - \sum x_i^2$$

として定義される(Nei 1973)．ここで x_i はある遺伝子座における対立遺伝子 i の存在する頻度である．

　また，任意交配を行っている自殖集団を研究対象とする場合には，自由度 $n/(n-1)$

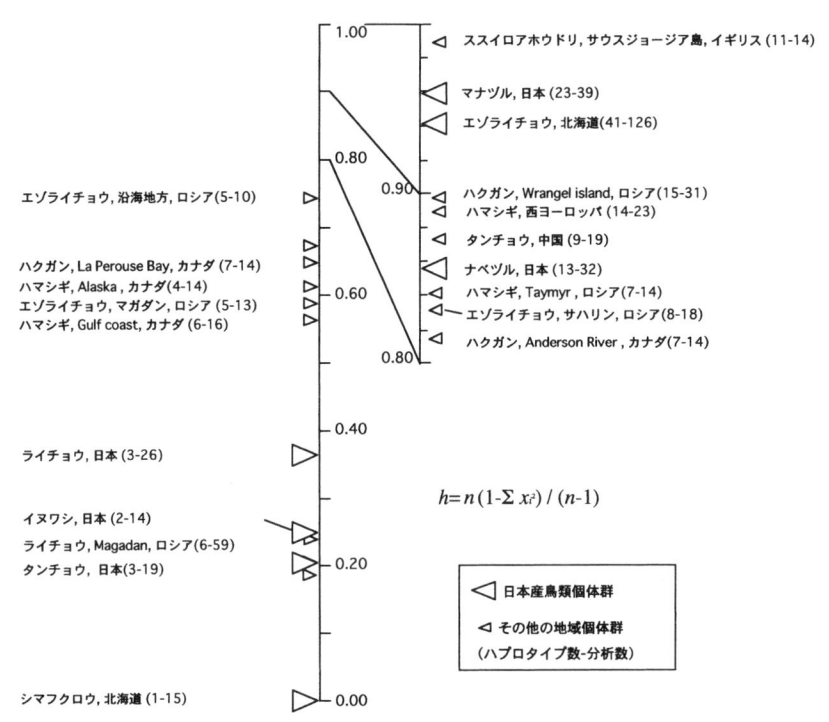

図 3-1 遺伝子多様度(h). 鳥類のミトコンドリア DNA コントロール領域を用いたハプロタイプ多様度の例. Baba(2001)を改変.

をかけあわせた

$$遺伝子多様度(h) = n(1-\sum x_i^2)/(n-1)$$

を用いる.

　この多様度を用いて比較を行った例として，図 3-1 に鳥類のミトコンドリア DNA のコントロール領域前半部におけるハプロタイプ多様度を示す(Baba 2001). 図 3-1 のかっこ内の数字は分析サンプル数とそこから検出されたハプロタイプの数である. 希少動物のシマフクロウ，タンチョウ，ライチョウ，イヌワシのハプロタイプ多様度はいずれも 0.4 以下で，遺伝的多様性が低いことを示している. 一方，狩猟鳥である北海道産のエゾライチョウや希少種でありながらマナヅルとナベヅルのハプロタイプ多様度は 0.8 以上で，高い遺伝的多様性を示した.

（2）塩基多様度（π）

　上述の遺伝子多様度ではそれぞれの遺伝子型の頻度のみが評価の対象となっており，遺伝子型間の遺伝距離が評価されていない．そこで塩基レベルで遺伝子多様度をみるには，塩基多様度（nucleotide diversity；π）として，遺伝子型間の塩基置換数（遺伝距離）を加味して遺伝的多様性を算出する．塩基多様度は，原理的には各個体間の塩基置換頻度の平均値であるが，一般的には各遺伝子型の頻度を用いて，

$$塩基多様度（\pi）=\sum x_i\ x_j\ d_{ij}$$

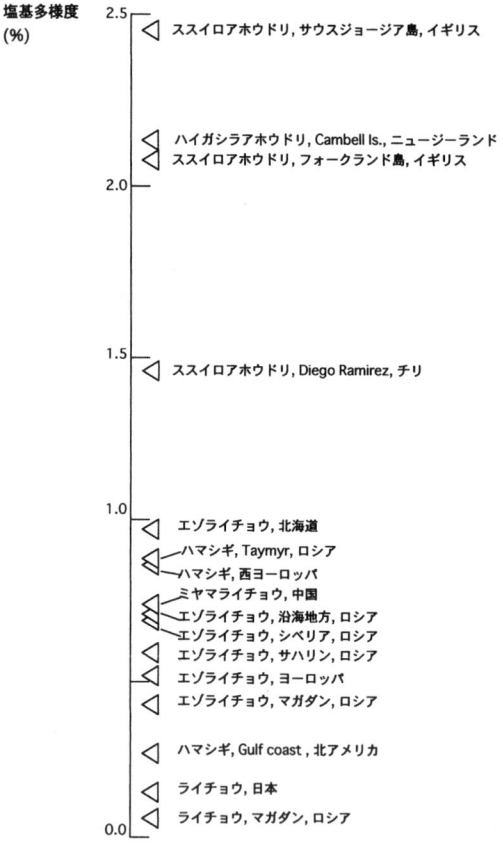

図3-2　塩基多様度（π）．鳥類におけるミトコンドリアDNAコントロール領域の例．Baba（2001）を改変．

で表される(Nei & Tajima 1981). 遺伝子型 x_i の頻度と遺伝子型 x_j の頻度, およびその2つの遺伝子型間の遺伝距離(d_{ij})をかけあわせた総和である. 任意交配を行っている自殖集団の場合には, 自由度 $n/(n-1)$ をかけあわせた次式が用いられる.

$$塩基多様度(\pi) = n(\sum x_i\, x_j\, d_{ij})/(n-1)$$

塩基多様度の例(図3-2)として, 遺伝子多様度で示したのと同じ鳥類のミトコンドリア DNA のコントロール領域前半部の解析結果をあげる. ハプロタイプ多様度において高い多様性を示した北海道のエゾライチョウやハマシギは, ハプロタイプ多様度に比べ塩基多様度は相対的に低くなっていた. 遺伝子多様度が高くても, それが1塩基置換のようなごく最近の一斉放散(simultaneous radiation)による場合には, 遺伝子多様度は高いが, 遺伝距離を示す塩基多様度は相対的に低い値になる.

(3) 遺伝的分化係数(F_{ST})

遺伝的多様性が集団間で均一なものか, あるいは特定の集団で分化が起こっているかどうかを評価する指標として, 遺伝的分化係数(coefficient of genetic differentiation ; F_{ST})がある. 遺伝的分化係数は, 集団全体の遺伝子多様度(h_T)に対して, 特定集団内の遺伝子多様度(h_s)を比較したもので,

$$遺伝的分化係数(F_{ST}) = (h_T - h_s)/h_T$$

として算出される(Nei 1973).

また, F_{ST} と世代あたりの移住個体数 Nm(N は集団の有効個体群サイズ, m は移住率)の関係は,

$$F_{ST} = 1/(4Nm + 1)$$

で表される. また, ミトコンドリア DNA や Y 染色体は半数体として取り扱われるため,

$$F_{ST} = 1/(2Nm + 1)$$

として算定される.

図3-3にこの分化係数 F_{ST} の例を示す. 日本近海に生息するスナメリは5つの地域個体群が確認されている. ミトコンドリア DNA 分析の結果(Yoshida et al. 2001), aからjまでの10ハプロタイプが検出され, それぞれの個体群におけるハプロタイプ出現頻度は, 個体群間でかなり異なった組成を示した. そこで各

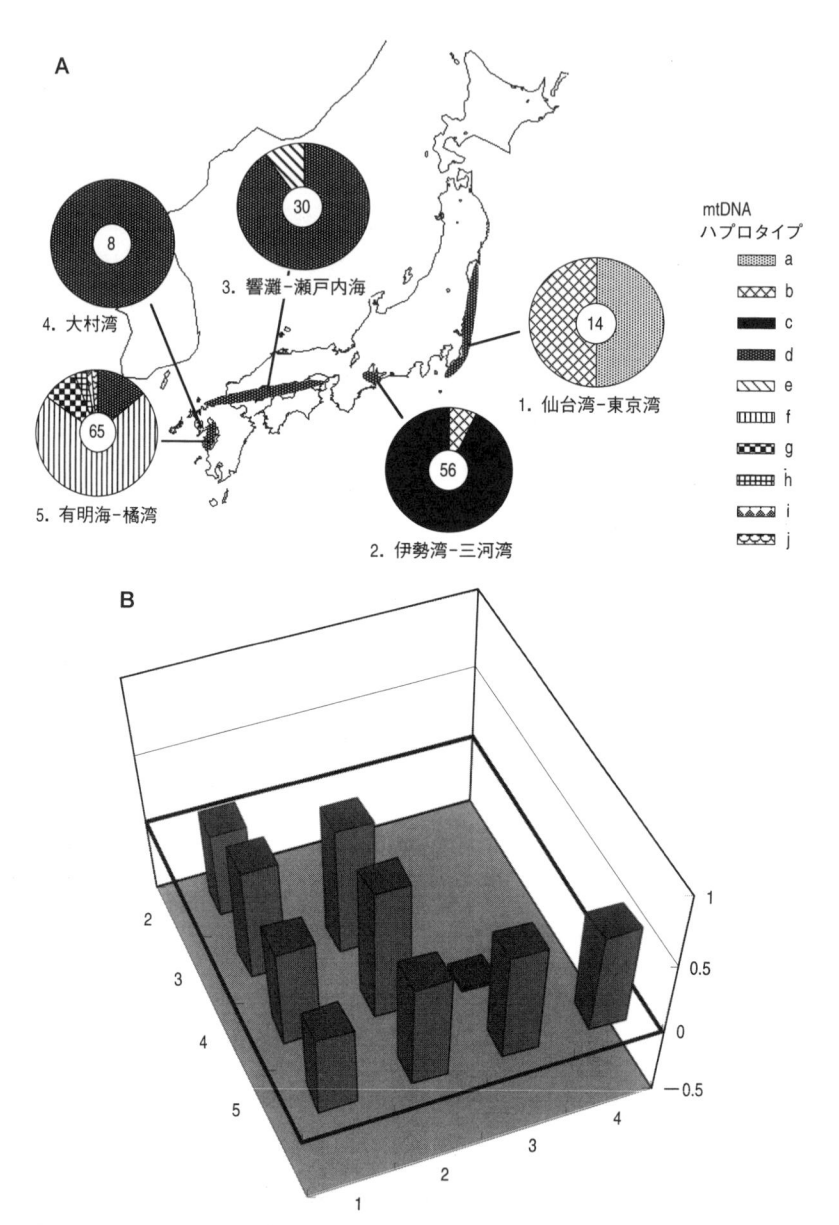

図3-3 スナメリにおける日本近海5地域集団間のミトコンドリアハプロタイプの分布(A)と遺伝的分化係数(F_{ST})(B). Yoshida *et al.* (2001)を改変.

個体群間の分化係数を算出したところ，大村湾と響灘–瀬戸内海間をのぞき，0.8以上の高い分化係数を示し，個体群として独立性が高いことを示唆した．

(4) 近交係数(F)

近親交配(inbreeding)が行われると，ヘテロ接合度が減少する．したがって，ランダム交配における期待値からのヘテロ接合度の減少率によって，近親交配の強さを表すことができる．保全遺伝学では，マイクロサテライト分析などのデータにもとづき，このヘテロ接合度(h)から近交係数(inbreeding coefficient；F)を算出することがよく行われている(矢原 1995)．その近交係数は，

$$F = 1 - He/Ho$$

で表され，He はヘテロ接合度の期待値，Ho は観察値である．

近交係数は，ある個体群が完全にランダム交配する場合を示す0から，その個体群のすべての対立遺伝子が同一の家系に由来する1までの間で変動する．小さな個体群では，集団内の個体が完全にランダム交配をしても近交係数は世代あたり $1/2 \cdot Ne$ ずつ増加し(Ne は有効個体群サイズ；Crow & Kimura 1972)，個体群が小さいほど近交係数の上昇が速くなる．

3.2 遺伝的構造とはなにか

遺伝的構造(genetic structure)の解析とは，個体群間・個体群内における遺伝情報の分布様式を調べることである．具体的には「繁殖個体群はどのような遺伝的集団を単位にしているのか」，「繁殖期と採餌期など季節によって地域個体群の遺伝子型頻度が異なるのか」，「各地域間で遺伝的な交流はどの程度あるのか」などに関して，いろいろな遺伝的指標を用いて，それらの地理的空間分布や時間変化を比較することである(Avise 1994, 2000, Avise & Hamrick 1996)．ここではタイマイ *Eretmochelys imbricata* を例にあげて，この遺伝的構造について説明したい(小池・Días-Fernández 2000)．

(1) 繁殖個体群の認定

タイマイは，熱帯サンゴ礁域に広く分布するウミガメである．日本近海では琉球列島で産卵が確認されている．タイマイは，いわゆる産卵回帰性(natal hom-

46　第3章　種内多型と保全遺伝学

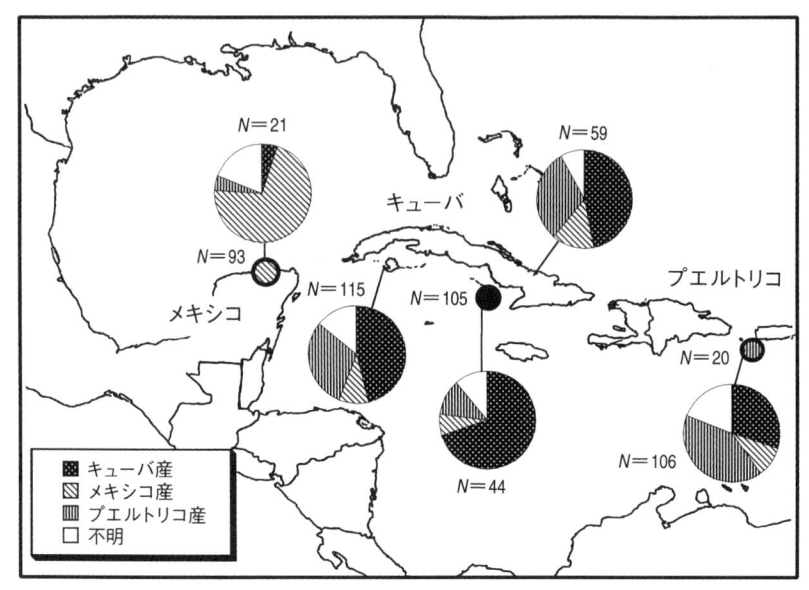

図3-4　タイマイ産卵地の固有ハプロタイプ（小さな円）と回遊海域での寄与率（大きな円）．小池・Días-Fernández（2000）を改変．

ing）という生態特性をもち，サンゴ礁の浜辺で孵化した稚亀は，主食とする海綿動物の多いサンゴ礁縁辺部を餌場として回遊し，成熟個体はまた特定の産卵地（rookery）に戻って繁殖するというサイクルを繰り返す．このように特定の繁殖地をもつ動物では，母系遺伝をするミトコンドリアDNAを用いるのが有効である．

　産卵地での調査で得られた死亡稚亀や無精卵の卵膜などからDNAを抽出し，ミトコンドリアDNAのコントロール領域を調べた．その結果，キューバの代表的な産卵地ドスレグアス諸島，メキシコのユカタン半島，プエルトリコのモナ島では，それぞれ固有の主要産卵地ハプロタイプとそれに付随するハプロタイプで構成されており，産卵地ごとに遺伝的マーカーによって識別できることが示された（図3-4）．また，このことは，これらの個々の産卵地が独自の繁殖個体群として，長期にわたり継続してきたことを示唆している．

(2) 個体群の分布域と寄与率

　つぎにこの遺伝子マーカーをもとに，タイマイが各産卵地からどの海域まで

回遊し摂餌しているかを調べた(図3-4).寄与率(contribution rate)とは,それぞれの繁殖地で成長した個体が,それぞれの海域でどの程度の割合を占めるかを示す指標である.たとえば,キューバ産の寄与率からは,産卵地付近のサンゴ礁を中心に,キューバ海域,および一部の個体はメキシコ近海やプエルトリコ近海へと,広くカリブ海を回遊することが示された.

(3) ネットワーク樹

個体群レベルの系統関係をみるには,塩基置換の形成順序を表すネットワーク樹が適している.上述のカリブ海海域および太平洋海域から検出されたハプロタイプを用いて描いたタイマイのネットワーク樹の例を図3-5に示す(Okayama et al. 1999).これらのハプロタイプの樹形は,1塩基置換で放散した,いわゆる花火型放散(firework radiation),あるいは1-3塩基置換が複雑に交錯する灌木樹形(bush-like tree)であった.クレード(clade)の中心には,キューバの主要産卵ハプロタイプであるCU1,あるいはメキシコ・プエルトリコの主要産卵ハプロ

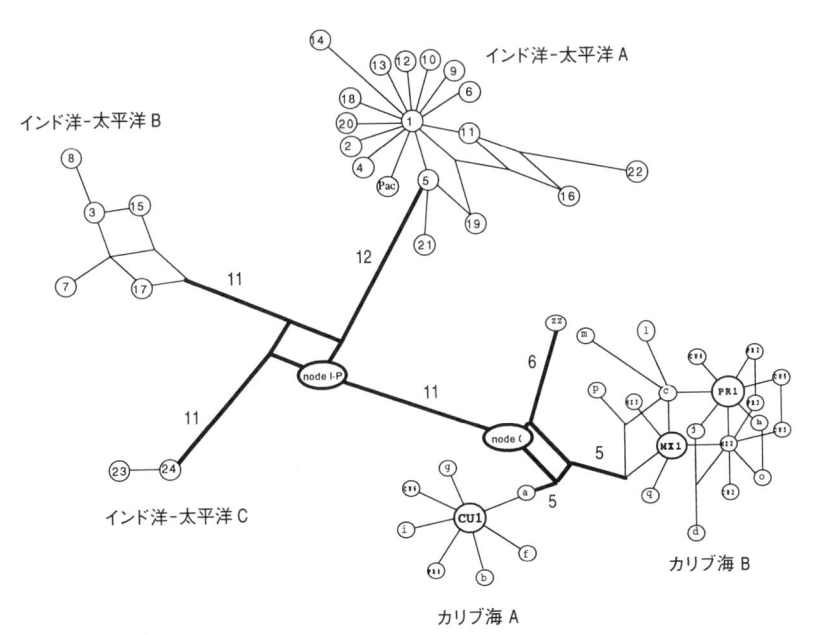

図3-5 タイマイのネットワーク樹.カリブ海域,インド洋-太平洋海域から検出されたミトコンドリアDNAコントロール領域のハプロタイプ.太線上の数字は塩基置換数.Okayama et al. (1999)を改変.

タイプである MX1/PR1 が位置していた．このことから主要産卵ハプロタイプが遺伝的放散(genetic radiation)の中心的役割をなし，かつその適応放散がまだ 1-3 塩基置換の比較的最近の時期であったことが想定される．

(4) 地域間共有率

上述のような繁殖地をもつ動物の多くでは，特定の遺伝的指標をもつ明瞭な繁殖個体群が識別される．しかしながら，緩やかな繁殖テリトリーをもちながら連続的に分布をしている動物の場合には，上述のような明瞭な繁殖個体群を見出すのは困難である．この場合，個体群間の遺伝的構造をみるもっとも簡単な方法は，各遺伝子型の地域間での共有率(coincidence rate)を調べることである．例として，図3-6に北海道のエゾライチョウにおけるミトコンドリアDNAのハプロタイプ共有率の地理的分布を示す(Baba 1999)．検出された54のハプロタイプは，北海道東部では地域間での共有率が高く，連続的な個体群を形成していた．一方，十勝山脈や大雪山系などをはさむ地域では，隣接する地域でも共有率が低く，遺伝的交流があまりない傾向を示し，1000m以上の高山帯がエゾ

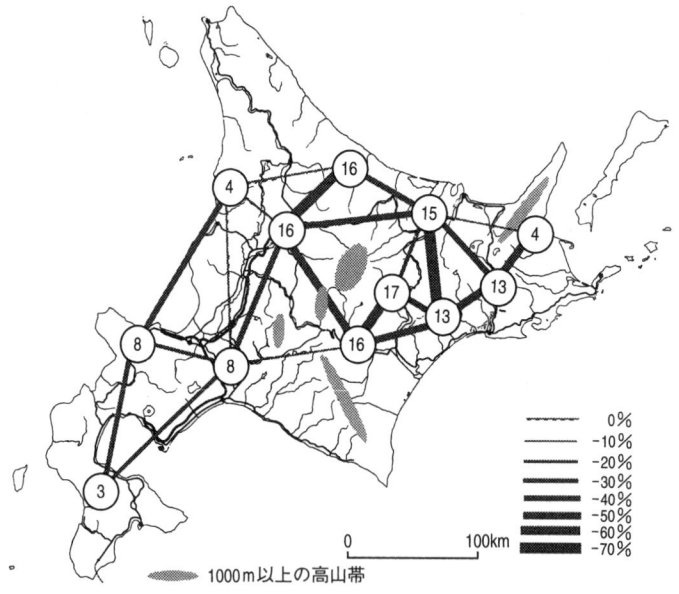

図3-6 地域間共有率の例．エゾライチョウのミトコンドリアDNAハプロタイプ出現頻度にもとづく．○のなかの数字は分析個体数．馬場ら(1999)を改変．

ライチョウの移動の妨げとなっていることが示唆された．

(5) 個体群間の遺伝距離

上述の共有率では遺伝子型の共有性の頻度が表されただけで，地域個体群間の塩基置換の程度，つまり遺伝距離が加味されていない．DNAデータを用いる場合には，地域個体群間の遺伝的関係として，遺伝子型頻度とそれらの塩基置換距離とを総体量とする個体群間の遺伝距離(genetic distance between populations；dxy)を用いることができる(根井 1987)．この個体群間の遺伝距離は，

$$dxy = \sum x_i y_j d_{ij}$$

で表され，x_i, y_jはそれぞれ個体群 x における遺伝子型 i と個体群 y における遺伝子型 j の頻度，d_{ij}は遺伝子型 i と遺伝子型 j 間の遺伝距離である．

この個体群間の遺伝距離行列を用いると，地域個体群間の遺伝的関係を，近隣結合樹として表すことができる．図3-7にエゾライチョウの例を示す(Baba *et al*. 2002)．検出されたハプロタイプ自体のネットワーク樹(第14章参照)では，極東地域と一部の北海道ハプロタイプからなる祖先ノード群があり，それから北海道各地，北アジア，シベリア，ヨーロッパへとそれぞれ放散していた．これらの地域個体群間の遺伝距離を用いた近隣結合樹では，各個体群のノードと

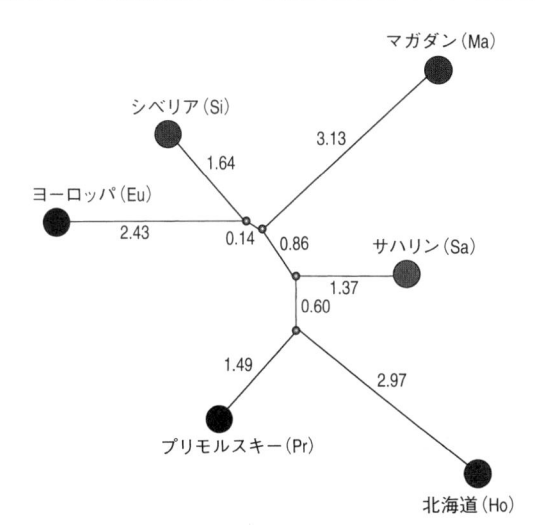

図3-7 個体群間の遺伝距離(dxy)を用いた近隣結合樹．エゾライチョウのミトコンドリアDNAコントロール領域の例．Baba *et al.* (2002)を改変．

ノードとの距離は短く,それぞれの地域が祖先ノード群から一斉に放散したことを示した.また,この祖先ノード群と各個体群との枝長(遺伝距離)をみると,その距離の長いものが地理的にも遠くに位置する傾向が示唆された.

3.3 遺伝情報から過去の個体群動態を読む

　塩基置換は個体群内で一定の割合で起こる.したがって,個体数が大きくなる,つまり有効個体群サイズが大きくなると,検出される塩基置換も多くなると考えられる.逆に,過去に比べ急激に個体数が減少する,いわゆるボトルネックが起こると,多型のいくつかが消滅し,結果的に遺伝子型数が少なくなる.

　前節で述べたように,塩基多様度には遺伝子型間の遺伝距離も加味されており,遺伝距離により時間経過も推定できる.したがって,ある程度の遺伝距離をもつ遺伝子型が多数連続的に検出されることは,過去の有効個体群サイズが長期間安定して大きかったことを示すと考えられている.

(1) 塩基置換頻度分布

　個体群のなかで,それぞれの個体どうしがどの程度の塩基置換距離をもつかを頻度分布で表したのが遺伝距離分布,あるいは塩基置換頻度分布(pairwise genetic distance distribution,または mismatch distribution)である.

　図3-8には鳥類に関する塩基置換頻度分布が示されている.このグラフのピークが放散の時期に,ピークの間の谷はボトルネックなど個体数が減少した時期に相当する.ナベヅルは比較的最近に一斉放散が起きた例,エゾライチョウ・マナヅルは長期安定型の例,ライチョウはボトルネックが起きた例と考えられる.

(2) 祖先ノードからの塩基置換頻度分布

　外群との比較から祖先ノードが明らかな場合には,たんに遺伝子型間の塩基置換頻度を集計して作成する塩基置換頻度分布ではなく,より歴史的な実体に近い祖先ノードからの塩基置換距離を用いた頻度分布が適している.この場合には祖先ノードからの塩基置換距離が,直接祖先ノードからの分岐時間を示し,分岐分析(coalescente analysis)が可能となる.

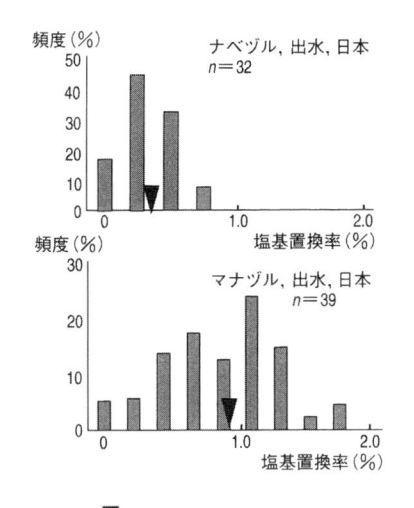

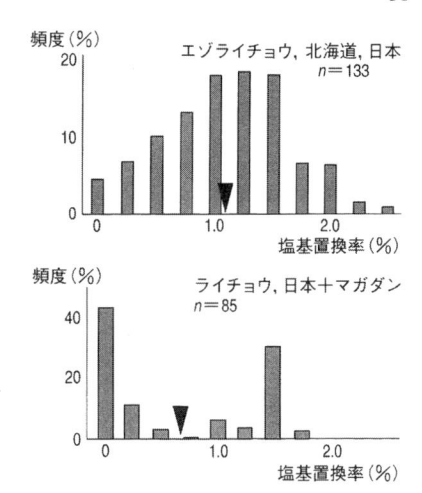

図3-8 塩基置換頻度分布図．ナベヅル，マナヅル，エゾライチョウ，ライチョウにおけるミトコンドリアDNAコントロール領域の例．

▼：平均値

(3) ネットワーク樹と塩基置換頻度分布図の関係

図3-9はミトコンドリアDNAのネットワーク樹とそれぞれの塩基置換頻度分布との関係を概念的にまとめたものである．A図は比較的近年に一斉放散した個体群のモデルを示したもので，ネットワーク樹はいわゆる花火型樹形となり，矢印で示した祖先ノードと考えられる主要ハプロタイプから，1塩基置換など遺伝距離の近いハプロタイプが多数放出されている．この場合における塩基置換の頻度分布はゼロ（つまり同じハプロタイプをもつ個体が大多数）や1塩基置換付近にピークがある一峰性の分布になる．

B図は，A図より長時間個体群が維持されてきたモデルで，そのネットワーク樹は分化が進みクレードができつつあるが，祖先ノードから分岐する過程で生じた中間のハプロタイプも，連続的に残っている．この場合の塩基置換頻度分布は，緩やかな一峰性の分布になり，より長い間個体群が維持されるにつれ，より塩基置換距離が長くピークの裾が広くなるのが特徴である．

C図のモデルは，過去に個体数の減少が起こったモデルで，ネットワーク樹はハプロタイプの消失により不連続になる．その後，個体数が回復すると，いく

A 一斉放散型

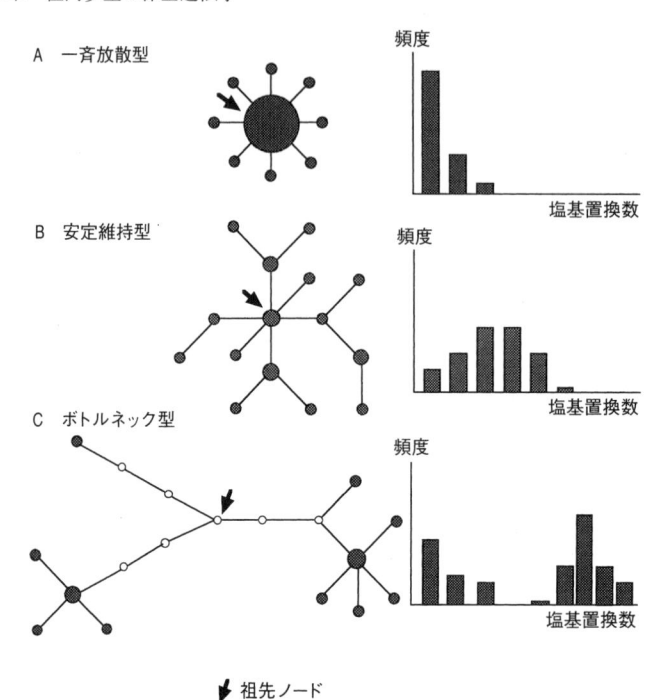

B 安定維持型

C ボトルネック型

↓ 祖先ノード
○ 消失ハプロタイプ

図3-9 ネットワーク樹と塩基置換頻度分布の関係に関する概念図.

つかのクレードに分化する．このときの塩基置換頻度分布は多峰性となるのが特徴で，同じクレード内に含まれるハプロタイプ間のピークと，別々のクレードをまたぐハプロタイプ間のピークに分離する．

3.4 遺伝情報から個体の行動を読む

　分子生態学(molecular ecology)といわれる分野は，速い進化速度をもつ遺伝子領域を用いる個体識別(individuality identification)によって，飛躍的に発展した．遺伝情報による個体識別は，その性質上，近親性を解明することにつながり，行動観察では得にくい，長い時間軸での遺伝子交流を評価することができる．たとえば，遺伝的指標をもとに正確に親子判別(parentage test)を行うことによって，生態学的に観察された交配関係(mating system)の実効性を検証することができ，より正確に個体群内の遺伝子流動(gene flow)や有効個体群サイズを評価

することができるようになった．

(1) 個体識別

マイクロサテライト(microsatellite)マーカーはひとつの反復単位(repeat motif)が7 bpまでの大きさをもつ反復配列(repeated sequence)である．とくに短反復配列(STR ; short tandem repeat)とよばれる反復配列は，2から5 bpを基本単位とする繰り返し配列であり，高度の遺伝的変異性をもつ(第7章参照)．このマーカーは，微量かつ断片化したDNA試料からでも，迅速に判定することが可能であるため，個体識別や親子判別などに多く使われている(日本DNA多型学会 1998)．

マイクロサテライトマーカーには，その単位モチーフがモノヌクレオチド(AAAなど)，ジヌクレオチド(CA, TA, CGなど)，トリヌクレオチド(CTG, CGGなど)，テトラヌクレオチド(TAAAなど)などが知られている．これらの反復配列は，ゲノム中に5万-10万コピー存在し多型性に富む．そのためDNA試料は極微量でもPCRによる増幅が可能で，糞や古代DNA(ancient DNA)の分析にも応用されている(植田 1996)．

マイクロサテライトの配列の大きさに変異が起こる頻度は，一般的な変異速度に比べずっと高いと考えられているが，繰り返し構造の塩基配列のちがいから分岐年代を算出することは困難である．短反復配列の変異は基本単位の繰り返し数のちがいが構造内で分散し，同じ大きさの対立遺伝子でも繰り返し単位が異なる構成からなる可能性が高くなる．

一方，ミニサテライト(minisatellite)マーカーは，VNTR(variable number of tandem repeat；縦列反復配列多型)ともよばれ，1単位が7-40 bpの比較的長い単位の多型を生じる．

これらのマーカーのうち，鯨類のマイクロサテライトマーカーによる個体判別調査の例を紹介しておこう．鯨類は継続的な観察のきわめて困難な海洋に生息しているため，その生態については陸上生物に比べ未知な点が多い．景ら(1998)は，和歌山県の太地町で行われている追い込み漁で捕えられたコビレゴンドウの個体識別および父子鑑定にマイクロサテライト法を応用した．鯨類のマイクロサテライト多型検出用のプライマーを用いてPCRを行ったところ，全個体の識別が可能だった．この個体識別の一致率は15万頭に1頭以上の確率であることから，個体識別能力は十分といえる．父子鑑定の結果，試料採集時に得た胎

児の父親は漁獲された時点ではそれぞれの群のなかに存在していなかったという結果を得た．このことから，コビレゴンドウが母系集団を構成して行動し，近親交配を避けていると考えられる．

(2) 性判別

　鳥類の性染色体は，メスがヘテロのZW型，オスがホモのZZ型である．一般的な性判別の方法は，性染色体にあるCHD-ZおよびCHD-W遺伝子のイントロンを含む領域をPCR増幅し(Griffiths et al. 1998, Kahn et al. 1998)，イントロンの長さのちがいを検出するというものである．図3-10のオオミズナギドリの場合にはイントロンの長さがほぼ同じで，このような場合にはCHD-Wのみを増幅するプライマーも用いる(馬場・岡 未発表)．

　一方，哺乳類の性染色体は，オスがヘテロのXY型である．減数分裂時に常染色体が全長にわたって対合し組換えを起こすのに対して，性染色体は短腕と長腕の先の偽常染色体(pseudoautosomal region；PAR)だけでしか対合せず，組換えが起こらない(中堀 1998)．つまりY染色体の非組換え領域(NRY；non-recombining region on Y chromosome)は，つねに父系系列で遺伝する特徴をもっている．

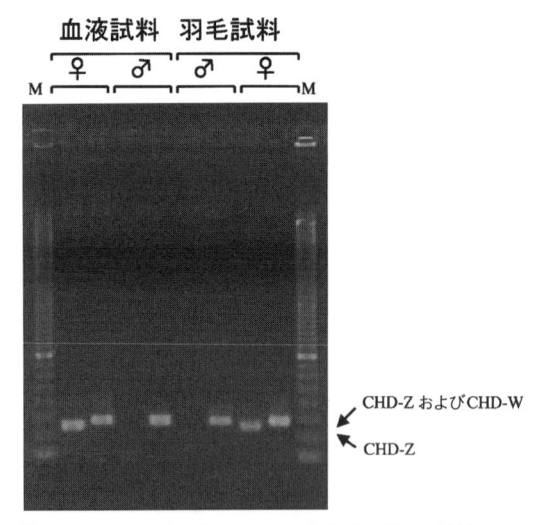

図3-10　オオミズナギドリのCHD遺伝子を用いた性判別
各試料の右レーンはCHD-WおよびCHD-Z遺伝子のバンド，左レーンはCHD-W遺伝子のみのバンドを示す．

Y染色体上の遺伝子のなかでとくによく研究されているのがSRY(sex determining region on Y chromosome)遺伝子で，これは精巣決定因子であることがわかっており，野生生物における性判別によく利用されている．たとえばRichard *et al.* (1994)はマッコウクジラについて，Gowans *et al.* (2000)はキタトックリクジラについて，SRY遺伝子とZFY/X遺伝子とを用いて，性判別を行っている．そのほかにもSRY領域を用いた野生生物の性判別はヒグマ(Taberlet *et al.* 1993)やシカ(Takahashi *et al.* 1998)などで報告されている．

参考までに，図3-11にクジラ目のSRY遺伝子のアミノ酸配列を示す(Nishida *et al.* 2001)．まず開始コドンATGをコードするメチオニン(M)によりコーディ

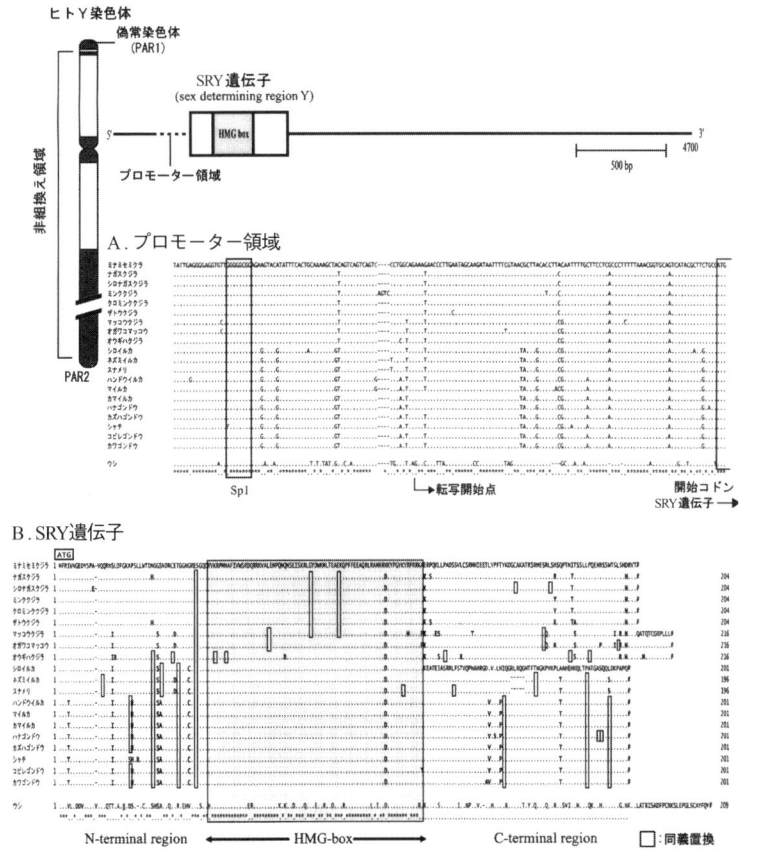

図3-11　鯨類のSRY遺伝子とそのプロモーター領域．Nishida *et al.* (2001)を改変．

ング領域が始まり，前半部の N-terminal 領域から，中程の DNA 結合モチーフである HMG(high mobility group)box を経て，後半部 C-terminal 領域の終止コドン TAG で終わる．SRY のこれら3領域の置換率を比較すると，HMG box では置換率が低く，機能領域であることが示唆された．一方，N および C-terminal 領域では置換率が高く，とくにアミノ酸の変化をともなう非同義置換が多くみられた．これは性決定遺伝子である SRY 遺伝子が性淘汰やさらには種分化のひとつのメカニズムを担っている可能性を示唆しているのかもしれない．

3.5 保全のための遺伝学的研究

多細胞生物は高度な免疫機構をもつが，その作用はさまざまな自己細胞由来のタンパク質と，侵入者のタンパク質とを識別することから始まる．MHC(major histocompatibility complex；主要組織適合遺伝子複合体)は，脊椎動物の免疫反応に深く関与するタンパク質をコードする複合遺伝子の総称で，多型性を保つことがウイルスなどの病原体に対する生体防御機能上，有利であることが知られている．また，保全のための遺伝学的研究として最近，野生生物に対する病原体の DNA 診断も行われるようになった．

(1) MHC 遺伝子

MHC 分子の多型性は，各々の MHC 遺伝子によってコードされるアミノ酸配列のちがいによって生成され，多重遺伝子座と多様なアロ抗原タイプとの組み合せによって，個体レベルでの多様性をつくりだしている(ワトソンら 1993，高田ら 1996)．たとえば，ヒトの MHC 系である HLA 系では，6つの遺伝子座(HLA-A, B, C, DR, DQ, DP)に 161 個のアロ抗原タイプ(図3-12)が載り，そのひとつひとつにおける塩基配列のちがいに由来する遺伝子型が認められる．

ここでは鯨類の MHC について紹介する．これまで Murray et al. (1999)によってシロイルカ，イッカクなどで解析が行われ，陸上の哺乳類に比べて多型が少ないという結果が報告されている．鯨類の MHC 領域クラスⅡの DQB1 遺伝子座内の領域における遺伝的構造を解析した結果では(図3-12；Hayashi et al. 2001)，α-ヘリックスと β-シートからなる抗原認識部位において，非同義置換が同義置換に比べ圧倒的に多く，平衡淘汰によって多型性が保持されることが

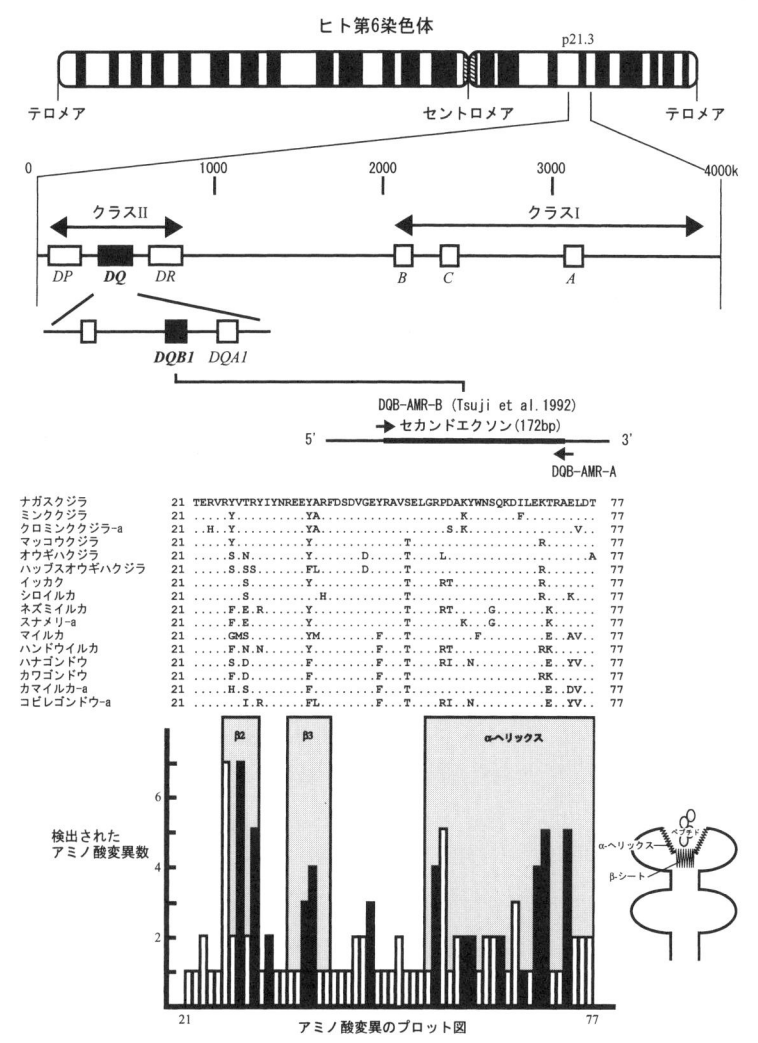

図 3-12　MHC 遺伝子の構造．上：ヒト MHC 遺伝子の配列．下：鯨類の MHC DQB1 領域における多型性．Hayashi *et al.* (2001)を改変．

示された(Hughes & Nei 1988)．

(2) 病原生物の DNA 診断

　鯨類や鰭脚類などの海生哺乳類においてよくみられる集団座礁(マスストラン

ディング mass-stranding)の原因に関しては，サメ・シャチなどの外敵に追われたため，磁場の狂いや寄生虫によって方向感覚を失ったため，などというさまざまな推測がされているが，その実態は明らかになっていなかった．最近，海生哺乳類のマスストランディングを引き起こす原因のひとつが，モルビリウイルス(morbillivirus)であることが報告された(Taubenberger *et al.* 2000)．モルビリウイルスは，パラミクソウイルス科(Paramyxovirus)に属す一本鎖の RNA ウイルスである．モルビリウイルスに感染すると，肺炎，脳脊髄炎，肝炎，結腸炎などを起こす．検出法には，病原巣となっている細胞においてモルビリウイルスの抗原と反応させる免疫組織学的染色法と，RT-PCR 法による検出がある．RT-PCR 法(第 7 章参照)によって，モルビリウイルスの塩基配列を調べた結果（Barrett *et al.* 1993)，ネズミイルカ型(PMV)，イルカ型(DMV)，ゴンドウクジラ型(PWMV)の 3 種類が発見された．このうち，PWMV は DMV や PMV よりも祖先型に近いと考えられ，病原性の弱い PWMV がほかのハクジラ亜目への感染ベクター(運び屋)となって，感染源となっているのではないかとも推測されている．ウイルスは変異速度が速いので，将来的には疫学的研究ばかりでなく，宿主生物の分子時計としても利用できることが期待されている．

小池裕子

4 遺伝的多様性保全のためのプロジェクト

4.1 日本の野生動物と遺伝的多様性

(1) 日本の野生動物の遺伝的絶滅

トキ *Nipponia nippon* の「ミドリ」が1995年4月30日に,新潟県トキ保護センターで死亡した.ミドリは「キン」とペアを組んでいたオスで,それまで何度か繁殖の試みがされてきたが,高齢のキンとのペアによる孵化には成功しなかった.ミドリの死亡で残るのはメスのキン1羽となり,日本産トキの自然繁殖による遺伝子保存の可能性がなくなった.死亡した翌日に,トキ遺伝子試料保存グループによってミドリの病理解剖を兼ねた試料保存が行われた.ミドリの組織は,精巣,肝臓など15の部位別に合計102のチューブに分けて液体窒素保存された(菊池 1996).トキは有機塩素系農薬の大量使用が始まる1960年代以前にすでに生息数減少が始まっていたが(松中 2000),第二次大戦後の土地利用の変化や農薬使用が,トキにとって必要な生息場所と餌動物を減らしたことはまちがいない(図4-1).これに加え生息数の急減な減少には,個体群の遺伝的多様性の低化が作用したことも示唆されている.

コウノトリ *Ciconia ciconia* も,1971年に兵庫県豊岡市で人工繁殖のため最後のオス野生個体が捕獲され,日本の野生個体群は絶滅した.日本のコウノトリは,1965年から捕獲・人工繁殖が試みられ,1971年時点で飼育個体群として3羽が飼育されていたが,日本産コウノトリ間では繁殖に成功せず,日本産ペアの純系系統は絶えた.ただし,1981年から豊岡産メスと中国産オスの間の繁殖に成功し,その後の大陸からの飛来・捕獲繁殖個体を加え,飼育・人工繁殖個体群は兵庫県豊岡市の施設だけで1999年に67羽まで増加している.豊岡市近辺で1964年から1969年にかけて捕獲されたコウノトリ7羽の標本の遺伝的分析が行われた.この最後の野生個体群は共通の遺伝子ハプロタイプをもつ血縁

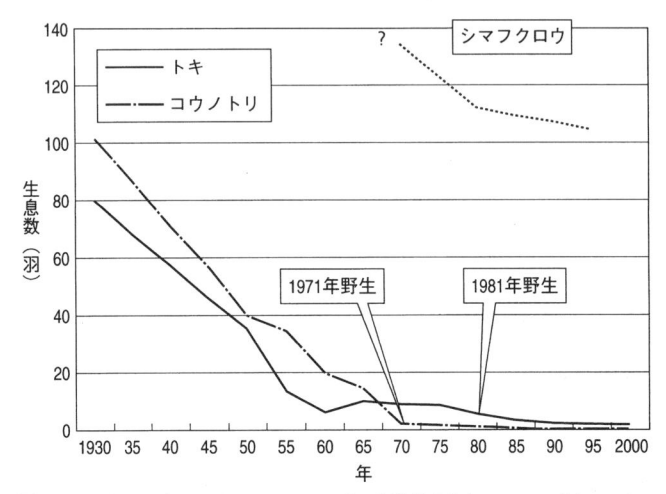

図4-1 トキ，コウノトリ，シマフクロウの個体数変化(1930-2000年).トキ：1967年から人工飼育開始，1980-81年に野生全個体捕獲(5羽)，コウノトリ：1965年から人工飼育開始，1971年に野生全個体捕獲(2羽).

関係がきわめて近い個体群であり，繁殖率の低下には遺伝的多様性の低化が作用したことも示唆されている(山本ら 1999).

シマフクロウ *Ketupa blakistoni* は，トキ，コウノトリと異なり，北海道にまだ100羽(40つがいと単独個体が約20羽)ほどの野生個体群が維持されている．しかし，シマフクロウでも分布域の縮小(早矢仕 1995)や野外での繁殖率の低下がみられている．おもな生息域・採食環境である河川環境が近年大きく改変されたことが生息数減少の第1の要因であるが，遺伝的多様性の低化の影響も示唆されている．個体数が減少しペアリングの相手がみつけにくくなった結果，親子や兄弟間の近親交配が起きている．シマフクロウでもトキやコウノトリのように，個体群の減少-遺伝的多様性の低下-繁殖率の低下，による個体群の絶滅サイクルが起きているのだろうか．そのプロセスを止めて，個体群を回復させる手段はあるのだろうか．この章では，遺伝的多様性保全に対する日本と世界の取り組みと課題を述べる．

(2) 遺伝的分化と多様性研究

遺伝学は生物の普遍的法則を研究し，その成果を医学や生物生産，繁殖工学に応用するため，基礎研究から応用まで研究者・開発技術者も多い非常に広い

学問領域となっている．野生生物の遺伝的多様性研究では，遺伝学の基礎的研究で開発された理論や方法が応用されることが多い．日本における哺乳動物の遺伝的変異の研究も，ネコの毛色多型や在来家畜の遺伝的様式の研究など，遺伝学の知識をペットや家畜に応用することから始められた．野生動物の遺伝的多様性の本格的な研究は 1970 年代に，アカネズミ *Apodemus speciosus*（土屋 1974），コウモリ類（原田 1988）などにおける核型多型の研究や，酵素−タンパク質多型の検出として開始された．この 2 つの方法は，塩基配列の直接読み取りによる遺伝的多型分析が多くなったといえ，現在でも遺伝的多型の簡便で有効な分析方法として広く使われている．つぎに 1980 年代には集団遺伝学と遺伝的系統分類の方法論を取り入れた野生動物の研究が，ハツカネズミ *Mus musculus*（Yonekawa *et al.* 1981），メダカ *Oryzias latipes*（酒泉 1990），ニホンザル *Macaca fuscata*（野澤 1991），ニホンカモシカ *Capricornis crispus*（野澤 未発表）などで進められた．日本の野生動物の起源・分化に関する研究は「日本産野生動物の起源に関する遺伝学的研究」（研究者代表：森脇 1992）として，1980 年代までの成果が集約されている．そして，1990 年代に入ると遺伝的多様性分析は，第 3 部で各分類群についてその現状と成果が紹介されるように，(1)種内多型（あるいは隠蔽種）と地域個体群間の遺伝的な差の検出，(2)種間・種内の遺伝距離の分析による系統起源に関する研究，(3)保全遺伝学への応用，へと発展している．さらに，地域個体群の個体数，繁殖指標，行動圏などから，遺伝的最少有効個体数を推定する研究にもその成果が応用されている（大井ら 1996）．

4.2 国内の取り組み

(1) 生物多様性条約

研究はこのように進展しているが，野生生物の遺伝的多様性保全に対して，政策的にどのような取り組みが行われているだろうか．日本政府は 1993 年に生物多様性条約を批准した．生物多様性条約では，生物多様性とは，(1)遺伝子レベル，(2)種レベル，(3)生態系レベル，の 3 つのレベルの多様性を含み，人類の生存基盤として各レベルにおける多様性保全が重要であることを述べている．この 3 つに，ランドスケープの多様性を加えることもある．また，生物多様性

条約は第6条で，各国は生物多様性保全のための国家計画を作成することを指示している．これを受けて，政府による生物遺伝的多様性を含む保全対策として，「生物多様性国家戦略」(環境庁 1996)が作成された．それまでも，資源生物遺伝子の保全の観点から，種子バンクや家畜の精子凍結保存を目的とするジーンバンク事業が農林水産省によって1985年から行われていたが(農業生物資源研究所 1992)，総合的な生物多様性保全計画としてはこの1996年の国家戦略が最初のものである．

(2) 国家戦略

生物多様性国家戦略は条約をふまえ，生物多様性とは遺伝子レベル，種レベル，生態系レベルの変異性を含むと定義し，さらに生物多様性は人類生存基盤である生態系の維持，生物資源の持続的利用，文化，芸術，レクリエーションのための価値などの観点から重要であることを述べている．そして，日本は特徴的で多様な生物相を有しているものの，種や地域個体群の絶滅，移入種による生態系の攪乱などがあり，生物多様性の喪失が進んでいるため保全対策が重要であるとしている．日本の生物多様性保全には，自然環境・野生生物保全にかかわる環境省だけでなく，作物・水産・森林資源にかかわる農林水産省，バイオテクノロジーにかかわる経済産業省に加え，河川・沿岸管理を行っている国土交通省など多くの省庁が参加している．生物多様性国家戦略は，多くの関係省庁が分散して行っていた調査・保全・利用への取り組みに，国レベルでの総合的な方向性をはじめて示したものといえる．

(3) 行政機関によるモニタリング調査

環境省は，自然環境保全法にもとづき，野生生物の分布や河川・湖沼・海岸の改変状況などを調査する自然環境保全基礎調査や，国立公園・保護区の調査，絶滅危惧種の生息状況，農林業に被害を与える種の防除方法の調査など，いくつかの調査研究を行っている．分類，生態など基礎研究は大学や研究機関が分担することを前提として，環境省が行っている調査研究はモニタリング主体の構成となっている．生物多様性保全を直接の目的として環境省が行う調査研究には，(1)種の保存にかかわる調査(レッドデータブックの作成・改訂と掲載種のモニタリング調査)，(2)生物多様性調査(自然環境保全基礎調査とそのなかの

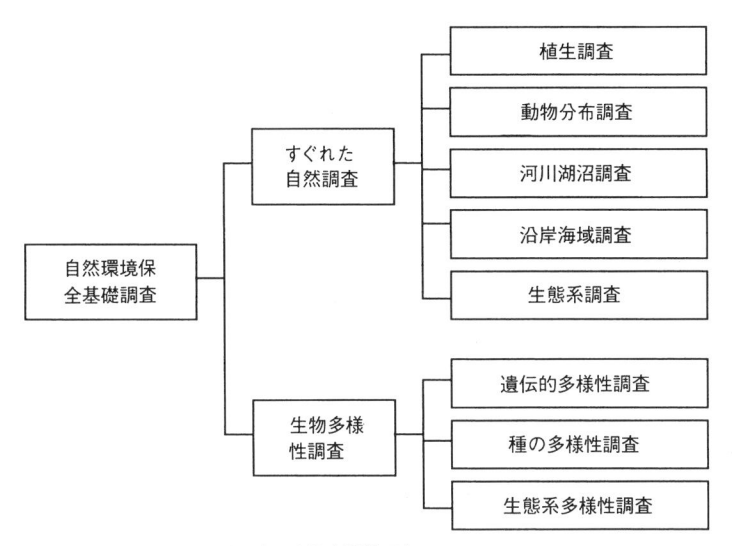

図4-2 自然環境保全基礎調査と生物多様性調査.

遺伝的多様性調査), などがある(図4-2).

　絶滅のおそれのある種の保存対策を講じるため, 日本産野生動物の生息状況を継続的に調査し, 新規の追加や掲載種のランク変更, 削除など日本版レッドデータブックの作成と改訂が定期的に行われている. たとえば, 両生爬虫類のレッドデータブックの初版は1991年に公表されたが, 1998年にカテゴリーの見直しが行われ(環境庁 1998), 追加・修正版が2000年に発表された(環境庁 2000). この調査には, 自然環境保全基礎調査による, 野生生物の分布情報や植生, 河川・湖沼の変化などのデータも利用される. レッドデータブックに掲載された種については, 必要な対策や生息規定要因を調査するため, モニタリング調査を行うことが規定されている. イリオモテヤマネコ *Felis iriomotensis*, ツシマヤマネコ *Felis euptilura* やシマフクロウの調査もこの枠組みで行われている. 調査研究において環境省は陸域を担当し, 河川法に定める河川や湖沼の野生動物調査は河川を管理する国土交通省がおもに行っている. 国土交通省が管轄する河川敷は国土の3%を占めるにすぎないが, 河川は魚類など水生生物の生息域だけでなく, 流域生態系の要となるため生物多様性保全上重要である.

　環境省が行っている生物多様性調査のなかの遺伝的多様性調査は1996年から開始された. この計画は生物多様性を種や生態系レベルだけでなく遺伝子レベ

表 4-1 レッドデータブック(RDB)掲載種と遺伝的変異分析種数.

分類群[1]	国内生息種数	RDB 掲載種[1]		遺伝的調査種数[2]
		種数	研究例	
哺乳類	188	68	9	34
鳥類	665	132	3	29
爬虫類	87	16	6	61
両生類	59	19	9	49
汽水・淡水魚類	200	48	9	57
昆虫類	30146	211	0	56
計		626	36	319

1) 環境庁編(1996)生物多様性国家戦略
2) 自然環境研究センター(1998a)

ルでもとらえ，日本の生物多様性保全対策に活用しようとするものである．その成果の一部が本書のなかで取り入れられている．ただし，脊椎動物についてこれまでの調査状況をみると，日本版レッドデータブック掲載種697種(初版)のうち，遺伝的分析が行われているのはまだ36種にすぎない(1998年時点)(表4-1)．

4.3 国際的取り組み

(1) 国際条約・国際機関による取り組み

　国際社会は遺伝的多様性保全のため，どのような取り組みを行っているのだろうか．遺伝的多様性保全は，生物多様性保全の一環としてとらえる必要がある．国連環境計画(UNEP)は，人間活動にかかわる，(1)生息地(ハビタット)の喪失・減少・細分化，(2)生物資源の過剰利用，(3)汚染，(4)外来種の導入，(5)気候変動，の5つが生物多様性減少の主要因としている(第4回生物多様性保全条約締約国会議資料)．これらの要因に対応するため国際社会は，ラムサール条約(1971年)，世界遺産条約(1972年)，ワシントン条約(1973年)，ボン条約(移動性動物条約)(1979年)，気候変動枠組み条約(1992年)，生物多様性条約(1992年)，砂漠化防止条約(1994年)など，地域条約も含めると200以上にのぼる国際条約・協定を結んできた．遺伝的多様性保全には，種の保護や生息地保全にお

いてこれらの条約すべてがなんらかのかたちでかかわるが，直接的なかかわりをもつのは生物多様性条約である．生物多様性条約は，(1)生物多様性の保全，(2)生物資源の持続的利用，(3)生物資源から得られる利益の向上と均等で公平な配分，を基本理念としている．すでに述べたように，遺伝子，種，生態系の各レベルでの多様性保全のため，(1)保護区設定と組み合わせた生物多様性保全のための基本法の制定，(2)標本収集・遺伝子バンクの推進，(3)政策の統合化による生物多様性の維持，が締約国政府に求められている(WCMC 2000a)．

国際自然保護連合(IUCN)は，生物多様性保全，持続的利用，レッドデータブック(RDB)の作成など，自然環境保全における世界レベルの科学当局と位置づけられる．RDBは，保護優先度の高い種をリストアップすることで，政策決定者，市民，研究者に，掲載種の保全への注意をうながすことを目的としている．IUCNが1968年に哺乳類のRDBを最初に公表した後，RDBは世界，国，地域レベルで作成されるようになった．国レベルでは1994年現在，93カ国で作成されている(WCMC 1994)．また，遺伝的多様性保全に関して，IUCNはさまざまなガイドラインを作成し，調査・研究の必要性を述べている．たとえば地域的絶滅種などの再導入における予備調査段階で，対象種の個体群間および近縁種との遺伝的差異を研究することの重要性を指摘している(IUCN 1996)．

(2) 希少種の遺伝的多様性

野生動物の種・個体群の保全において，遺伝的多様性の低下や変化が保全の制限要因となっていることは世界的にも多くの事例・データが集められつつある．希少種の遺伝的多様性の変化と保全にかかわる課題としては，(1)個体数の減少にともなう多様性の低下，(2)家畜・近縁外来種との交雑，(3)種の区分の見直し，(4)遺伝子資源の保全，などがある．レッドデータブック掲載種のほとんどは，これらの問題のどれかにかかわっているが，具体的にはつぎのような種で遺伝的多様性の減少，飼育下での繁殖率の低下，交雑，種の見直しなどの問題が起きている．

生息数減少による遺伝的多様性の低下

サイの仲間では，特異的に遺伝的変異が大きいことが知られている(WCMC 1997a)．アジア地域にはスマトラサイ *Dicerorhinus sumatrensis* とジャワサイ *Rhinoceros sondaicus* の2種が生息する．ジャワサイはジャワ島西部に60頭前後，

ベトナム南部に15頭前後が生息するのみで,遺伝的多様性の低下が懸念されている.限定された生息地における突発的な災害や疾病による絶滅を避けるため,人工繁殖地をスマトラ島南部につくる計画が進められているが,繁殖には成功していない.トラ *Panthera tigris* は,かつてはシベリアから中近東まで広く分布したが,現在は5080頭から7380頭程度生息するのみと推定されている(WCMC 1997b).現生個体群では8亜種が認められ,そのうちシベリアトラは捕獲や生息地の森林改変により150頭から200頭程度にまで減少し,遺伝的多様性の低下が個体群維持に影響することがとくに懸念される亜種のひとつとなっている.アメリカ五大湖のひとつスペリオル湖のなかにあるローヤル島では,オジロジカ,エルクとその捕食者であるオオカミ *Canis lupus* 個体群のダイナミックな変化がみられる.オオカミ個体数は,1980年のピーク時には50頭近くに達したが,1990年代には20頭近くにまで減少した.面積約555 km^{2}の島では,シカ類とオオカミ双方の収量力に限界があり,オオカミ個体数の減少には餌となるシカ類の減少,伝染病(パロウイルス)が作用した.これに加え繁殖個体数が少ないため,1世代の間にヘテロ接合度が13%減少すると推定される遺伝的多様性の低下も,近年のオオカミ個体数の減少に作用したと考えられている(Peterson *et al.* 1998).小さな個体群における遺伝的多様性低下による繁殖障害や奇形個体出産率の増加などの問題は,繁殖母個体数の少ない飼育下のオオカミでも報告されている(Laikre & Ryman 1991).

交雑・移入種問題

野生種と家畜,野生異種間の交雑はイヌ科や偶蹄類など家畜種が多いグループでとくに問題となっている.エチオピアオオカミ *Canis simensis* はエチオピア高原草原帯に生息する地域固有種だが,生息数は500頭前後まで低下し,さらにイヌとの交雑による遺伝子汚染が起きている(WCMC, species data, ethiwolf).アメリカのアカオオカミ *Canis rufus* では,コヨーテ *Canis latrans* との交雑が個体群保全における主要な脅威となっている(WCMC, species data, redwolf).バンテン(ジャワウシ)*Bos javanicus* の野生個体群は,ジャワ島に1000頭前後,バリ島に50頭ほど生息するだけだが,ヨーロッパ系の家畜ウシとの交雑により,純系の遺伝子保存が危惧されている(Ashby & Santiapillai 1986).移入種あるいは異なった遺伝子構成をもった個体の無計画な導入は,淡水生態系の重大な悪化要因となっている.1850年代以降,これまで導入が記録された淡水動物は963種

におよび，そのうち603例が1950年代以降の導入種で占められている(WCMC 2000b).

遺伝的分析による種の分離

　遺伝的分析データ資料の集積により，これまで同種あるいは亜種とされていたものを別種として区分する結果も出てきている．遺伝的分析による種の細分化提案は，とくに霊長類で多くみられる．ゴリラ *Gorilla gorilla* は従来3亜種（ニシローランドゴリラ，ヒガシローランドゴリア，マウンテンゴリラ）に区分されていたが，遺伝的分析からニシローランドゴリラはほかの2亜種とは別種とすべきとの結果が示唆されている(Morrell 1995)．オランウータン *Pongo pygmaeus* はスマトラとボルネオに分布する．亜種区分はされていたものの，かつては両方の島の個体群は同種とみなされていた．しかし，遺伝的分析により，現在は別種とすべき意見が強い(Chemnick & Ryder 1994)．また，スラウェシ島の霊長類に関しても，遺伝的調査から種の細分化が示唆されている．ただし，とくにオナガザル属 *Macaca* sp.では遺伝距離が小さい分類群間で別種の区分がされていることもあり，「分割しすぎ」(over splitting)との批判もある(野澤 1994).

4.4　遺伝的多様性回復──世界の具体例

(1) どのような対策があるか

　このように，遺伝的多様性保全の課題は多くあるが，その悪化傾向を逆転させる手段はあるのだろうか．遺伝的多様性保全を具体的に進めるための方策は，生息域内(*in-situ*)保全と生息域外(*ex-situ*)保全の2つに大きく分けられる．生息域内保全は，生息地の生態系・生物群集を保全するなかで，対象種個体群とその遺伝的多様性を保全するものである．生息域外保全は，原産地の改変が進んだり個体数が急激に減少している場合に，競合種や捕食者の影響を避けて個体群保護の確実性を高めるため，動物園や植物園など生息域外の環境にもち出し，保全する方法である．生息域外保全は，広義には標本や情報の保存も含まれる．具体的には，世界各地でつぎのような方法で遺伝的多様性保全の試みが行われている．

(2) 生息域内保全

フロリダピューマ

　アメリカフロリダ半島のフロリダピューマ *Felis concolor* は，ヨーロッパ人によるアメリカ大陸開発以前，中西部と共通の個体群を構成していた．半島北西部が農地や宅地として開発されるにつれて分布域は半島と，アメリカ中南部のテキサス個体群に分断された．さらに，狩猟や家畜加害獣として駆除されたため，フロリダピューマのうちもっとも南に分布するエバーグレイド個体群は，1996年には60頭前後まで生息数が低下した．さらに，尾を巻いた個体や，精子異常がみられるオスの個体が増えた．遺伝的多様性との関連が確実に証明されたわけではないが，個体数減少にともなう遺伝的多様性の低下がこのような異常に影響していると考えられている．遺伝的多様性の回復による異常発現率の低下を期待して，フロリダとテキサスの個体群の間で数個体を人為的に交換する試みが開始された．テキサスから8頭のメスがフロリダに導入され，このうち4頭は繁殖に成功したが，テキサスから導入されたオスの1頭は栄養不良が原因で死亡し，再導入プログラムがすべて順調にいっているわけではない(Maehr 1998)．

オランウータン

　オランウータンの生息数は生息地の森林改変や捕獲により減少している．スマトラオランウータンの現在の生息数は7000から1万1000頭程度と推定されている(Sugardjito & Van Schaik 1992)．スマトラオランウータンの分布域は，47万 km^2 と本州の2倍程度の広さのスマトラ島のなかでも，島北西部のグヌン・レーサ国立公園を中心とした1万 km^2 ほどの地域に限られる．グヌン・レーサ国立公園は，中央部を北から南にアラス川が流れ，川沿いは農地が多いため公園から除外されている．このため公園は逆U字型となっていて，オランウータン生息地は東西に分断されている．生息地の縮小，個体群の細分化による遺伝的劣化を最小限にするため，公園の東西の個体群の交流のため森林回廊を確保することの重要性が指摘されている．

(3) 生息域外保全

　動物園は希少種の生息域外保全のための重要な拠点のひとつとなる．動物園では希少種保全のため，(1)飼育と繁殖のデータベース作成，(2)データベース

化のため分類体系・種のコード化，(3)国際血統登録による近交劣化の防止，などを進めている(Flesness & Mace 1988)．日本の動物園でも国際血統登録が126種で行われている．また，国内だけの独自の血統登録では31種が登録されている(日本動物園水族館協会 1993)．動物園における飼育課題は，累代飼育による遺伝的多様性の減少である．予測と対策を明確にするため，Franklin(1987)は，個体群の減少にともなう飼育個体群を含む遺伝的多様性変化のシミュレーションを行った．IUCNの種の保存委員会(IUCN-SSC)飼育繁殖グループでは，トラ，サイ，オランウータン，など中大型哺乳類や猛禽類をおもな対象として，個体群サイズと世代による遺伝子のヘテロ接合度の低下割合シミュレーションを多くの種で試みている．遺伝的変異を維持するため必要な遺伝的最少有効個体数として，シベリアトラでは136頭(世代時間7年)，アラビアオリックス *Oryx leucoryx* では95頭(同10年)，オオフラミンゴ *Phoenicopterus ruber* では37羽(同26年)と，世代時間が短い種ほど当面の個体数が多く必要なことがこれらシミュレーションから示されている(Tudge 1992)．「世界動物園保全戦略」(1996)は，生息域内保全，生息域外保全に加えて，第3の保全方法として，希少動物の繁殖細胞あるいは組織の冷凍動物園(凍結保存)を取り上げている．

4.5 遺伝的多様性の回復——日本の例

(1) 生息域内保全と生息域外保全

　遺伝子多様性保全の具体的方策としては，生息域内保全と生息域外保全の2つに分けて行うことが日本国内でも現実的で重要な方策となる．国内においても，生息域内と生息域外の2つの方法についてつぎのような方策が計画・実施されている．
[生息域内保全]
①大面積生息地の保全：大面積の生息地を保全することにより，多くの個体数
　・遺伝的多様性の維持をはかる(大規模生息地鳥獣保護区の設定など)．
②生息地回廊の設置：陸上動物の生息地間に生物が移動可能な回廊を設定し，
　個体の移動・遺伝子交流が行われることで全体としてより多くの個体・遺伝的多様性を維持する(緑の回廊計画)．

③人為的移動：遺伝的交流が困難となった個体群間において，人為的に個体の移動・交流をはかることで，遺伝的多様性を維持する(シマフクロウなど)．

[生息域外保全]

①飼育下個体群・遺伝子保存：野生個体群から遺伝的多様性をもった複数個体を捕獲し，飼育・人工繁殖を行い遺伝的多様性の維持をはかる(ツシマヤマネコなど)．

②生殖細胞の保存：現在の技術で個体再生の可能な生殖細胞を採集・保存し，生殖工学的技術による個体の再生産をはかる(動物園飼育種)．

③遺伝子情報の保存：組織レベルで遺伝子情報を保存する(トキ)．

ただし，どちらの方策をとる場合でも，近縁種や亜種，地理的変種の人為的移入により，地域個体群の遺伝的汚染を防ぐため，事前に遺伝的構成のちがいを調べることがまず重要である．

(2) 具体的対策

保護増殖事業と動物園の役割

遺伝的多様性保全を含む日本の野生生物の種の保護対策では，保護増殖事業が国家戦略のひとつの柱となっている．保護増殖事業は，生息数が減少し絶滅が危惧される種について，(1)捕獲禁止，(2)取引規制や生息地保全，(3)悪化した生息地の回復，(4)個体の繁殖，によって個体群が自然条件下で安定的に存続できることを目的としている．1999年には，表4-2に示すような動物11グループ，植物2グループが保護増殖事業の対象となっている．保護増殖事業による具体的な対策として，たとえばシマフクロウでは，冬期間の給餌や巣箱設置による個体数回復がはかられている．生息数は最初に述べたように100羽前後と少なく，生息地も限定され近親交配が起きているため，北海道東部地域で繁殖した個体を北海道中南部の苫小牧地域に移動し放鳥する試みが1992年に行われた．しかし，生息域の拡大，新しい繁殖個体群の確立にはまだ成功してない．国内の動物園では「種の保存委員会」を設立して，チンパンジー *Pan paniscus* など85種を指定し，動物園館移動，飼育・繁殖管理など生息域外保全を進めている(日本動物園水族館協会 1993)．指定種には，ゼニガタアザラシ *Phoca vitulina*，ニホンカモシカ，ニホンイヌワシ *Aquila chrysaetos*，シマフクロウ，タンチョウ *Grus japonensis*，オオサンショウウオ *Andrias japonicus*，日本産淡水魚

表4-2 環境省が行う保護増殖事業（平成9年度）．

	種名	事業実地地域	おもな事業内容	推定個体数
哺乳類	イリオモテヤマネコ	西表島	モニタリング，半飼育下の飼育繁殖	100頭
	ツシマヤマネコ	対馬	モニタリング，再導入をめざした人工繁殖	100頭
鳥類	トキ	佐渡島	飼育，中国産トキ飼育	1羽
	シマフクロウ	北海道	給餌，巣箱設置，若鳥のつがい形成	100羽
	タンチョウ	北海道	給餌，生息数調査，分散定着試験	700羽
	アホウドリ	鳥島	若鳥誘致，営巣地改善	1000羽
	イヌワシ	全国	九州へのつがいヒナ導入，営巣地改修	400-500羽
	北海道の希少海鳥エトピリカ，ウミガラス，チシマウガラス	北海道	モニタリング，繁殖阻害要因の解析	少数
両生類	アベサンショウウオ	兵庫	モニタリング，生息環境の把握	―
魚類	ミヤコタナゴ	栃木，千葉	水路の安定化(生息地改善)，移入種排除	―
	イタセンパラ	岐阜，大阪	モニタリング，生息環境の把握	―
植物	小笠原の希少植物	小笠原諸島	苗の増殖，自生地への植栽	極少数
	ハナシノブ	熊本	モニタリング，半自然性草地環境改善	―

10種など日本の動物も含まれている．

移入種対策

遺伝的多様性保全におけるもうひとつの政策的課題は移入種対策である．移入種(侵入種)とは，人為活動により意図的・非意図的にもちこまれ，野外で繁殖し，個体群として定着した種をさす．移入種として国内では，表4-3に示すように脊椎動物で67種，被子植物で約1319種が確認されている．移入種は，アライグマ *Procyon lotor* のように直接農作物に被害をもたらしたり，花粉媒介を変化させるなど生態系の攪乱をもたらす．土着種の遺伝子保全における課題は，(1)移入種との競合，(2)捕食による個体群の減少，(3)近縁移入種との交雑による遺伝子汚染，である．競合や捕食による土着種への影響として，湖沼にもちこまれたバスによる土着淡水魚の減少が各地で問題となっている．哺乳類では，飼育ミンク *Mustela vison* の逸出・野生化と，これも本州からの移入種であるイタチ *Mustela itatsi* の分布拡大がエゾオコジョ *Mustela erminea* の減少を(北海道 1985)，沖縄本島や奄美大島では，ジャワマングース *Herpestes javani-*

表 4-3 日本の外来生物種.

分類群	種数	出典 (発表年)
哺乳類	21種	自然環境研究センター (1998b)
鳥類	23種	日本鳥類学会目録編纂委員会 (1997)
爬虫類	5種	自然環境研究センター資料
両生類	2種	自然環境研究センター資料
淡水魚類	16種	リバーフロント整備センター資料 (1996)
種子植物	1319種	太刀掛 (1998) に追加

cus の移入がトゲネズミ Tokudaia osimensis やヤンバルクイナ Gallirallus okinawae など土着種の減少を引き起こしている．競争的排除や捕食による土着種個体数の減少は，遺伝的多様性の低下をもたらす．交雑による土着種の遺伝子汚染も，近縁の移入種が起こす深刻な問題である．千葉県や下北半島で起きたブタオザル Macaca nemestrina の脱柵事件では，ニホンザルとの交雑による遺伝子汚染の危険性が指摘された．シカ類は近縁種間で比較的容易に交雑する．ヨーロッパに移入されたニホンジカ Cervus nippon は，各地でアカシカ Cervus elaphus などと交雑し，遺伝子汚染を起こしている．逆に日本では，ヨーロッパからもちこまれたアカシカが逃げ出した場合のニホンジカとの交雑が懸念されている．このほか，遺伝子汚染の具体的な事例は第3部の種別編でも紹介される．このような移入種による遺伝子汚染や生態系攪乱に対処するため，遺伝的多様性の生物的安全対策 (バイオセフティ) が求められている．

(3) 冷凍動物園と試料バンク

すでに述べたように遺伝子保存の具体的技術として，冷凍動物園の構想が進められている．冷凍動物園とは，生殖工学的繁殖や遺伝，病理検査などに用いるため，動物の精子や卵など生殖細胞あるいは血液，臓器組織などを冷凍保存することである．アメリカのサンディエゴ動物園などで開発されたシステムを，相馬 (1984) が冷凍動物園として紹介した．冷凍動物園には，(1)繁殖細胞は個体に比べ輸送が容易である，(2)長期保存が可能，(3)血統分析などを行うことができる，などの利点があるとされる．日本では精子の凍結保存と，それを使ったジャイアントパンダ Ailuropoda melanoleuca やトラ人工授精など，家畜人工授精の応用技術として冷凍動物園が使われている．新潟県佐渡トキ保護センターでは，トキの保護・人工増殖を 1967 年以来試みてきた．1999 年に中国から寄贈

されたペアにより2000年6月現在までに3羽のヒナの誕生に成功しているが，日本産トキは1968年に幼鳥で捕獲されたメスのキン1羽だけである．1995年までは，キンとオスのミドリのペアによる日本産トキの自然繁殖の可能性もあった．しかし，最初に述べたようにミドリは1995年5月に死亡した．このため日本産の純系のトキの子孫を自然繁殖で残すことは不可能となっている．キンは2000年には33歳前後と，鳥類としては非常に高齢である．中国産のオスのトキとの，自然繁殖の可能性はゼロではないにしても，現実的には中国産トキとの交雑を含め日本産のトキの生きた系統を保存することは絶望的である．しかし，自然繁殖で子孫を残すことはできなくても，細胞工学や発生工学の進展により，生殖細胞あるいは組織細胞からも個体復元の可能性が将来的にはある．そのためには，遺伝情報をもった細胞の保存が重要である．ミドリが死亡したとき，最初に紹介したように関係者が集まり，形態や内臓組織の一般的な計測・記録と並行して，組織，細胞の保存作業が行われた．試料保存は，将来の個体復元の可能性を残すためだけでなく，より広範な生物学的研究のためにも重要である．

4.6 今後の課題

(1) 全生物調査（遺伝子インベントリー）

地球上の生物多様性を知る基本は，ある地域の生物の全種調査（インベントリー）である．日本では，維管束植物が約7000種，脊椎動物1200種（海産魚類をのぞく），昆虫類3万種，その他動物が4000種ほど知られている．ヤンバルクイナの発見が1981年，センカクモグラ *Nesoscaptor uchidai* の報告が1991年であるように，脊椎動物でも新種発見の可能性があるが，昆虫類，藻類などでは日本列島のなかでも未発見の種類が多く残されていると考えられる．遺伝子レベルでの調査は，この全種調査・記載と並行して，種別に遺伝子インベントリーを行うことである．遺伝子インベントリーからは，第3部で種別に紹介されるように，ハプロタイプ多型のたんなる分析・記載だけでなく，系統遺伝学的分析を通じて，種の系統分化や移動分散の過程を推測する資料が得られる．また，形態からは種・変異の判別がつかない場合でも，遺伝的ちがいがあり繁殖隔離もある隠蔽種や姉妹種を明らかにできることがある．

生物多様性保全への国際的な取り組みとして，分類学研究の振興を目的とした世界分類学イニシアチブ(GTI)，地球環境を総合的に理解するための地球圏・生物圏国際協同研究計画(IGBP)，などが実施されている．また，遺伝子資源に関してはその利益の公平な配分(ボンガイドライン)や，バイオセフティのための規定(カルタヘナ議定書)が定められている．遺伝的多様性の研究・保全では，このような国際的取り組みとの連携，標本・試料のもち出しを含む利用のガイドラインへの注意も重要である．

(2) 地域個体群と遺伝的多様性

遺伝的多様性調査のもうひとつの課題は，分析結果を保全管理に反映させていくことである．ツキノワグマは，農地や都市開発により森林伐採が進む以前は，落葉広葉樹林帯を中心に日本列島に広く分布していたと考えられる．しかし，ツキノワグマの現在の分布域は，開発された非森林域で分断された19の生息地に区分される(米田 2001)．ツキノワグマの遺伝的変異の分析から，(1)地理的隔離状況と塩基配列ハプロタイプの対応がみられ各生息地で繁殖集団が異なる可能性があること，(2)各生息地の生息数とハプロタイプ多様性の間に正の相関がみられること，が明らかにされている(内山 1999)．また，九州で1987年に捕獲されたツキノワグマは中部地方産と同じハプロタイプをもっていたため，飼育個体が逃げ出したものではないかとも推定されている．このような地理的な遺伝的変異の研究から，生息地間の森林回廊設定により多様性を維持することや，逆に遺伝的に特異な地域個体群を保全するため，他地域からの遺伝子流入を防止する対策をとることなど，保護区の設定・管理計画などに反映させることのできる情報が得られる．

(3) 標本保存と博物館

野生生物の遺伝的多様性の調査・研究，保存には，博物館標本が重要な役割をもつ．土屋ら(1992)は，日本産アカネズミ類の遺伝学的分類の再検討において博物館保存標本が重要であったことを述べたうえで，標本からの遺伝学的情報収集が今後さらに必要となると述べている．博物館標本は伝統的に，乾燥毛皮，頭骨，骨格，展翅標本，さく葉標本などの乾燥標本，あるいは液浸標本が中心であった．DNAによる系統分類の研究や種の判別が重要となってくると博

物館で保存すべき試料も，分析用標本・DNA の長期保存と DNA 抽出をあらかじめ想定した標本保管方法を検討していく必要がある．また，DNA 抽出に用いる試料量はごく少量でよいとしても，抽出のため歯髄や骨髄の採取，羽毛の採取などなんらかの破壊的方法をともなうため，利用のガイドラインが必要となる．国内の自然史博物館の重要性についてはこれまでも多く指摘されているが，このような遺伝子レベルの保存・研究機能を含めた新しい自然史博物館の機能論・技術論からの検討はまだ少ない．また，標本の採集記録，所在，保管方法などに関する情報システムの整備も，研究者・市民への説明と調査研究の能率向上のため重要である．このようなさまざまな取り組みを通じ，野生生物の遺伝的多様性保全対策の実行性を高めていく必要がある．

米田政明

2
保全遺伝学の方法論

5 染色体レベルの研究法

　真核生物は，原則的には種ごとに固有の染色体の数とかたちをもっており，これは核型（karyotype）とよばれる．核型の異なる個体間では一般に繁殖できないか，F_1 世代において不妊または妊性の低下が生じることがある．このような生殖隔離の原因となる種特異的な染色体構成は，生物の長い進化の過程で獲得されてきたものであり，そこには生物の進化の歴史が刻まれている．したがって，核型の比較は種間のちがいや類縁性を明らかにするばかりでなく，対象とする生物集団の遺伝的特性や多様性を把握するうえで重要な指標となる．種内における遺伝的変異のひとつに染色体多型が存在するが，この多型には，おもなものとして動原体部位における融合（fusion）や開裂（fission）による数の増減，あるいは相互転座（reciprocal translocation）や逆位（inversion）による形態の変化が含まれる．これらの染色体多型は，雑種個体における妊性の低下や集団内あるいは集団間の生殖隔離を引き起こし，種分化を促進するひとつの要因となる．一方，動原体領域の構成異質染色質（constitutive heterochromatin）部位の大きさの差，リボソーム RNA 遺伝子のコピー数や染色体上の位置のちがいなども染色体の多型に含めることができるが，これらの多型は上述したような染色体の構造変化とは異なり，繁殖に大きな障害を与えることはない．

　これらの染色体多型を明らかにするための代表的な方法として，染色体分染法による染色体の形態比較がある．Caspersson *et al.*（1970）によってキナクリンマスタードを用いた Q-染色法にもとづくヒト分染核型が報告されて以来，G-，C-，R-，N-，T-染色法などさまざまな分染法が開発され，詳細な染色体の形態比較ができるようになった．なかでも，G-染色法はもっとも広く用いられている分染法であり，この方法を用いてこれまでに数多くの動物種の詳細な核型が報告されている．そして，1980 年代に入ると，分子生物学やゲノム科学的手法を従来の細胞遺伝学の解析法に取り入れることによって，分子細胞遺伝学という新たな研究分野が開拓され，DNA という物質的な裏づけをもって染色体の構

造を直接解析することができるようになった．とくに，Pinkel *et al.* (1986)によって開発された蛍光 *in situ* ハイブリダイゼーション(FISH；fluorescence *in situ* hybridization)法は，染色体研究に画期的な変革をもたらした．目的とする DNA 配列の位置を染色体上に蛍光シグナルとして検出することによって，従来の形態学的な染色体比較研究からでは解析できなかったような小さな染色体変異を検出したり，核型の異なる生物種間の染色体相同性や染色体上の遺伝子の配列順序を DNA レベルで直接比較することが可能となった．

　本章では，保全遺伝学における染色体研究の方法として，染色体分染法と FISH 法を紹介し，哺乳類と鳥類を用いた染色体研究の実際例を示しながらそれらの有用性について述べてみたい．

5.1 細胞培養と染色体標本の作製

　細胞周期の大半を占める間期の染色体は，染色糸(クロマチン chromatin)とよばれる凝縮度の低い状態で核内に散在する．DNA の複製を終えた分裂中期の染色体は，娘細胞にすべての遺伝情報を正確に分配する手段として非常にコンパクトに折りたたまれた高次構造をとっているため，光学顕微鏡で観察することができる．したがって，染色体標本は細胞分裂のさかんな組織を用いて直接作製するか，あるいは細胞の培養を行って得られる分裂中期の細胞から作製する必要がある．染色体標本の作製には血液培養と皮膚培養がもっともよく用いられる．

(1) 血液培養

　採血部を 70% エチルアルコールで消毒した後，0.3-2 m*l* の末梢血を無菌的にヘパリン採血し，すみやかに分裂促進剤を添加した培養液で培養する．血液の輸送が必要なときは注射筒のまま冷蔵状態で運搬する．有核赤血球をもつ鳥類の場合は赤血球をのぞいて培養するほうがよい結果が得られるので，注射筒の針を上にして立て，約 1 時間放置後，白血球層(buffy coat)を回収する．また，脾臓のリンパ球の培養が可能であれば，非常に効率よく良好な染色体標本を作製することができる(松田 1998)．

(2) 皮膚培養

 皮膚組織の大半を占める繊維芽細胞は，培養が容易で良好な分裂像を得ることができる．皮膚組織を用いる利点は，対象動物に与える負担が比較的軽いことと，増殖した繊維芽細胞を液体窒素中で凍結することにより，半永久的に生きた細胞として保存できることである．必要に応じて解凍した細胞は，染色体標本の作製のみならず，ほかのさまざまな実験に用いることができる．

 採取部を70％エチルアルコールでよくふいた後，3mm角ほどの皮膚片を無菌的に採取し，培養液中で保存する．採取した皮膚片をカナマイシンなどの抗生物質の入った培養液で数回洗い，細かく刻み培養する．サンプルの輸送は冷蔵で行い，採取から1週間以内に培養する．

(3) 染色体標本の作製

 コルセミド処理をした培養細胞を集め，0.075M塩化カリウム液で低張処理を行った後，メチルアルコールと酢酸3：1の混合液で固定する．細胞浮遊液をスライドグラスに滴下して空気乾燥させ，染色体標本を作製する．後に述べる分染処理を行うためには，空気乾燥によって標本を作製することが望ましい．

(4) サンプルの保管法

生体細胞の保存

 皮膚組織から培養した繊維芽細胞を常法にしたがってシャーレより回収した後，10-20％の牛胎児血清(FCS)を含む培養液にdimethyl sulfoxide(DMSO)を5-10％加えた保存液に浮遊する．セラムチューブに移し，−80℃のフリーザーで一晩凍結した後，液体窒素容器に移して保存する．

固定細胞の保存

 固定した細胞は，−20℃のフリーザー中で細胞浮遊液の状態で保管することによって5年以上の長期間保存が可能である．標本作製時には，遠心分離して古い固定液を捨て，新しい固定液で細胞浮遊液を作製し使用する．

染色体標本の保存

 染色体標本は染色していなければ，−20℃中で良好な状態を5年以上保つことができる．後に述べるFISH用の標本は，−80℃で保存することが望ましい．

ギムザ染色した場合は，バルサムで封入すれば永久標本として保存することができるが，封入しない場合は乾燥した場所においても数カ月程度の保存が限度である．

5.2 染色体分染法を用いた形態学的解析

　染色体分染法とは，染色体標本に対してDNAに結合する蛍光色素で染色したり，さまざまな物理的，化学的処理を行うことによって，各々の染色体に特有の縞模様を出したり，あるいは染色体の特定部位の染め分けをする染色法の総称である．分染法で検出される染色体特異的な分染パターンを観察することにより，個々の染色体を正確に同定することができ，またその構造変化を詳細に解析することができる．分染バンド構造を形成する主要因は，染色体を構成する塩基配列の構造的なちがいや塩基対の不均等な分布，さらに染色体部位ごとのクロマチンの凝縮度のちがいであると考えられている．以下，動物の生体試料を用いた染色体分染法およびその利用法について，実例をあげながら紹介する．くわしい染色体解析方法については，高木(1978)，高橋ら(1990)および松田(1998)の解説ならびにVerma & Babu(1995)の著書を参照していただきたい．

(1) ギムザ染色法

　染色体分析のもっとも基本的な染色法である．ギムザ染色液で染色体全体を均一に染めるため分染像は得られないが，染色体の形態や数を観察するのに適している．

　ギムザ染色によって検出されたイヌワシ *Aquila chrysaetos* の染色体多型の例を図5-1に示す．これまで観察された日本産イヌワシ(a)の染色体数は$2n=62$であるが，ここに示した産地不明の個体(b)は$2n=64$の染色体数をもち，微小染色体の数が1対多い(Nishida-Umehara & Yoshida 1994)．ヨーロッパのイヌワシの報告が$2n=66$であることから，イヌワシにおいては地理的に分断された集団で独自の染色体変異が生じている可能性が考えられる．

(2) Q-染色法

　DNAのAT配列に強く結合するキナクリン・マスタードという蛍光色素で染

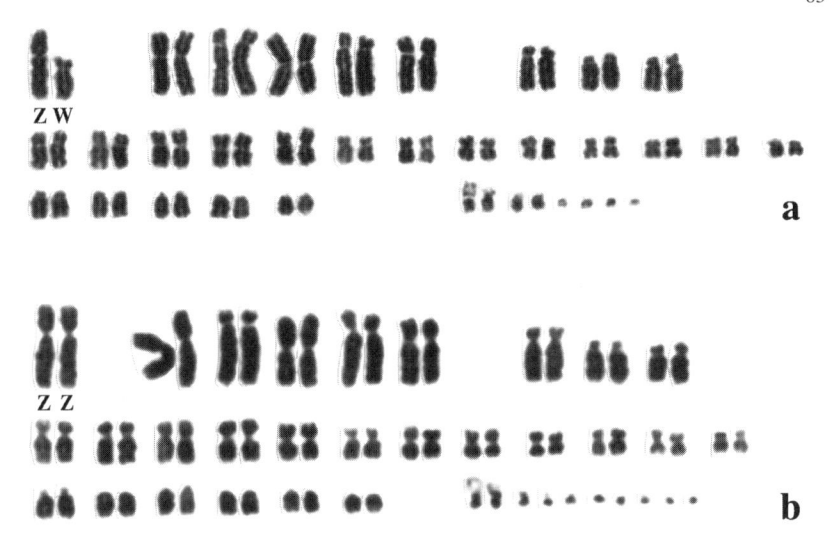

図5-1 ギムザ染色によるイヌワシ Aquila chrysaetos の 2n=62(♀)(a)と 2n=64(♂)(b)の核型.

色体標本を染色し，蛍光顕微鏡下で観察すると，後に述べるG-バンドとほぼ同様の分染パターンが得られる．この方法はG-染色法のような強い化学的処理を行わないため，染色体の形態を損なうことがなく，とくに哺乳類では鮮明な分染パターンが得られる(Caspersson et al. 1970)．また，ヘキスト33258は構成異質染色質領域を明るく染色するため，キナクリン・マスタードとともに二重染色(Yoshida et al. 1975)を行うと，個々の染色体の同定と同時に，各染色体の構成異質染色質部位の大きさの変異を容易に観察できる．染色後の標本は紫外線にあてなければカバーグラスをかけたままの状態で長期保存することができる．また，作製後数カ月以上経過した染色体標本でも良好な分染パターンが得られることもこの方法の大きな利点である．

　Q-染色法によってトゲネズミ（Tokudaia）属の2種間にみられる核型のちがいを調べた例を図5-2に示した．染色体数はトクノシマトゲネズミ（T. tokunoshimensis）の 2n=45 に対し，アマミトゲネズミ（T. osimensis）は 2n=25 と大きく異なり，両者の性染色体構成は雌雄ともにXO型である(Honda et al. 1977, Honda et al. 1978, 土屋ら 1989)．Q-バンドパターンの比較から両者の核型のちがいは，動原体部位における融合または開裂によって形成されたものと考え

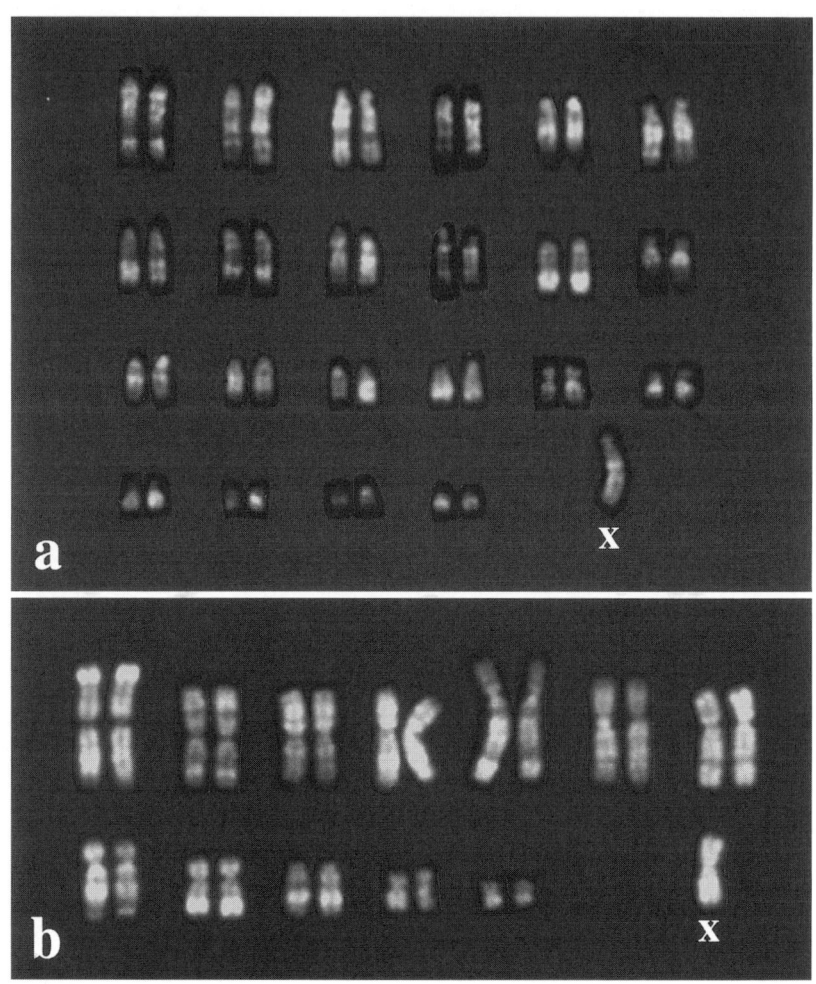

84　第5章　染色体レベルの研究法

図5-2　Q-染色法によるトクノシマトゲネズミ（*Tokudaia tokunoshimensis*）(2n=45, ♂)(a)と
アマミトゲネズミ（*T. osimensis*）(2n=25, ♀)(b)の核型.

られる．このようにQ-染色法は，類縁種間の核型比較を行ううえで非常に有効
である．

(3) G-染色法

　染色体標本をトリプシンや尿素で処理した後ギムザ染色すると，染色体の長
軸に沿って染色度の濃淡による縞模様がみられる(Seabright 1971)．個々の染

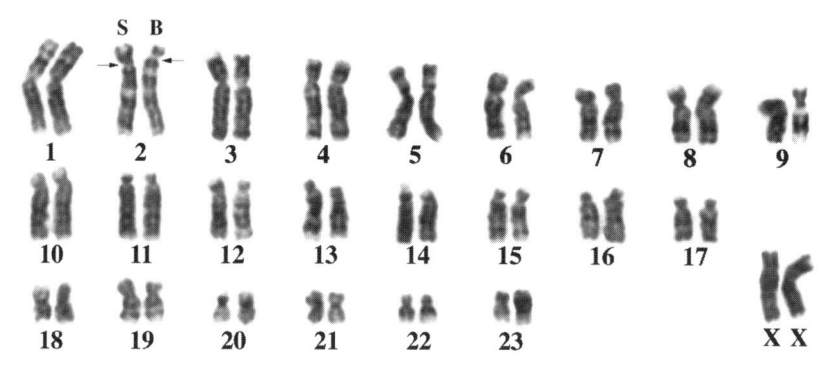

図5-3 G-染色法で雑種であることが明らかになったオランウータン Pongo pygmaeus (2n=48, ♀)の核型. Sはスマトラタイプ, Bはボルネオタイプの2番染色体. 矢印は動原体の位置.

体は再現性のある独自の縞模様をもち，相同染色体間では同じ分染パターンとなる．このときの分染バンドをG-バンドとよぶ．ヒト Homo sapiens, マウス Mus musculus, ラット Rattus norvegicus, ニワトリ Gallus gallus などでは，各染色体ごとの分染バンドに番号をつけた分染標準核型がつくられていて，染色体の構造変化が生じた場所を分染バンドの番号によって表記している．

G-染色法を用いてオランウータン Pongo pygmaeus にみられる染色体多型を解析した例を図5-3に示した．オランウータンの核型には生息地域によってスマトラタイプとボルネオタイプの2つが存在し，これら2つの核型のちがいは2番染色体に存在する動原体をはさんだ逆位である(Seuanez et al. 1979). 図5-3に示したメスのオランウータンの核型は，2番染色体がスマトラタイプ(S)とボルネオタイプ(B)のヘテロ接合型を示すことから，この個体は異なるタイプに属する個体間の雑種であることがわかる．なお，このメスは動物園における繁殖個体である．このようにG-染色法は，Q-染色法と同様に，同一種の核型変異や染色体多型を比較するうえで非常に有効である．

(4) C-染色法

C-染色法は，染色体標本に酸やアルカリなどの化学処理を行うことによって染色体の構成異質染色質(constitutive heterochromatin)領域だけを染め分ける方法であり(Sumner 1972), 染められた部分をC-バンドという．通常，ヘテロクロマチンとよばれるこの領域は一般的に動原体部位に存在するが，動物種によっ

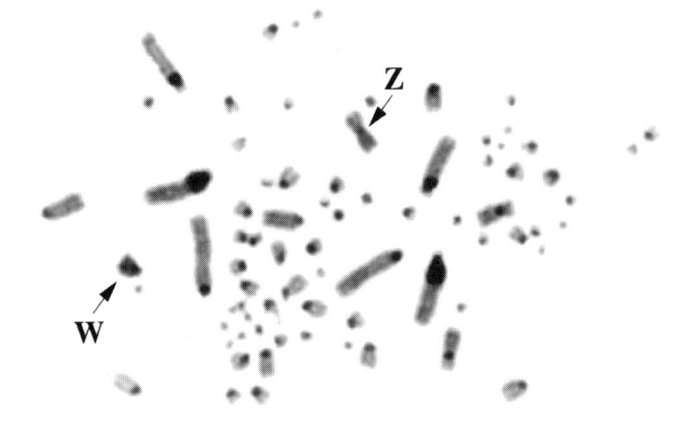

図 5-4　C-染色法を行ったシマフクロウ *Ketupa blakistoni* (2n=82, ♀)の中期核板．矢印は Z 染色体と W 染色体を示す．

ては，染色体の真性染色質(euchromatin)中にも介在する．その場合，染色体の腕内や末端部などに C-バンドが検出される．C-バンド領域はサテライト DNA や高度反復 DNA 配列で構成されており，そのコピー数には個体差があることが多く，C-バンドの大きさの多型として検出される．ほかの染色法と組み合わせることによって個々の染色体ごとに C-バンドの比較ができるため，その利用価値は非常に高くなる．

図 5-4 にシマフクロウ *Ketupa blakistoni* の C-分染像を示した．C-染色を行うとシマフクロウの W 染色体は全体が濃染されるため，容易にほかの染色体と区別することができる．鳥類における W 染色体のヘテロクロマチン化は深胸類全般にみられ，性判定に利用されている(佐々木ら 1983, Hayashi & Nishida-Umehara 2000)．同様に哺乳類の Y 染色体にもこのようなヘテロクロマチン化がみられる．また，ダチョウなどの平胸類においては W 染色体のヘテロクロマチン化が起こっていないため，性判定にはほかの分染法や性染色体特異的な DNA マーカーを利用した FISH 法あるいは PCR 法を用いた詳細な解析が必要である(Nishida-Umehara *et al.* 1999, Huynen *et al.* 2002)．

5.3 FISH法を用いた分子細胞遺伝学的解析

蛍光 in situ ハイブリダイゼーション（FISH; fluorescence in situ hybridization）法は，クローン化されたDNAを化学標識した後，染色体標本上で直接ハイブリダイズさせ，その位置を蛍光シグナルとして検出する方法である．プローブとしては，数百 kb にもおよぶサイズの大きなゲノム DNA から 0.5 kb 程度の cDNA までさまざまな種類の DNA プローブを用いることができる．さらに複製前中期 R-分染法を併用したダイレクト R-バンド FISH 法を用いることにより，その解像度と精度は非常に高くなる．紙面の都合上，方法などの詳細については『FISH 実験プロトコール』（松原・吉川編 1994）を参照していただきたい．

(1) 染色体マッピング法

FISH法を用いることによって目的の DNA 配列が存在する染色体上の位置を容易に特定することができる．ハツカネズミ Mus 属内における，18S-28S リボゾーム RNA 遺伝子の染色体上の位置のちがいを FISH 法によって検出した例を図 5-5 に示す．18S-28S リボゾーム RNA 遺伝子の染色体上の位置は銀染色によっても検出できるが，この場合，活性がある領域のみが硝酸銀で染色されるのに対し，FISH 法の場合はその配列が存在する領域をすべて検出することができる．

ハツカネズミでは亜種間や種間で 18S-28S リボゾーム RNA 遺伝子の存在位置に変異が多く，ヨーロッパ産野生ハツカネズミ Mus musculus domesticus では 4 対の染色体上にシグナルが検出されるのに対し，日本産野生マウス M. m. mo-

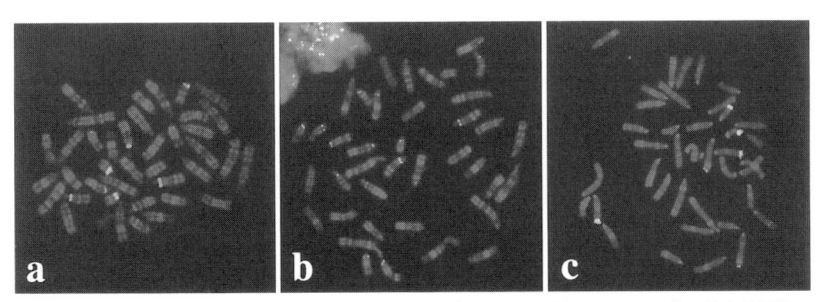

図5-5 Mus 属ハツカネズミにおける 18S-28S リボゾーム RNA 遺伝子の FISH 像．染色体標本はR-バンド処理したものを用いた．Mus musculus domesticus (a)，M. m. molossinus (b)，Mus spretus (c)．

lossinus では 11 対の染色体上にシグナルが存在する．これらの種では動原体近傍に 18S-28S リボゾーム RNA 遺伝子が存在するのに対し，*M. spretus* では 3 対の染色体の末端部に存在する．

　FISH 法を用いれば，目的の DNA 配列の染色体上の位置を特定するだけでなく，目的の DNA 配列の染色体上での分布状態やコピー数の変化を視覚的に検出することが可能となる．一例として，*Mus* 属に属するハツカネズミの染色体動原体部位に存在する major satellite DNA ならびに minor satellite DNA 配列の FISH 像を図 5-6 に示した．染色体ごとの major satellite DNA 配列の分布パターンは，種間ならびに亜種間で大きな差異がみられる (Matsuda & Chapman 1995)．*Mus musculus domesticus* では Y 染色体をのぞく全染色体においてコピー数が均一に分布しているのに対し，亜種の *M. m. molossinus* では，染色体ごとにコピー数が大きく異なる．一方，*M. spretus* では，コピー数が非常に少ない．

　Mus 属の多くの種において minor satellite DNA 配列には，major satellite DNA 配列に比べて染色体ごとのコピー数に大きな差はみられない．*Mus m. molossinus* においても染色体上の分布に大きな変異はみられないが，*M. macedonicus* ではコピー数が染色体間で異なり，3 対の染色体でコピー数が非常に多くなっている．*M. spretus* ではコピー数は非常に多く，ゲノム中に占める major satellite DNA と minor satellite DNA 配列の割合は，ほかの 2 種とは逆転している．

　一方，*M. musculus* との間で種間雑種が得られないほど遺伝的に離れたグループに属する 3 種のハツカネズミ (*M. caroli*, *M. cervicolor*, *M. platythrix*) のサテライト DNA は，*M. musculus* や *M. macedonicus* がもつものとは塩基配列が大きく異なるため，これらの染色体にクロスハイブリダイズすることはない．ハツカネズミのサテライト DNA 配列の分化は種の遺伝的分化と平行して起こっているため，有用な種分化の指標として用いることができる．

　機能遺伝子の DNA プローブを用いて染色体マッピングを行えば，異なる種間のみならず異なる目や綱の間でも，遺伝子の存在場所の情報をもとに染色体の相同性の検出や構造比較を行うことができる．この方法を比較染色体マッピングという．この方法を用いて，ヒトと齧歯類のマウス，ラット，ハムスターや食虫類のジャコウネズミ，さらにニワトリとの間で遺伝子の比較染色体地図が作製されている (Schmid *et al.* 2000, Kuroiwa *et al.* 2001, Matsubara *et al.* 2001)．

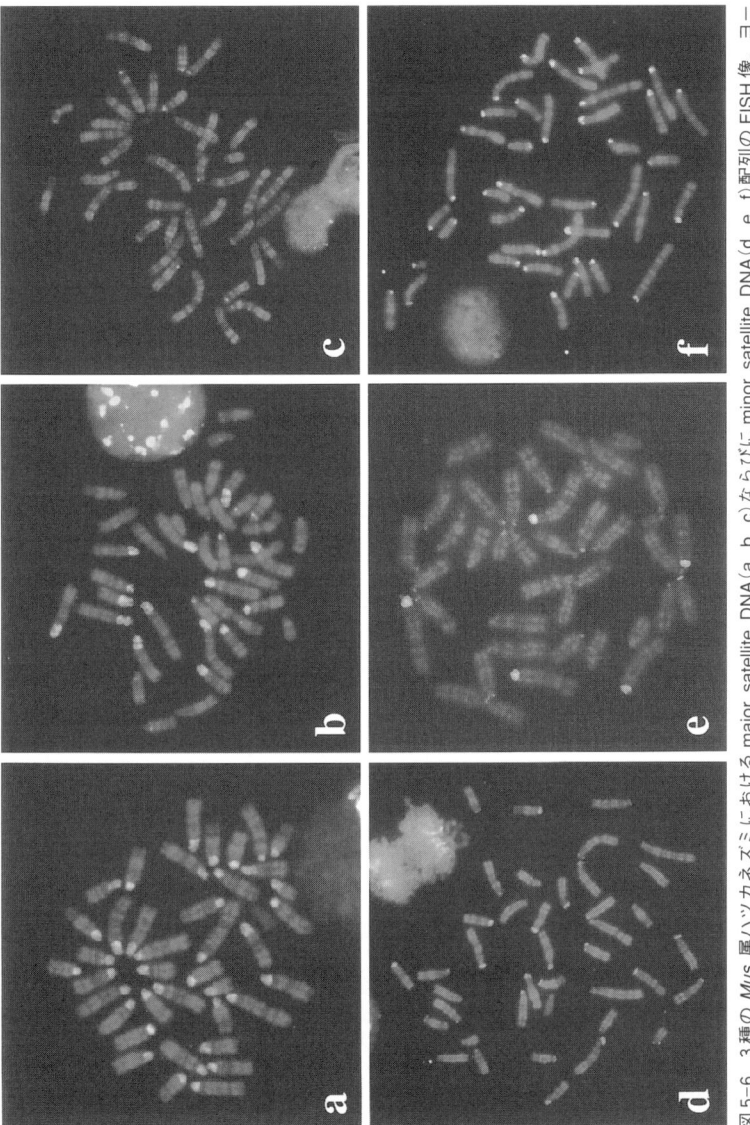

図5-6 3種のMus属ハツカネズミにおけるmajor satellite DNA (a, b, c) ならびにminor satellite DNA (d, e, f) 配列のFISH像. ヨーロッパ産野生マウス Mus musculus domesticus (2n=40) (a), 亜種の日本産野生マウス M. m. molossinus (2n=40) (b) (d), Mus spretus (2n=40) (c) (f), Mus macedonicus (2n=40) (e).

(2) 染色体ペインティング法

染色体ソーティングによって作製された染色体特異的な DNA プローブを用いて FISH を行うと，個々の染色体が蛍光シグナルで塗りつぶされることから，この方法は染色体ペインティングとよばれる．ある動物種の染色体特異的ペインティングプローブを異なる核型をもつ動物種の染色体にハイブリダイズさせれば，個々の染色体のペインティングパターンから，2 つの動物種間に生じた染色体の構造変化を明らかにすることができる．この比較染色体ペインティング法は，さまざまな動物種間での染色体比較を可能にすることから，動物園にちなんで Zoo FISH ともよばれている．この方法は，短時間に染色体相同性を全染色体レベルで比較できる長所を有するが，サブバンドレベル以下の小さな染色体の構造変化の検出は困難であり，また逆位などの同一染色体内に生じた構造変異を検出できないなどの短所もある．しかし，上述した機能遺伝子やゲノム DNA クローンを用いた染色体マッピングによってこの短所を補うことができるため，両者を併用することによって詳細な染色体比較が可能となる．現在は，ヒトとマウスで個々の染色体に特異的なペインティングプローブが市販されているため，ヒトあるいはマウスを基準として異なる種間の染色体の比較研究が容易に行えるようになっている．

一例として，図 5-7 にハツカネズミ *Mus musculus* の染色体ペインティングプローブを用いてヒラゲハツカネズミ *M. platythrix*(a, b)と奄美大島産トゲネズミ *Tokudaia osimensis*(c)に Zoo FISH を行った結果を示した．ヒラゲハツカネズミ

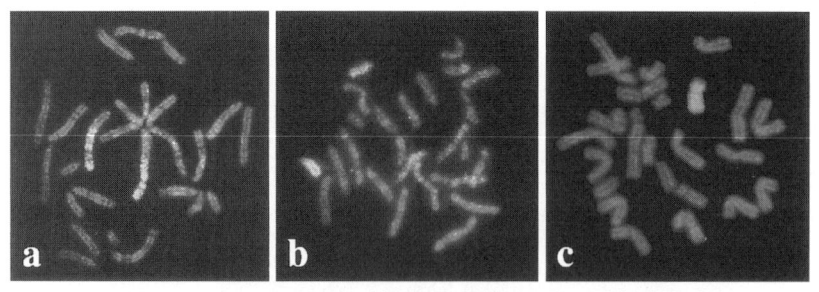

図 5-7 ハツカネズミ *Mus musculus* (2n=40)の第 1 染色体および第 11 染色体特異的なペインティングプローブを用いて，ヒラゲハツカネズミ *Mus platythrix* (2n=26)に Zoo FISH を行った結果をそれぞれ(a)および(b)に示す．(c)はハツカネズミの X 染色体プローブを用いて奄美大島産のトゲネズミ *Tokudaia osimensis* (2n=25)に Zoo FISH を行った結果を示す．

の第 1 染色体の末端側はハツカネズミの第 1 染色体に対応することから，ヒラゲハツカネズミの第 1 染色体はハツカネズミの第 1 染色体とほかの染色体が縦列融合(tandem fusion)して生じた可能性が考えられる．一方，ヒラゲハツカネズミの第 11 染色体はそのままハツカネズミの第 11 染色体に対応し，この染色体においては両種間で構造変化が生じていないことがわかる．このように，比較染色体ペインティングを行うことによって，進化過程に生じた染色体構造変化のプロセスを染色体相同性の解析から明らかにすることができる．また，雌雄ともに XO 型の性染色体構成をもつトゲネズミの X 染色体はハツカネズミの X 染色体と相同性をもち，X 染色体と常染色体間での構造変化は生じていないことがわかる．

　以上，野生動物を用いた研究例を紹介しながら，染色体分染法と FISH 法を用いた動物の染色体研究法について解説した．真核生物はその種特有の染色体の数とかたちを有することから，核型は個々の生物種の遺伝学的な特性や分類学的な位置づけを示す重要な指標のひとつであるが，核型は必ずしも安定なものとはいいきれず，種内でさまざまな染色体変異や多型がみられる．集団内にみられるこれらの染色体の変異や多型は，一般的には進化の大きな原動力とはならないものの，生殖隔離やそれにともなう種分化を引き起こす重要な要因であるとともに，遺伝的に異なる個体間の交雑や人為的な遺伝的コンタミネーションを検出するうえでのよい指標となる．1980 年代の中ごろまでは，分染法を用いた詳細な染色体の形態観察が染色体研究の主流であったが，FISH 法の開発とその普及にともない，最近では染色体マッピングや染色体ペインティングを行うことによって，さまざまな動物種の遺伝学的特性を染色体構造の観点から DNA をベースにして解析することが可能となった．本章で紹介した染色体解析法は，今後いろいろな野生動物種の遺伝的特性の把握と保全に大きく貢献できるものと期待される．

梅原千鶴子・松田洋一

6 タンパク質レベルの研究法

6.1 電気泳動法

(1) 通常の電気泳動法の原理

　PCR 法の開発によって，現在では遺伝子の本体である DNA の塩基配列の決定を日常的に行えるようになったが，これは 15 年ほど前には容易な作業ではなかった．DNA 塩基配列はタンパク質のアミノ酸配列を規定し，このアミノ酸配列はタンパク質構造を規定している．したがって，生物種間のタンパク質構造の変異をみることによって，アミノ酸配列の変異，ひいては DNA 塩基配列の変異を推定することができるはずである．しかし，タンパク質は複雑な構造をもった分子であり，純粋に化学的な方法でアミノ酸配列を直接決定することはけっして容易ではなかった．そのためには多量のタンパク質試料を精製し，その後，きわめて長時間を要する複雑な手順で分析をせねばならなかったのである．

　そこで，より単純な手法を用いて，特定のタンパク質の物理的な特性を比較するために開発されたのが電気泳動法（electrophoresis）であったが，この方法は遺伝的多様性の研究において革命的な結果をもたらし，長年にわたって非常に重要な位置を占めることとなった．この方法によって検出される変異は，遺伝子型と表現型との間に 1 対 1 の対応関係のみられるのが普通で，遺伝子座間の変異が混同されないため，遺伝的多様性の正確な情報が多量に得られるようになった．その結果，自然界にはそれまで予想もされなかったほど，多量の変異の存在することが明らかになったのである．

　そして，電気泳動法は，現在でも核遺伝子産物を中心とした遺伝的多様性解明の有効な手法として頻繁に使われ，DNA 塩基配列決定とは相補的な役割を果たしている．それは，容易になったとはいえ，DNA 塩基配列決定のほとんどはミトコンドリア DNA の特定領域に限られてなされており，核遺伝子については

まだまだ情報を得にくいのが現状だからである．

　電気泳動法は，水溶液中で個々のタンパク質（あるいはその他の分子）がもつ荷電状態のちがいを利用して，それらを分離しようとする方法である．すべてのタンパク質は，さまざまなイオン化可能な側鎖をもつが，この側鎖のイオン化の状態によって，広汎な水素イオン濃度(pH)のもとで電荷をもつ．したがって，ある電気勾配のもとでは，水溶性タンパク質をその電荷および分子サイズや分子形態に応じた特定の速度で移動させることができることになる．構成アミノ酸の配列がわずかに異なるために性状が微妙に異なる複数のタンパク質の間では，通常，分子量のちがいよりも電荷のちがいのほうが大きい．このため，電荷に注目したほうが，タンパク質間での変異の有無を検出しやすいことになる．

(2) 通常の電気泳動の実際

　実際に電気泳動を行う場合には，多孔性の基質を含む適当な媒体を用いる．調べようとするタンパク質試料をこの基質の陰極よりに設けた試料溝に入れ，つぎに基質の全長にわたって電場を与える(図6-1)．それぞれの試料溝におかれた水溶性タンパク質は，それぞれのもつ荷電，分子量，分子の形態，その他のちがいに応じて，与えられた電場のなかで異なった速度で移動する．ゲル(多孔性の基質)とバッファー(緩衝液)のpHを，アルカリ性側(pH 8-9)に設定した場合には，マイナスに荷電しているタンパク質は，通電後は陽極側に引かれていく．電気泳動の媒体には，通常は薄層ゲルのスラブが用いられる．よく使われるゲルには，ポリアクリルアミド，デンプン，寒天，セルロースアセテートなどがある．タンパク質の分子量，分子の形態にも関係して分離を行う基質であるポリアクリルアミドやデンプンは，荷電だけで分離する寒天よりも分解能は高い．そして，分解能だけからみればポリアクリルアミドはデンプンに勝る．しかし，ポリアクリルアミドは薄層ゲルしか作製できない点では，ある程度の厚さのゲルの作製と，その後の薄片作製，多重染色の可能なデンプンに劣るのである．

　試料の分離に要する時間は，ゲルの種類，バッファーの種類(表6-1)，電力，調査対象となるタンパク質の種類で異なるが，重要なことは分離中に試料が熱変性を起こして活性を失わないように，放熱，冷却することである．一定時間

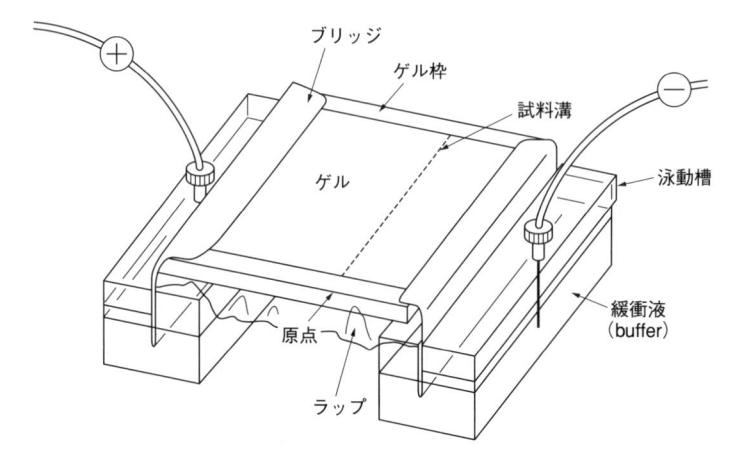

図6-1 水平式電気泳動装置．西川（未発表）．

泳動を行った後は，ゲルのなかで泳動された酵素ないし非酵素性タンパク質の位置をバンドとして検出する．この方法は，古くから組織切片において，特定の酵素活性部位を検出するのに用いられていた染色手法を流用したものである．もちろん，総タンパク質を検出することもできるが，通常は最初の試料に含まれているすべてのタンパク質をみるのではなく，ゲル層内の，ある特定の酵素や非酵素性タンパク質のバンドの位置に相当する特定のごく少数のバンドだけを明らかにするのである．特定酵素の活性部位が染色された電気泳動ゲルは，しばしばザイモグラム(zymogram)とよばれる．

(3) アイソザイムとアロザイム

電気泳動法を用いることによって，複数の，遺伝的に独自に制御された酵素表現型の変異を検出することができる．まず，ある特定の酵素活性をもったタンパク質をコードする遺伝子座の数には変異がある．バクテリアのような単純な生物では，多くが特定の酵素に対する遺伝子座をひとつしかもたない．しかし，より高等な真核生物では，通常，半数体ゲノム上に2つ以上の遺伝子座がある．異なった遺伝子座にあって分子構造の異なる遺伝子から形成され，同一の機能，基質特異性をもつ酵素産物をアイソザイム(isozyme または isoenzyme)とよぶ．たとえばLDH-AとLDH-Bはアイソザイムで，ザイモグラム上で5本のバンドを形成する(図6-2)．

表6-1 デンプンゲルを用いた電気泳動法でよく分析されるアロザイムと,分析に用いられるバッファー(緩衝液)の例.

酵素	E.C.番号	遺伝子座	緩衝液系*
アコニターゼ(aconitate hydratase)	4.2.1.3	mAcoh-A	TC 8
アスパラギン酸アミノトランスフェラーゼ (aspartate aminotransferase)	2.6.1.1	mAat-A, sAat-A	CAPM 6, TC 7
アルコールデヒドロゲナーゼ (alcohol dehydrogenase)	1.1.1.1	Adh-A	TBE 8.7
フマラーゼ(fumarate hydratase)	4.2.1.1	Fumh-A	TBE 8.7
グルコース-6-リン酸イソメラーゼ (glucose-6-phosphate isomerase)	5.3.1.9	Gpi-A	CAPM 6
グリセロール-3-リン酸デヒドロゲナーゼ (glycerol-3-phosphate dehydrogenase)	1.1.1.8	G 3 pdh-A	TC 8
グルタミン酸デヒドロゲナーゼ (glutamate dehydrogenase)	1.4.1.3	Gtdh-A	TC 8
3-ヒドロキシ酪酸デヒドロゲナーゼ (3-hydroxybuthyrate dehydrogenase)	1.1.1.30	Hbdh-A	CAPM 6
イソクエン酸デヒドロゲナーゼ (isocitrate dehydrogenase)	1.1.1.42	mIdh-A	TC 7
乳酸デヒドロゲナーゼ (L-lactate dehydrogenase)	1.1.1.27	Ldh-A, B	CAPM 6, TC 7
リンゴ酸デヒドロゲナーゼ (malate dehydrogenase)	1.1.1.37	mMdh-A, sMdh-A	CAPM 6, TC 8
リンゴ酸酵素** (malic enzyme)	1.1.1.40	mMdhp-A, sMdhp-A	TC 7
ペプチダーゼ (peptidase, leucyl-glycine)	3.4.11.-	Pep-A	TBE 8.7
ホスホグリセリン酸ムターゼ (phosphoglucomutase)	5.4.2.2	Pgm-A, Pgm-C	TC 7
ホスホグルコンデ酸ヒドロゲナーゼ (phosphogluconate dehydrogenase)	1.1.1.44	Pgdh-A	TC 7
ソルビトールデヒドロゲナーゼ (sorbitol dehydrogenase)	1.1.1.14	Sdh-A	CAPM 6
スーパーオキシドジスムターゼ (superoxide dismutase)	1.15.1.1	Sod-A	TBE 8.7
キサンチンデヒドロゲナーゼ (xanthine dehydrogenase)	1.1.1.204	Xdh-A	TC 8

*緩衝液系 CAPM 6 : citrate-aminopropylmorpholine, pH=6.0(Clayton & Tretiak 1972) ; TC 7 : tris-citrate, pH=7.0(Shaw & Prasad 1970) ; TC 8 : tris-citrate, pH=8.0(Clayton & Tretiak 1972) ; TBE 8.7 : Tris-borate-EDTA, pH=8.7(Boyer et al. 1963).
**NADP dependent malate dehydrogenase.

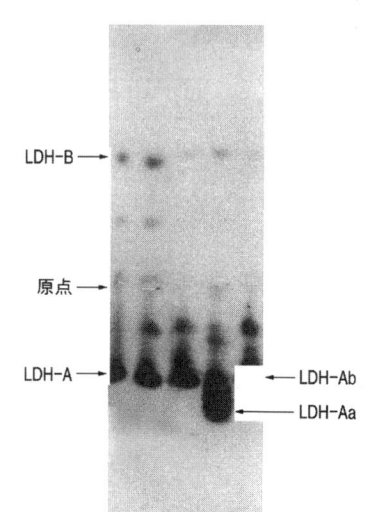

図6-2 アイソザイムとアロザイムの例. LDH-AとLDH-Bはアイソザイムで、ザイモグラム上で5本のバンドを形成する. LDH-Aのa, bなどをアロザイムとよぶ.

つぎに，ある特定の酵素タンパク質をコードする遺伝子座には，どれにも複数の異なった対立遺伝子がある．そして，これらの対立遺伝子はそれぞれ，わずかに異なったアミノ酸配列をコードしており，このアミノ酸配列の差によって，泳動中の試料の移動度に差が生じる．これらの，ある単一の遺伝子座に存在する酵素変異型(たとえば図6-2のLDH-Aのa, b, c, …など)を，アロザイム(allozymeまたはalloenzyme)とよぶ.

現在では，多数の異なった酵素をゲル上で染色し，ザイモグラムを得ることができる．これらの酵素には細胞活動の基本的な過程にかかわるものが含まれる．これらのなかで重要なものには，HK(ヘキソキナーゼ)，PGM(ホスホグルコムターゼ)，FBA(アルドラーゼ)，LDH(乳酸デヒドロゲナーゼ)など解糖作用に関係するもの，ACOH(アコニターゼ)，IDH(イソクエン酸デヒドロゲナーゼ)，MDH(リンゴ酸デヒドロゲナーゼ)などクエン酸回路に関係するもの，SOD(スーパーオキシドジスムターゼ)などその他の機能をもつものがある(表6-1).

これらとほかの多くの酵素は，遺伝的多様性の研究にとってきわめて重要である．なぜなら，これらの酵素は，異なった系統に属する生物のほぼすべてにわたってみられ，しかも，その活性が適度のレベルをもっていることから，ほぼすべての組織サンプルに対して同一の検出方法を用いることができるからである．多くの場合，動物・植物などの高次の分類レベルを超えても同一の染色

の手順を用いることができ，通常は最適な電気泳動緩衝液（バッファー）系を選択すればよいだけである．ゲルバッファーと，特定の酵素を染色する方法には多くの処方がある．よく用いられる処方は，Shaw & Prasad(1970)，Harris & Hopkinson(1976)，佐藤(1982)，Richardson et al. (1986)，Murphy et al. (1990)などの論文や教科書にくわしく書かれているので参照されたい．

(4) アロザイムのバンドパターンの解釈

　アロザイムを分離し，染色してザイモグラムを得た後は，得られたバンドパターンを解釈せねばならない．まず，活性酵素が単一のタンパク質のみからなるモノマー(monomer)か，通常，2ないし4個のサブユニットからなるオリゴマー(oligomer)かによって，アロザイムのバンドパターンにはつぎのようなちがいがある．ある酵素がモノマーの場合のザイモグラムは，ホモ接合の個体では単一のバンド，ヘテロ接合の場合には1対のバンドとして染色されるのが普通である．後者では1本のバンドが，ヘテロ接合のもつ2つの対立遺伝子のどちらかに相当する．

　一方，活性酵素がダイマー，すなわち同一遺伝子にコードされる2つの別個のタンパク質分子が関連することによって構成されている場合には，ホモ接合体では1本の酵素バンドしか現れないが，ヘテロ接合では3本バンドが出現することが多い(図6-3)．ダイマーである酵素がヘテロ接合の場合に3本のバンドを示す理由は，つぎのように解釈される．異なる2つの遺伝子産物がある場合には，タンパク質ダイマーには3通りの異なった組み合せが生じうる．これら3通りのうち，ひとつは2個の速く移動する泳動型(electromorph)，もうひとつは2個のゆっくり移動する泳動型，そしてもうひとつは，これら2つの泳動型の1個ずつから構成される泳動型を示すと予想されるのである．LDHなど多くの酵素はテトラマーで，この場合ヘテロ接合体は，より複雑な5本バンドを形成する(図6-2)．また，トリマーのタンパク質は非常にまれにしかみられないが，ヘテロ接合体は4本バンドを生じさせる．

　ここで注意せねばならないのは，多くの酵素タンパク質で，たとえホモ接合体であっても，明瞭なバンドを1本だけ示すとはかぎらないことだ．多くの場合，2本以上のバンドが生じるが，これはいくつかのタンパク質分子が，合成された後に変性を起こすからである．これらの変性は，生物自身のもつ生化学的

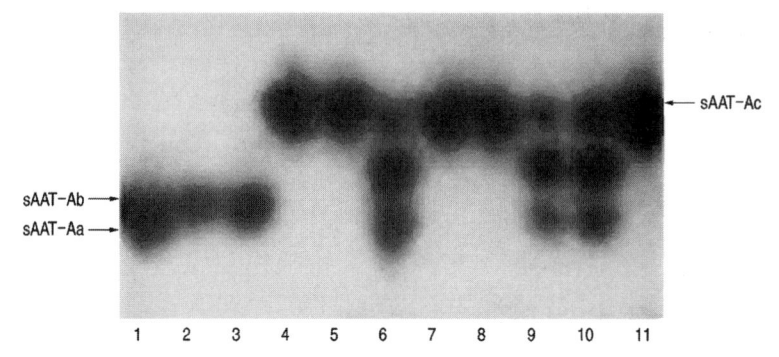

図6-3 ザイモグラム上のバンドパターンの例．酵素がモノマーの場合のザイモグラムは，ホモ接合の個体では単一のバンド，ヘテロ接合の場合には1対のバンドとして染色されるが，ここに示したsAAT-Aのように，酵素がダイマーの場合には，ヘテロ接合では3本バンドが出現することが多い（レーン6はac，9，10はbc）．

合成に起因すること（たとえば補酵素の結合やアミノ基のアルキル化など）もあるし，貯蔵されている間にタンパク質サンプルに変化（たとえば酸化）が起こることによることもある．後者の場合には，電気泳動中に，サンプルおよび緩衝液の組成に変化阻害剤（たとえばメルカプトエタノール mercaptoethanol やジチオエチレングリコール dithioerythritol）を加えることによって，少なくともいくつかの泳動型を，本来のバンドパターンに戻すことができることがある．

さらに，酵素をコードする対立遺伝子のなかには，活性がまったく，あるいはほとんど無視できるほどしかないものがいくつかあり，不活性対立遺伝子（null allele）とよばれている．この不活性対立遺伝子が関係する場合，ホモ接合体はザイモグラム上の本来染色されるべき位置でまったく染色されない．一方，ヘテロ接合体の場合は，完全または弱い活性を示して染色されることが多い．泳動ゲルのなかで検出できる酵素活性の量は，さまざまな要因によって大きく変化するため，不活性対立遺伝子の存在を確定することはけっして容易ではない．

(5) その他の電気泳動法

電気泳動法には上に述べた一連の標準的な手法以外にも，タンパク質をその大きさ，分子量，等電点などに応じて個別に分離する方法がある．

等電点電気泳動は電荷に影響されずに，タンパク質間のちがいを検出するための方法である．通常の電気泳動では，置換したアミノ酸どうしがほぼ同じ電

荷をもつ場合に，類似した2つのタンパク質を区別することができない．このため，検出される酵素多型の数は実際の値よりもかなり低めで，タンパク質全体のアミノ酸置換数のわずか3分の1しか検出できないともいわれる．あるタンパク質が同数の正負に荷電されたアミノ酸側鎖を含むようなpHをタンパク質の等電点(pI ; isoelectric point)とよぶが，等電点はアミノ酸組成のわずかな差にも鋭敏なので，異なるタンパク質間のちがいを容易に区別することができる．等電点によってタンパク質を分離するためには，安定したpH勾配を形成する両性電解質(ampholyte)が用いられる．

SDS(ドデシル硫酸ナトリウム sodium dodecyl sulphate)は，ほぼ規則的な間隔をおいてタンパク質鎖と結合する性質をもったイオン浄化剤であるが，これで処理したタンパク質試料を，適当な強度のゲルを用いて泳動分離すると，タンパク質をその分子量に応じて移動させることができる．これがSDSポリアクリルアミド電気泳動法である．

二次元電気泳動は，通常の電気泳動によって分離しただけでは重なり合ったバンドとして隠されてしまう，異なったタンパク質を分離する手法である．最初の泳動を終えたら，タンパク質を含むゲル断片を切り取り，2番目のゲルの端におき，最初と直角の方向に泳動する．これによって，同一物とみられた2つのタンパク質が，じつはまったくちがうことを検出することができるのである．

6.2 アロザイムデータの応用

(1) アロザイムデータの解析

電気泳動によるタンパク質の分離，ことにアロザイムの分析は，個体群生態学や分類学をはじめ生物学の多くの研究分野において，遺伝的多様性の解明に重要な貢献をしてきた．

たとえば，アロザイムの分析をもとに遺伝子頻度を確定することによって，2つの集団が単一の遺伝子プールから構成されているかどうかを，より客観的に示すことができる．すなわち，あるひとつの相互交配集団では，任意交配し，淘汰がなければ，多型遺伝子における異なった対立遺伝子の頻度はハーディ-ワインベルグ平衡を示すことが期待される(第2章参照)が，対立遺伝子(またはそ

れに相当するアロザイム)頻度データのもとになるサンプルが,遺伝的に隔離された2つ以上の集団から構成されていれば,対立遺伝子頻度は,通常,ハーディ-ワインベルグ式から外れる.一方,酵素のバンドとして表される表現型(泳動型)は,通常,遺伝子型に相当すると考えられる.したがって,あるサンプル集団について,多型をもつ酵素で推定された遺伝子(対立遺伝子)頻度を,ハーディ-ワインベルグ式にもとづく推定値と比較することによって,このサンプルが,単一の相互交配集団から得られたものかどうかを明らかにすることができる.このような研究から,単一の相互交配集団とみられた集団が,じつはたがいに隔離された独立種(隠蔽種)集団を含んでいることが解明された例も少なくない(Murphy *et al.* 1990).

もちろん,アロザイムの分析をもとに推定された遺伝子頻度のデータは,ヘテロ接合頻度の理論値からのずれや,対立遺伝子の地理的分布を調べることにより,ある集団の歴史的形成過程について推論を行うことにも用いられるし,個体の移動による集団間の遺伝子流動の程度を推定するのにも用いられる.

また,アロザイム分析によって推定された遺伝子頻度のデータは,種内ないし種間の系統関係の構築に用いられる.研究の初期にはまだパーソナルコンピュータが普及しておらず,節約法や最尤法などの方法論もまだ発達していなかった.このため,ほとんどの場合,アロザイムのデータは,距離ないし,類似度に変換されて解析された(Avise & Aquadro 1982).もっともよく使われている方法は,Nei(1972)の遺伝距離とRogers(1972)の遺伝的類似度指数である.

Nei(1972)の遺伝距離(D ; genetic distance)は

$$D = -\log_e I, \quad \text{ただし } I = J_{AB}/(J_{AA} \cdot J_{BB})^{1/2}$$

と定義される.ここで I は遺伝的類似度(genetic identity)とよばれる.調査された遺伝子座数を n とし,j 番目の遺伝子座における i 番目の対立遺伝子頻度をA,B集団でそれぞれ A_{ij}, B_{ij} としたとき,

$$J_{AA} = \sum\sum (A_{ij})^2/n, \quad J_{BB} = \sum\sum (B_{ij})^2/n, \quad J_{AB} = \sum\sum (A_{ij} \cdot B_{ij})^2/n$$

で与えられる.集団A,Bが遺伝的にまったく等しければ I は1,D はゼロとなり,2集団で対立遺伝子がまったく異なる場合に I はゼロ,D は∞となる.この遺伝距離は,集団間で遺伝子座あたりのDNA塩基数の相違の推定値になるといわれるが,前提条件が複雑なため問題があるともいわれる.また,この距離は用いられる標本数の影響を受けるので,1978年に少数サンプル用の変法が提唱

されている．

一方，集団 A, B 間の Rogers(1972) の遺伝的類似度指数は，
$$R = (0.5\sum (P_{Ai}-P_{Bi})^2)^{1/2}$$
で与えられる．ここで n は対立遺伝子の数，P_{Ai} は集団 A の i 番目の対立遺伝子の頻度である．集団 A, B が遺伝的にまったく等しければ R はゼロとなり，2 集団で対立遺伝子がまったく異なる場合に R は 1 となる．複数の遺伝子座について R を計算するのに，Wright(1978) は
$$RT = (\sum R^2)^{1/2}/L$$
を使用することを提唱している(ただし，L は遺伝子座の数)．Rogers(1972) の遺伝的類似度指数は，やっかいな前提条件を必要とせず単純なので，異なったデータ間の比較に適しているといわれる．

かつては，こうして得られた遺伝距離や類似度の値に，適当な分岐樹解析法(UPGMA 法など)を適用して樹状図を得たが(距離法)，その後，コンピュータの発達にともなって，最尤法，最節約法などもアロザイムデータにもとづく系統解析法に加わった．また，データとして，遺伝距離や類似度ではなく，個々のアイソザイムを別個の形質とし，ある特定のアロザイムセットを形質状態として扱うことも行われるようになった(Swofford & Berlocher 1987)．アイソザイムデータからの系統推定法の有効性を，モデルを用いて検討した結果によれば，距離法と最尤法は最節約法に勝り，頻度データも有効であるという(Wiens 2000).

(2) 異なった分類群レベルでのアロザイムの変異

アロザイムデータを解析することによって，種ないし亜種や属レベルでの遺伝的多様性の問題を追及する試みが数多くなされるなかで，種はタンパク質レベルでどのようにちがうのか，あるいはアロザイム頻度のデータにもとづく遺伝距離は，種，属，その他の分類群を決定するのに，形態その他のデータより正確なデータとして使用しうるのか，ということが問題となってきた．

Avise(1974) は，いくつかの主要な生物群についてアロザイム頻度のデータにもとづく遺伝距離(または類似度)を調べた結果，同属種間では遺伝的分化のレベルにかなりの差がみられるが，一般に種内の遺伝距離は，多くの生物において極端に小さいことを見出した．一方，同属内の種間では，遺伝距離は種内の場合よりずっと大きく，属によっては，種間でアロザイム遺伝子座の 20-80%

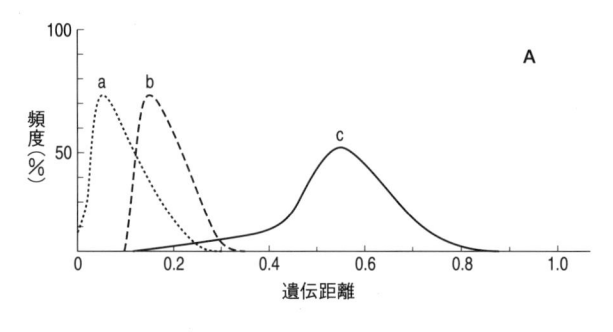

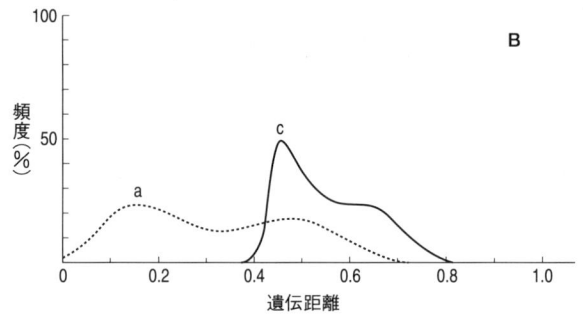

図6-4 異なった分類群レベルでのアロザイムの変異．Aのトノサマガエルとダルマガエルにみられるように，多くの生物において，遺伝距離は単一亜種内(a)で小さく，亜種間(b)ではそれより大きく，種間(c)では非常に大きくなる．Bのヒダサンショウウオとブチサンショウウオでは(亜)種内(a)での変異幅が異常に大きく，複数の亜種または種が含まれていることが示唆される．Nishioka *et al.* (1992)，Matsui *et al.* (2000) より作成．

がまったく異なっていた．そして，種間と種内では遺伝距離にほとんど重複がなかった．

このことからAvise(1974)は，アロザイムデータが分類学的研究に重要だと考えた．この考えは一般的には正しいにちがいないが，注意すべきは，アロザイム頻度のデータにもとづく遺伝距離の絶対値そのものは，種，属，その他の分類群を決定するのに使用することはできないことである．つまり，たとえばNei(1972)の遺伝距離が0.5以上あるから，2つの集団が別種だといった判断は，理論的にも経験的にも正しくない．ある集団の分類学的位置を判断するのに，アロザイム頻度のデータにもとづく遺伝距離を使うのなら，問題としている分類群のなかで一般的にみられる遺伝距離の傾向から，相対的な判断を下すことが望ましい(図6-4)．

以上に簡単に紹介してきた電気泳動法には，2つのタンパク質の荷電状態が同じとき，それらを区別することができない，通常，水溶性のタンパク質しか検出できない，全DNAの過半数を占め，調節遺伝子を含んでいる非構造遺伝子を扱うことができない，などの問題点や限界があるものの，DNAの塩基配列の決定が日常的に行われる現在でも，無限の有用性をもっているといえる．たとえば，アロザイム頻度のデータにもとづく遺伝距離によって分類学的位置そのものが決定されなくても，保全遺伝学の立場からは，他集団と大きく隔たった集団の存在を明らかにすることにより，保全対象とすべき集団を決定するのに役立てていくことができるのである．DNA塩基配列決定と並行して，この古典的な方法によって，データがますます蓄積することに期待したい．

松井正文

7 DNAレベルの研究法

7.1 DNA分析に必要な機材

　野生生物のDNA分析に際しては，少量のサンプルからDNAを抽出し増幅するので，外来DNAの混入を避けるなど，細心の諸注意が必要である．分析を行う実験室には，実験器具を滅菌するためのオートクレーブ・乾熱滅菌器，DNAを抽出するための恒温器と低温微量高速遠心機，DNAを増幅するためのPCR増幅器，試料や試薬を保管するための冷凍冷蔵庫などが必須であろう．実験には，マイクロチューブ，チップ，手袋などの使い捨て消耗品を用いる(中山・西方 1995)．

　さらに微量DNAを扱う場合には，クリーンベンチあるいは安全キャビネットなどの設備や，チューブオープナー，フィルターつきチップ，DNA/RNase除去溶液を用いるのが望ましい．

7.2 DNAの増幅

(1) PCR法によるDNAの増幅

　PCR(polymerase chain reaction)法は，細胞内(*in vivo*)のDNA複製システムをモデルにした，試験管内(*in vitro*)でDNAを増やす方法である．細胞内とPCR法とではつぎの点で異なる．(1)細胞内の場合にはすべてのゲノムを正確に2倍化する複製が行われるが，PCR法の場合にはDNAの目的領域(target DNA)のみを反復合成する，(2)細胞内の場合にはRNAプライマーを用いるが，PCR法の場合には一本鎖のDNA断片をプライマーとして用いるので，細胞内のように合成後RNA部分を分解してはずす必要はない．もっとも大きなちがいは，(3)PCR法の場合，DNA合成酵素(DNA polymerase)が耐熱性をもつことである．この性

質によって高温にさらされても酵素が失活せずに連続的に伸長反応を繰り返し，DNAを増幅することが可能になった(加藤 1990，エーリッヒ 1990)．

PCR法では，二本鎖のDNAを鋳型とし，特定領域をはさむ2個のプライマーと耐熱性DNAポリメラーゼを用いて，熱変性，アニーリング，伸長反応という3つのステップを繰り返し行い，ごく微量の試料から100万倍におよぶ目的DNA断片を合成する．通常の反応では，90-95℃の熱変成段階では短時間加熱して二本鎖DNAをそれぞれ一本鎖DNAにする．つぎのアニーリング段階では40-60℃に短時間冷却して，それぞれのプライマーを相補的な塩基配列と対合させる．続いて70-75℃の伸長反応の段階では，耐熱性ポリメラーゼにより相補鎖が合成される．

保全遺伝学に用いる種々の試料では，このPCRがうまくいくかどうかが実験の成功の鍵であるといっても過言ではない．実際には，PCRで起こっている反応は複雑で，最適の実験系を組み立てるまで，いろいろな角度から検討していくことが必要である(中山・西方 1995)．ここでは，野生生物試料のPCR実験の設定を行うためのガイドラインについて述べる．

(2) PCR実験の基礎事項

鋳型として用いるDNA量は，試料によっても異なるが，通常10^2-10^5コピー(たとえば，哺乳類のゲノムDNAでは0.1 ng)である．野生生物試料の場合には，第8章で紹介される電気泳動によって抽出DNAの保存状態を確認する．PCR用緩衝液(バッファー buffer)，とくに$MgCl_2$濃度は増幅の特異性と収量に大きく影響するといわれている．約1.5 mMが通常至適濃度であるが，競合イオンを含む試料(たとえば骨試料など)において，PCR産物が十分得られない場合には，$MgCl_2$の濃度を上げると解決することがある．

DNAポリメラーゼ

PCRに用いられるDNAポリメラーゼ(石野 1996)は，*Thermus aquaticus*由来の耐熱性ポリメラーゼ(*Taq* polymerase)がよく用いられる．この*Taq*ポリメラーゼは，熱変成する際に必要な高い温度(94-95℃)に繰り返しさらされても安定なため，PCR法そのものを可能とした．

従来の熱耐性DNAポリメラーゼでは一般的に5 kbpを超える断片を増幅することはできなかったが，このおもな原因は，10^{-3}-10^{-5}に1カ所の確率で起こる

といわれるミスマッチによりDNA鎖の伸長が停止することであるといわれている．この割合でいけば1000 bpを20サイクル増幅したときには，どこかにこの人工的な突然変異が入ることになる．ダイレクトシークエンスではこのランダムな突然変異はほとんど問題にならないが，クローニング法では1分子の鋳型からDNAを増幅するので，塩基配列の決定には複数クローンによるクロスチェックが必要である．最近の組換え技術によって合成されたDNAポリメラーゼには，正確性(fidelity)の高いもの，熱安定性の高いもの，伸長速度の速いものなどが各種市販されている．

プライマーの設計

効率のよい特異的なプライマーを作成することは，増幅反応の成否を大きく左右する重要な要素である(三橋 1996)．おもな注意事項を以下に紹介する．

(1) プライマーの長さ

ゲノム中の特定箇所をPCRで増幅するには，特定の箇所に特異的にアニールするプライマーを設計しなければならない．動物のゲノムのサイズはおよそ10^9のオーダーであるから，DNAの4種の塩基(A, G, C, T)の配列の組み合せからすると，4^{17}でその大きさを超えるので，プライマーの長さを17塩基以上に設計すると，計算上ではゲノム中の特定の配列にのみアニールすることになる．後述のLA-PCR用として長いプライマーを合成する場合には，高いアニーリング温度で増幅できるよう，既知配列とのマッチングをよく確認する必要がある．反対に，6-8塩基の短いプライマーやミックスプライマーを用いて低いアニーリング温度で増幅する方法もあり，これは後述のTAIL-PCRのような未知領域の延長などに有効である．

(2) 相補性

鋳型DNAに正確にアニールさせるためには，プライマーの3′末端の配列は，5′末端に比べより大切である．プライマーが特定領域にのみアニーリングするよう，Amplify(http://engels.genetics.wisc.edu/amplify/)，Primer 3(http://www-genome.wi.mit.edu/cgi-bin/primer/primer 3_www.cgi)，Oligo 4.0(http://micro.nwfsc.noaa.gov/protocols/oligoTMcalc.html)，GENETYX-Win/Mac(ゼネティクス社，http://www.sdc.co.jp/genetyx/)などのコンピュータソフトを用いて，PCRシミュレーションを行い確認する．3′末端の配列はGC含量が50%前後となるほうがよく，また特定塩基やプリン塩基・ピリミジン塩基のポリマーを含む配列は避ける．逆に

プライマーの5′末端は，目的領域の配列との相補性がそれほど問題にならないので，制限酵素認識部位配列や，シークエンス用のM13ユニバーサルプライマー配列を付加することもできる．

(3) プライマーダイマーやプライマーの二次構造化

2つのプライマーの一部がたがいに相補的でないかをチェックする．とくに反応初期ではプライマー濃度が相対的に高いので，プライマーどうしの対合(プライマーダイマー)が生成しやすい．このプライマーダイマーは電気泳動像でも確認できる．プライマー内で二次構造をとる塩基配列も，PCR効率が低下するので避けるようにする．二次構造の検索には，GENETYXなどのコンピュータソフトが有用である．

(4) *Tm* 値

Tm(melting temperature)値は，二本鎖DNAが熱変成により一本鎖DNAになる温度のことをいう．PCRではプライマーのアニーリング温度を決定する重要な要素である．*Tm* 値は，簡便法ではアデニンとチミン塩基が2℃，グアニンとシトシン塩基が4℃として計算するが，より正確な推定にはNearest-neighbor法などが知られており，上述の各種ソフトウェアで計算する．一般にアニーリング温度はこの*Tm* 値以下になるように設定するため，対になるプライマーの*Tm* 値をほぼ同じに，かつ，できるだけ高い温度に設定するのがよい．

温度設定と反応時間

熱変性ステップでは，DNA鎖が完全に解離する温度に達することが重要で，通常94℃が適切である．ただし，サンプルが94℃に達した後は，速やかにアニーリング温度まで冷却し，ポリメラーゼが高温にさらされる時間を短くし，できるだけその活性を高く保つようにする．

アニーリングの温度は，PCRを成功させる重要な要素のひとつである．アニーリングの温度は原則的にはプライマーの長さとGC含量に依存しているので，*Tm* 値を参考にしてアニーリングの温度を設定する．プライマーの特異性を増すには，より高い温度に設定するとよいが，高すぎるとPCR産物が減少する．そこで，グラジェントPCRなどによって，段階的にアニーリング温度を設定して最適温度を実際にチェックするのがよい．

ポリメラーゼの伸長温度は，酵素の特性に合わせて70-75℃に設定する．ポリメラーゼの伸長時間は，増幅する目的の配列の長さにより，通常100 bp-1 kb

に対して1分を基準にし，ほかの増幅条件を確立した後に，より短い時間を試すのがよい．目的とする塩基配列が短いときやサイクルシークエンス反応では，アニーリングと伸長反応を同時に行う「2段階 PCR」が時間の節約にもなる．

PCR 増幅器(DNA サーマルサイクラーなどの商品名がある)はできるだけ速く目的の温度に達するように，加熱冷却できる装置がよい．

(3) PCR のトラブルシューティング

PCR 実験を行う際には，サンプル DNA とともに，ポジティブコントロール(増幅が確実な鋳型 DNA の反応系)とネガティブコントロール(鋳型 DNA を入れていない反応系)を同時に反応させるのが，トラブルが起きたときの原因究明に役立つ．

PCR 反応のプラトー

増幅反応は無制限に進行するわけではなく，目的の DNA の増幅は，1 サイクルが終了すると 2 倍ずつ，最初十分なプライマーがあるときには指数関数的に増えていくが，徐々に増幅効率が低下し，いずれは「プラトー」とよばれる定常状態に入る．PCR 反応がプラトーに達する点は，おもにプライマーが完全に消費(消化 digestion)された状態のときに起こり，この結果ほぼ定量の目的 PCR 産物が得られることになる．

PCR 反応の停止は，このプライマーや dNTP の完全消化以外にも，ポリメラーゼの不活性化や鋳型の過剰状態，非特異的な増幅産物による競合，増幅産物どうしのアニーリングなどによっても起こりうる(表 7-1)．この場合には薄いバンドしか得られなかったり，バンドが検出されないこともある．泳動像で確認されるネガティブコントロールのプライマー濃度に対し，各 PCR 反応液のプラ

表 7-1 PCR におけるトラブルシューティング．

PCR 産物	原因	鋳型 DNA		プライマー			
		少ない	多い	少なすぎる	Dimer をつくる	特異性の問題	複数の site
No-Band	プライマー消化		◎	◎	○		○
	プライマー残存	◎				◎	
薄い Band		◎		△	◎		
複数の Band			△		○	○	◎

◎可能性大，○可能性あり，△考慮する必要あり．

イマーが消費されていれば，PCR 反応がプラトーに達したことを表し，逆に PCR 反応液中に未消費のプライマーが多量に残る場合には，PCR 反応が十分行われなかったことを表す．

鋳型 DNA の過剰

　PCR 産物がバンドとして確認されるには，特定の長さをもつ特定領域の人工産物が多数合成されなければならない．これには，鋳型 DNA に最初のプライマーがアニールしてできた人工 DNA に，ふたたびもう一方のプライマーがアニーリングして伸長した産物，つまり両端がプライマー部位からなる断片が，十分量合成されなければならない．

　ところが，鋳型 DNA が極端に過剰なときには，PCR 試料中のプライマーバンドが検出されない．これは鋳型 DNA にどちらか一方のプライマーがついただけの，長い産物がたくさんできる段階でプライマーが消化されつくしてしまうためで，これでは目的バンドが泳動像で確認できないか，あるいは薄いスメア状のバンドになる．この場合には，抽出 DNA を十分希釈して，再度 PCR を試みる．

複数バンドや不安定な PCR

　目的領域以外にプライマーがアニーリングすると，複数のバンドや目的バンド以外の長さをもつバンドが生じる．この場合にはアニーリング温度を高くするか，鋳型 DNA の濃度を下げるか，あるいは後述する hot-start 法を試みる．それでもうまくいかない場合には，プライマーを設計し直す必要がある．

　PCR が不安定な場合には，抽出 DNA 液のなかに阻害物質が含まれていることが多い．過剰なタンパク質が取りのぞかれずに DNA 鎖に付着して PCR 阻害物質となることが多いが，そのほかに DNA 抽出の際用いた EDTA や SDS，エタノールなどの試薬が残っても PCR を阻害することがある．これらの場合には DNA の精製を別の方法でやり直すとよい結果が得られる．あるいは，表 7-2 に示す PCR 促進剤を PCR 反応液に添加することで解決することもある．

鋳型 DNA の不足

　PCR 法では原理的に数コピーの鋳型 DNA があれば，最終的に十分な PCR 産物が得られることになっているが，阻害物質などによって伸長反応が停止し，十分な PCR 産物が得られなかった場合には，電気泳動像で PCR 産物のバンドが確認できない．このような場合には，この PCR 産物を鋳型 DNA としてセカン

表 7-2 PCR 促進剤.

促進剤	濃度
ホルムアルデヒド	5%
DMSO (dimethyl sulfoxide)	<10%
TMAC (tetramethylammonium chloride)	10–100 μM
PEG (polyethylene glycol 6000)	5–15%
Glycerol	10–15%
Tween 20	0.1–2.5%
7 deaza-dGTP	75% を dGTP と置換
single-strand DNA binding protein	5 μg
BSA (bovine serum albumin)	1%

ド PCR(second PCR)を試みると解決することがある．セカンド PCR 法では，さらに内側に設計したインナープライマー(inner-primer)を用いると，成功率がより高くなる．

PCR で増幅しない DNA

ゲノム配列のなかにはどうしても増幅しない領域が存在する．これらの配列をみると，強固な二次構造をもっていたり，G/C，あるいは A/T に富む配列であったりする．G/C に富む配列の場合にはジメチルスルホキシド(DMSO)を PCR 時に添加することによってほとんど解決される．二次構造に富む配列の場合には，後述の hot-start 法，あるいはクローニングを行う．

(4) いろいろな PCR 法

Hot-start PCR

プライマーダイマーや非特異的アニーリングは，主として PCR 開始期の温度が上昇中のときに起こりやすいといわれている．Hot-start 法はこの問題を解決するための方法で，変性温度に達するまで，たとえば DNA ポリメラーゼなど，共通反応構成成分のひとつを反応系から除外しておく方法である．これには，(1) ワックスビーズを反応液の上に載せ加熱融解後，固めてキャップする．この上に，除外しておいた反応試薬を載せる．最初の変性温度まで加熱したときに，ワックスが融解し，高温時に全構成成分がそろうことになる，(2) 反応構成成分を最初から混合するが，*Taq* ポリメラーゼを加える前に，*Taq* DNA ポリメラーゼ抗体を反応液に添加しておく．変性温度に達する過程で，この抗体がポリメラーゼから遊離し，失活することにより，高温で全構成成分がそろうことにな

る．この方法として *AmpliTaq* Gold(アプライドバイオシステムズ)などが市販されている．

Nested PCR

Nested PCR および semi-nested PCR は，PCR を再度行うことによって目的領域をより正確に増幅する．どちらの場合にも1回目の PCR 産物を鋳型にするが，1回目に使用したプライマー位置の両側にインナープライマーを用いて PCR を行うのが nested PCR で，どちらか一方は最初と同じプライマーを使用し，もう一方だけインナープライマーを使用するのが，semi-nested PCR である．これらの操作により，目的領域以外に由来する産物を除外することができる．

Multiplex PCR

複数のプライマーセットを用いて，複数の塩基配列を同時に1本の反応チューブ内で PCR 増幅する方法を多重 PCR(multiplex PCR)とよぶ．通常，multiplex PCR の反応液には，10% DMSO の添加が必要とされている．この際，PCR 産物の塩基長に留意し，識別できる組み合せにする．また，プライマーの Tm 特性などにも考慮しなければならない．

LA-PCR

従来の PCR では，通常 5 kbp，最長でも 10 kbp の増幅が限界であり，またポリメラーゼの正確性(fidelity)に起因する読みまちがえも大きな問題のひとつであった．LA-PCR(long and accurate-PCR)は，3′→5′ エキソヌクレアーゼ活性(proof reading 活性)をもつ耐熱性 DNA ポリメラーゼ(LA *Taq* など)を用いて 40 kbp 以上の DNA を正確に増幅することができ，PCR の応用分野をさらに拡大するものである(Cheng *et al*. 1994，向井 1996)．

LA-PCR は，特異性が非常に重要であるので，プライマーの長さは 30-35 塩基程度にし，60-68℃ の高いアニーリング温度と十分な伸長時間に設定する．サイクル数は，比較的短い 25-30 サイクルの範囲が至適で，サイクル数が多すぎると泳動像が全体にスメア状となる傾向がみられる．LA-PCR を行う場合，鋳型 DNA の精製グレードもその成否を大きく左右する．10 kbp 以上の増幅反応を行う場合，純度の高い良好な鋳型 DNA を用いる．

RT-PCR 法

RT-PCR 法は，RNA を鋳型として逆転写酵素反応(reverse-transcription ; RT)と PCR 反応を組み合わせることにより，RNA 分子を検出・解析する方法である．

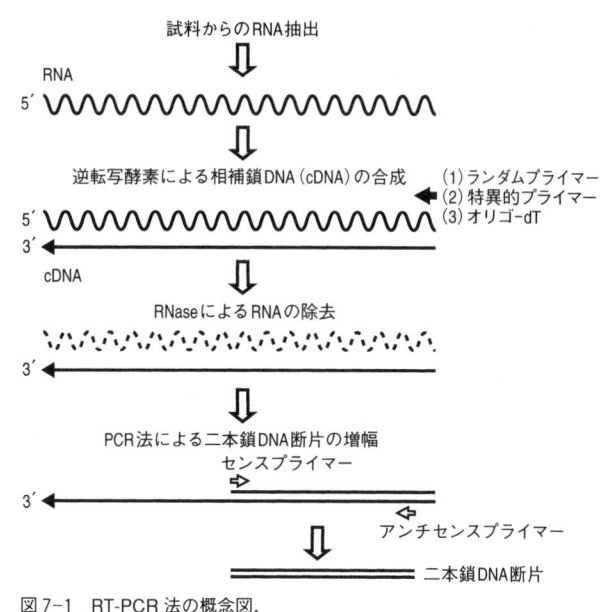

図7-1 RT-PCR法の概念図.

分子生物学でよく行われるmRNAからのcDNAライブラリーの作製のみならず，保全遺伝学としては微量に存在するRNAウイルスの病理診断にも有用である（Larrick & Siebert 1995，村上 1996）．RNAを対象とした実験には，RNA分解酵素（RNase）の混入を避けることが必須条件である．RNaseは，煮沸しても不活性化されず，また広いpH領域で活性を保持するきわめて安定な酵素で，細胞のなかにも多く存在しており，実験室内でもその混入に十分注意をはらわねばならない．RNAの抽出には，まずこの内因性のRNaseの活性を，細胞の強力な変性剤であるGuSCNと，還元剤である2メルカプトエタノールで融解して取りのぞく．

図7-1に示すように，RT-PCRには，(1)ランダムヘキサマーを用いて試料中のすべてのRNAの相補鎖DNAを合成する方法，(2)特異的プライマーを用いて目的RNAのみからcDNAを合成する方法，(3)オリゴ-dTプライマーを用いてmRNAのcDNAライブラリーを作製する方法，がある．つぎにこのcDNAを鋳型DNAとして，特定配列の検出を目的とするPCR反応を行う．逆転写酵素反応に用いられる酵素には，RNAを鋳型として相補的なcDNAを合成（第一鎖合成）するが，同時にDNA依存性DNA合成酵素活性をもつため，合成されたcDNA

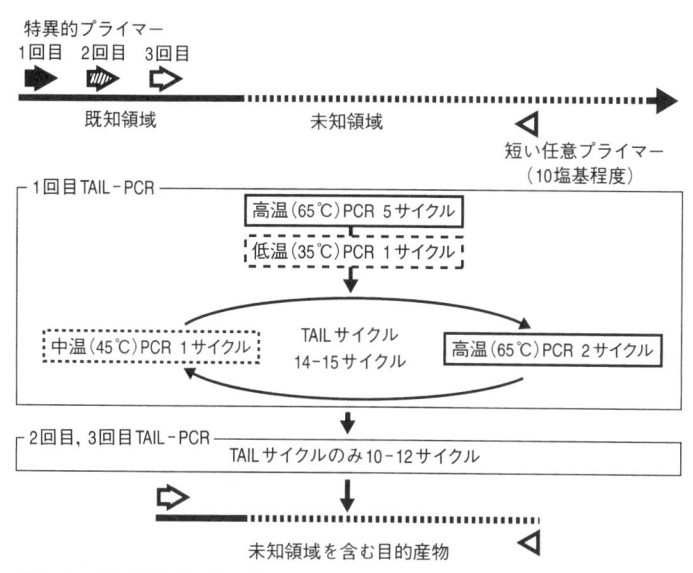

図7-2 TAIL-PCR法の概念図.

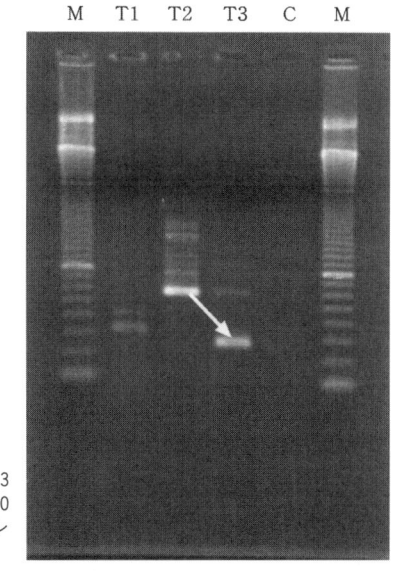

図7-3 TAIL-PCR泳動像. T1, T2, T3は順に1, 2, 3回目のTAIL-PCR産物, Cはコントロールを, Mは100 bpラダーマーカーを示す. 2回目から3回目へとインナープライマーの分だけ短くなるのが目的産物.

の相補鎖も合成（第二鎖合成）できるものがある．いずれの方法でも，RNase を完全に除去するのがむずかしいため，RNA の抽出後はできるだけ早く cDNA，そして二本鎖 DNA を合成してから保存するのがよい．

TAIL-PCR 法

隣接する未知領域を PCR 法だけで伸張する方法として，Liu & Whittier(1995)により報告された TAIL(thermal asymmetric interlaced)-PCR 法がある．この TAIL-PCR(図 7-2)は，既知の配列との一致率が高く確実に目的部位にアニールする長いプライマーと，複数の部位にアニールする短い任意のプライマーを対にして行う．まず高い温度で特異的プライマーをアニールさせ PCR を行い，つぎに任意プライマーを低い温度でアニールさせ PCR を行う．つまり TAIL-PCR は，特異的プライマーと任意プライマーの特性を活かし，非対称(asymmetric)に増幅させるのが特徴である．

実際には，2 サイクルの高温 PCR と，1 サイクルの中温 PCR を交互に十数回繰り返す．この段階ではまだ，目的産物に対し非特異的産物が多すぎる．そこで 2 回目，3 回目では，前回の PCR 産物を鋳型 DNA として用い，特異的プライマーとして前回のプライマーのさらに内側に設計したインナープライマーと，前回と同じ任意プライマーを用いる．その結果，しだいに特異的な目的産物がより選択的に増幅することになる．

TAIL-PCR 法による PCR 産物の電気泳動像を図 7-3 に示す．1 回目のパターンは非特異的産物が多いためスメア状であるが，2 回目になるとバンドがよりはっきりとしてくる．3 回目ではさらに非特異的産物が減少して目的産物のみが得られる．

(5) クローニング法

核 DNA など対立遺伝子や細胞内多型(ヘテロプラズミー)をもつときには，クローニング法により，1 分子から増殖させて十分な量の目的 DNA 断片を得ることが必要になる．PCR 産物に複数バンドが検出される場合や，二次構造などにより塩基配列が決定しにくい場合にも，クローニングベクターに組み込まれている M13 プライマーを利用してシークエンスすることで解決されることがある．

クローニングでは従来，制限酵素法を用いて PCR 産物をベクターに挿入していたが，TA クローニング法(Hengen 1995，中山・西方 1995，安田 1996)を用

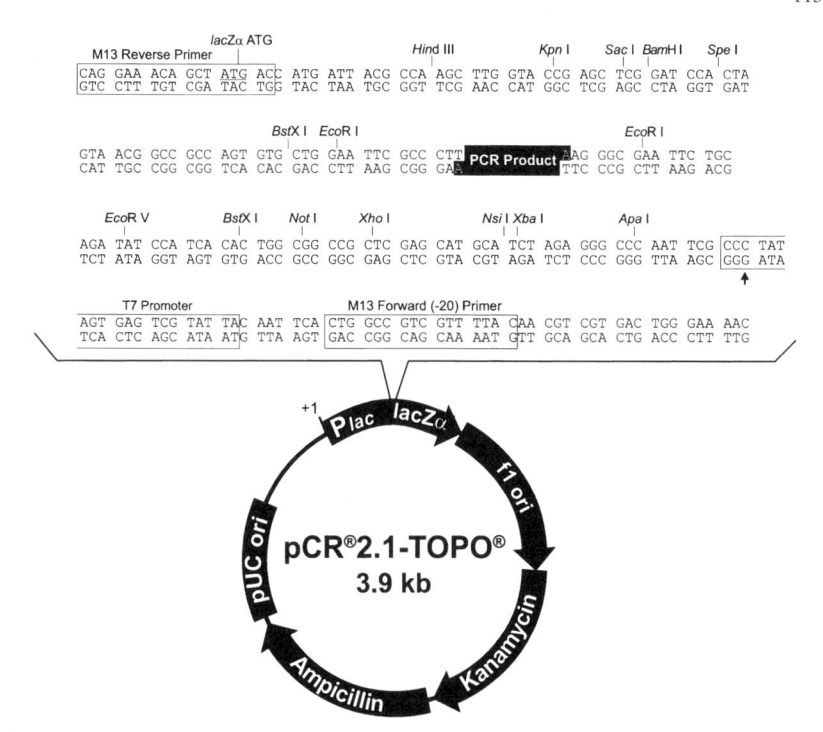

図7-4 TAクローニングに用いられるベクター pCR 2.1 の構造．インビトロゲン社のご厚意による．

いると，PCR産物を直接サブクローニングできる．これは，DNAポリメラーゼがPCR産物の3′末端にA(アデニン)を付加するのを利用し，ベクターとして3′側にT(チミン)が1塩基突出したものを用意して，PCR産物をベクターに挿入する方法である(図7-4)．挿入されたベクターを大腸菌に移植培養し，目的のコロニーを選び，インサートチェックを行った後，増幅産物を得る．このインサートチェックのPCR産物はそのまま塩基配列解析に用いることもできる．

7.3 塩基置換の検出

DNAの塩基置換の検出には，塩基配列を決定するシークエンス法のほかに，後述する制限酵素で特定部位を切断するRFLP法や，二本鎖DNAを熱変性により一本鎖にしたときの二次構造のちがいを電気泳動で検出するSSCP法などがあ

る．ここでは，各種の塩基置換検出法の長所・短所について，保全遺伝学への応用を念頭におきながら紹介する(Hoelzel & Green 1991).

(1) 塩基配列の決定

DNAをポリアクリルアミドゲル中で電気泳動すると，わずか1塩基の長さのちがいも区別することができる．1977年に発表されたSanger *et al.* (1977)のジデオキシ(dideoxy)法はこれをたくみに利用した塩基配列決定(シークエンスsequencing)法である．ジデオキシ法では，そのシークエンス反応時に4種類の阻害剤(ジデオキシ・ヌクレオチド三リン酸 dideoxy-nucleotide triphosphate; ddATP, ddCTP, ddTTP, ddGTP)をそれぞれ加えた4つの反応液をつくる．たとえばddATPが加えられた反応液では，3′端末がすべてAで終わるさまざまな長さの一本鎖が合成される．耐熱性のポリメラーゼのThermo-Sequenase(アマシャム)およびAmpli*Taq* FS(パーキンエルマー)キットなどのサイクルシークエンス反応キットを用いると，少量の鋳型DNAからでも複数サイクルを経てシークエンスに必要な量を確保することができる(プリムローズ 1996, 斉藤・服部 1996).

ダイプライマー法とダイターミネイター法

現在，シークエンス反応産物を蛍光標識する方法として，蛍光標識したプライマーを用いるダイプライマー法(プライマーラベル法ともよばれる)とジデオキシヌクレオチドを蛍光標識したダイターミネイター法がある．プライマーラベル法ではシークエンス開始直後にプライマー由来の大きなピークを形成し，30-50塩基が読めない欠点があるが，ダイターミネイター法では，プライマーの直後から塩基配列が決定できる．また，ダイターミネイター法ではPCR用のプライマーを用いてシークエンスが行えることも長所となっている．ただし，この方法ではPCR産物の精製にはエタノール沈殿が必要で，多少時間がかかる．実際の配列の決定ではこれらの特徴をうまく利用し，目的に応じて2つの方法を使い分けてシークエンスを行うのがよい．

オートシークエンサー

オートシークエンサーは，レーザー活性化色素を標識として用い，アクリルアミドゲル電気泳動を行い，分子量の小さい順に移動してきたDNA断片を，レーザー光によりその蛍光を検出して，自動的に読み取る．

従来のシークエンサーは，平板ガラス2枚の間にアクリルアミドゲルを流し

図 7-5 オートシークエンサーのアウトプット例.

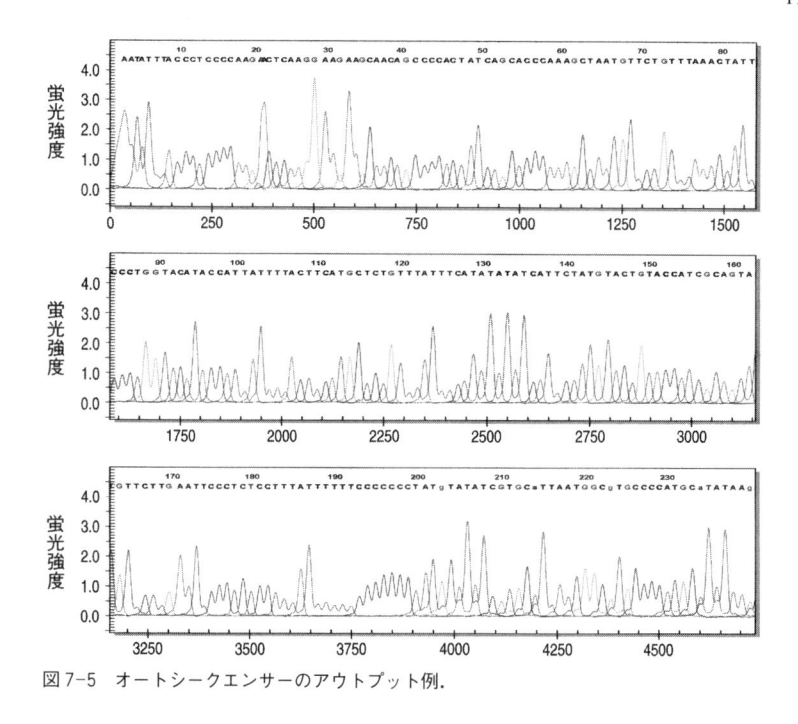

込み固まった後に，サンプルを泳動しながら塩基配列を決定した．この方法では大きな電圧をかけることができず，泳動に時間がかかった．一方，キャピラリー法は細いガラス管にゲルを充填するので，従来の方法より約10倍の速度でサンプルを流し，塩基配列を読むことができる．マルチキャピラリー法は複数のキャピラリーを同時にシークエンスする方法で，1-96本，あるいは326本があり，多型解析には適している(図7-5)．

ショットガンシークエンス

　全塩基配列を決定する方法として，ミトコンドリアDNAやYACクローンなど特定のDNAに対して，ショットガンシークエンスが有効である．ショットガン法では対象DNAを精製し，まず超音波などでDNAを適当に切断し，クローニングして，全ゲノムのライブラリーを作成する．そのうち適当量のクローンをシークエンスし，マルチプルアライメントをしながら全体の配列を調べるのがこの方法である．

(2) 1塩基置換の検出法

　ゲノムの塩基配列におけるわずかな点塩基置換は，多型解析のみならず，種々の遺伝病や細胞のがん化の検出にも用いられ，多種の方法が開発されている．1塩基多型(SNPs；single nucleotide polymorphisms)の検出法としてもっとも直接的な方法は，制限酵素断片長多型(RFLP；restriction fragment length polymorphism)法である．また最近は，DNA/DNAあるいはDNA/RNAハイブリッドの形成を用いたマイクロアレイ法や，一本鎖DNA高次構造多型(SSCP；single-strand conformation polymorphism)がある．いずれもあらかじめ塩基配列を決定し，多型部位を検出してから，特定箇所をスクリーニングして用いる．

制限酵素断片長多型(RFLP)法

　PCRで目的の領域を増幅して，PCR産物のなかの点突然変異の部位の有無を制限酵素の消化で確認するPCR-RFLPがおもに行われている．GENETYXなどによる制限酵素認識部位の検索結果をもとに，これをシークエンスによる多型配列の結果と比較して有効な認識部位を設定しておくと，容易に多型を検出することができる．

SSCP法

　SSCP(single-strand conformation polymorphism；一本鎖DNA高次構造多型)法は1989年，折田らによって開発された手法である(Orita *et al.* 1989, 関谷 1996)．通常二本鎖DNA断片を一本鎖に変性したとき，塩基配列が1塩基でも異なっていると，高次構造が異なる．SSCP法は，この高次構造のちがいによってポリアクリルアミドゲル電気泳動の移動速度が変わることを利用したものである．このPCR産物の解析はきわめて簡便な検出技術で，短時間のうちに多くのサンプルを処理することができ，遺伝的モニタリングなどに有効である．

DHPLC法

　DHPLC(denaturing high-performance liquid chromatography；Underhill *et al.* 1996, 1997)は，サザンハイブリダイゼーションと液体クロマトグラフィーを合わせたものであり，1塩基多型(SNPs)と挿入／欠損変異型の検出に非常に有効である．原理としては，標準試料と検体試料を混合して，高温で熱変性を起こし，その後ゆっくりハイブリダイゼーションさせる．この標準試料と検体試料との変異遺伝子座をもつDNAヘテロ二本鎖は，低い温度では，ホモ二本鎖DNA

から簡単に分離検出される．このDHPLC法はDNAシークエンシング法に比べ，低価格でより高速に処理できるので，特定変異をもつ病理的検査のスクリーニングや，特定ハプロタイプを追跡する遺伝的モニタリングに適する．Underhill et al. (1997)はこの方法でY染色体において22個の多型領域を検出し，父系系列からも人類アフリカ起源説を支持する結果を得た．このような1塩基多型のハイブリダイゼーションによる検出法は，長領域の解析を必要とする核DNAの解析には非常に有効で，かつ利便性が高く，今後もこの種の分析法が開発されていくと思われる．

(3) フラグメント解析

フラグメント解析は，DNAサイズによって多型を検出する方法で，個人識別

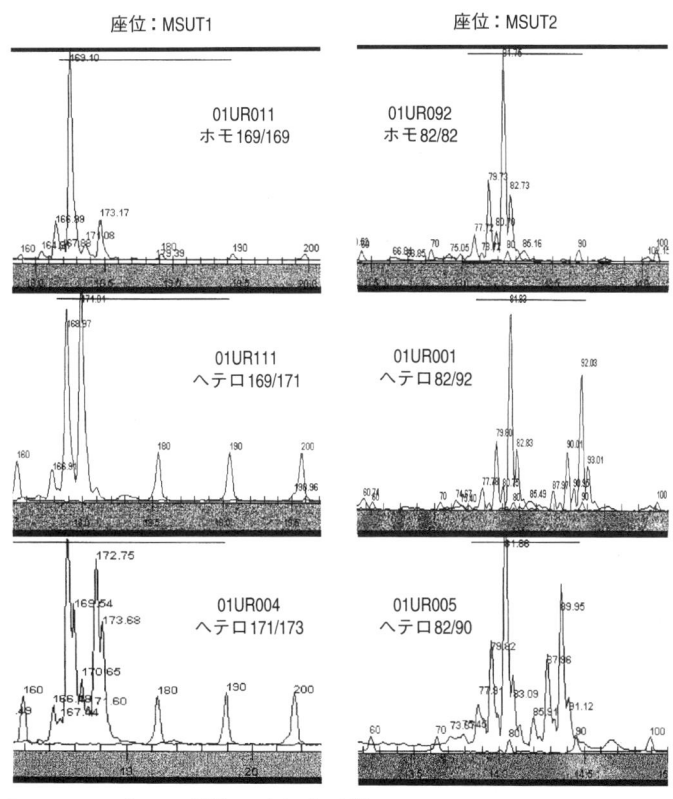

図7-6　フラグメント解析のアウトプット例．

や親子判別などに広く応用されているマイクロサテライトやSTR(第3章参照)はこの方法が用いられている．サイズマーカーを同時に泳動し，高精度な同定を行う．図7-6に示したフラグメント解析の例は，ツキノワグマのSTRのアウトプット例で，MSUT1はTCをモチーフにした反復配列(TC)n，MSUT2はACをモチーフにした反復配列(AC)nである(Kitahara *et al.* 2000)．反復配列のPCRでは，反応中に人工的な反復数の多型が生じやすく，シークエンサーによる高精度検出ではこの人工的な多型も小さなピークとして認識されてしまうので，ホモ・ヘテロの判別には十分な注意が必要である．

7.4 DNA 解析

　得られた塩基配列は，CLUSTAL W，CLUSTAL X，GENETYX-Win/Macなどを用いてマルチプルアライメントを行う．マルチプルアライメントの結果，塩基の一致(コンセンサス)が悪い場合には，塩基の挿入・欠損が考えられるので，手作業で配列をチェックする必要がある．安定したアライメントが得られてから塩基置換を抽出して，ハプロタイプ表(図7-7A)を作成する．

　タンパク質をコードしている領域の塩基配列は，MEGAなどを用いてアミノ酸への翻訳を行い，同義／非同義置換数などの比較を行う．

　2つの個体間の塩基置換数は遺伝距離(D)とよばれるが，transition(転位)とtransversion(転換，第2章参照)の差や多重置換を考慮してこの距離を計算する．

同義置換数と非同義置換数の推定

　遺伝子内のタンパク質をコードしている領域(転写領域 coding region)は，遺伝暗号表(コドン表 codon table)にみられるように，第3番目の塩基が異なっても同じアミノ酸をコードしていることが多い．アミノ酸が変わらない塩基置換を同義置換(synonymous substitution)，アミノ酸が変わる塩基置換を非同義置換(non-synonymous substitution)とよぶ．非同義置換によりアミノ酸が置換すると，生成されたタンパク質の構造が変わり，場合によっては機能的に不活性となり，生存に大きな影響をおよぼすこともありうる．したがって，この2つの置換は，区別して推定することが重要になる．

　同義置換率(d_S)は同義置換サイトあたりの同義置換の割合，非同義置換率(d_N)は，非同義置換サイトあたりの非同義置換の割合であり，MEGA(前出)などを用

A

	塩基置換部位																
	情報をもつサイト									情報をもたないサイト							
ハプロタイプ	189	171	256	151	165	185	341	104	164	71	115	153	160	167	169	197	253
LmMCA	T	C	C	C	T	C	C	G	C	T	T	T	C	T	T	C	A
LmMa1	.	.	.	.	.	.	.	.	.	C	.	.	.	.	.	.	.
LmMa2	.	.	.	.	.	T	.	.	.	.	.	.	.	.	.	.	.
LmMa3	.	.	.	.	T	.	.	.	.	.	.	.	.	.	.	.	.
LmMa4	.	.	.	.	.	.	.	.	.	.	C	.	.	.	.	.	.
LmMa5	.	.	.	.	.	.	.	.	.	.	.	.	.	.	.	T	.
AK1	.	.	.	.	.	.	.	.	.	.	.	.	.	.	.	.	G
S3	.	.	.	.	.	.	.	.	.	.	.	.	.	C	.	.	.
LmAk	.	.	.	.	T	T	A	T	.	.	.	.	.	.	.	.	.
LmHi	.	.	.	.	T	T	A	T	.	.	.	.	.	T	.	.	.
AL1	C	.	T	T	.	.	.	.	.	.	.	.	.	.	.	.	.
AL2	C	.	T	T	.	.	.	.	.	.	.	.	.	.	.	.	.
AL3	C	T	T	.	.	.	.	.	.	.	.	.	.	.	.	.	.
AL4	C	T	.	.	T	C	.	.	.	.	.	.	.	.	.	.	.
AL5	C	T	T	.	T	C	.	.	.	.	.	.	.	.	.	.	.
AL6	.	T	.	.	.	.	.	.	.	.	.	.	.	.	.	.	.
AL7	.	T	.	.	.	.	T	.	.	C	.	.	.	C	.	.	.
ヌマライチョウ *	C	.	.	C	.	.	.	A	.	.	.	.	.	C	C	.	T

* ヌマライチョウにはこのほかに28塩基置換がある．

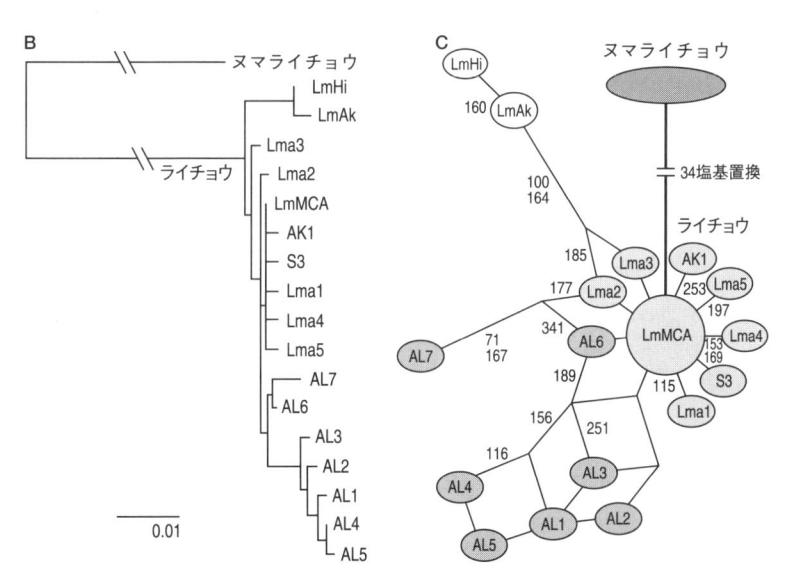

図7-7　ハプロタイプ表(A)とその近隣結合系統樹(B)およびネットワーク樹(C)．ライチョウ類のミトコンドリアDNAコントロール領域の例．Baba *et al.* (2002)を改変．

いて算出する．この同義置換率(d_S)と非同義置換率(d_N)の比である d_N/d_S 値は，その遺伝子の選択圧を表す指標となる．一般に d_N/d_S が1よりも小さいときは，負の方向性淘汰(negative selection, purifying selection)といわれ，マウスとラットの機能遺伝子を比較した際の平均値は0.14(Wolfe & Sharp 1993)とかなり小さく，強い淘汰を受けているのが特徴である．d_N/d_S が1よりも大きいときは，正の方向性淘汰(positive selection)を表し，遺伝的多様性の高いMHC遺伝子では大きな値をとることが知られている(Hughes & Nei 1988)．また，d_N/d_S が1前後のときは，進化的に中立な状態で，転写領域内でも機能をもたない部分で高い多型性を示す場合などに多くみられる．

7.5 系統樹の作成

系統樹の作成は，種や個体群の進化を研究するのに必須のプロセスである．系統樹の作成法もそれぞれの作成原理(アルゴリズム algorithm)によって異なり，研究の目的に合った解析法を用いる．

系統樹(phylogenetic tree)は，節(ノード node)と枝(branch，線 edgeともよばれる)から構成される．進化系統樹の場合，共通祖先の位置にあるnodeはroot(根)ともよばれる．枝の長さ(branch length)は，進化距離または遺伝距離の情報をもつ．「操作上の分類単位(OTU；operational taxonomic unit)」とは，DNA塩基配列，アミノ酸配列，形態データなどにもとづく系統樹の端点をさし，系統樹によっては，遺伝子，ハプロタイプ，種などさまざまな階層がなりうる．

系統樹作成法(表7-3)には，各OTU間の距離行列を用いる方法(距離行列法 distance matrix method)と，各OTUのデータそのものを比較する方法(形質状態法 character state method)とがある．前者には，平均距離法，近隣結合法などがあり，後者には最節約法，最尤法などがある．

系統樹作成法は，また大きく網羅的探索法(exhaustive search methods)と段階的探索法(stepwise clustering method)とに分けることもできる．網羅的探索法とは，ある基準のもとに片端から調べて，最適な樹形を選ぶというものである．一方，段階的探索法は，ある基準をもとに樹形を部分的に決定していき，何回かの段階を経て最終的にすべての樹形を決定するもので，網羅的探索法よりもはるかに計算時間が短いのが利点である．各系統樹のアルゴリズムの詳細につ

表7-3 各種系統樹作成法のアルゴリズムと特徴.

系統樹法(略名)	データ	探索法	アルゴリズム
平均距離(UPGMA)法	距離行列	段階的	最小距離をもつOTUを選ぶ
近隣結合(NJ)法	距離行列	段階的	最小のS_{ij}を与えるOTU対を選ぶ
最尤(MP)法	生データ	網羅的	対数尤度が最大となる樹形を選ぶ
最節約(ML)法	生データ	段階／網羅的	変化数を最小化する樹形を選ぶ
ネットワーク法	生データ	段階／網羅的	置換のつながりを描く

表7-4 遺伝距離行列(鯨類11種におけるSRY遺伝子の塩基配列を用いた例).

	1	2	3	4	5	6	7	8	9	10	11	12
1. セミクジラ												
2. シロナガスクジラ	0.016											
3. ミンククジラ	0.014	0.005										
4. ザトウクジラ	0.019	0.010	0.009									
5. マッコウクジラ	0.035	0.037	0.035	0.041								
6. オガワコマッコウ	0.030	0.032	0.028	0.035	0.016							
7. オウギハクジラ	0.035	0.037	0.035	0.041	0.032	0.033						
8. スナメリ	0.041	0.042	0.041	0.046	0.033	0.035	0.033					
9. ネズミイルカ	0.039	0.041	0.039	0.044	0.032	0.033	0.032	0.002				
10. ハンドウイルカ	0.039	0.041	0.039	0.044	0.035	0.037	0.032	0.023	0.021			
11. コビレゴンドウ	0.039	0.041	0.039	0.044	0.033	0.035	0.032	0.023	0.021	0.003		
12. ウシ	0.178	0.175	0.173	0.175	0.182	0.177	0.182	0.184	0.182	0.184	0.184	

いては，根井(1987)，長谷川・岸野(1996)，三中(1997)，斉藤(1997)，宮田(1998)，Nei & Kumar(2000)などを参照されたい.

平均距離法

　平均距離法(unweighted pair-group method with arithmetic averages；UPGMAと略す)は，もっとも古くから使われている方法である．そのアルゴリズムは，(1)与えられた遺伝距離行列(表7-4)のなかから最小距離を探す，(2)その最小距離の組み合せ配列と，ほかの配列間との距離の算術平均を計算する，(3)合体配列と残りの配列における距離行列をふたたび作成する，という段階を繰り返して，つぎつぎにクラスターが形成される．この平均距離法の利点は計算時間が短いことであるが，進化速度が一定でないと合理的な樹形が得られない欠点がある(図7-8A)．

近隣結合法

　Saitou & Nei(1987)によって考案された近隣結合法(neighbor-joining method；

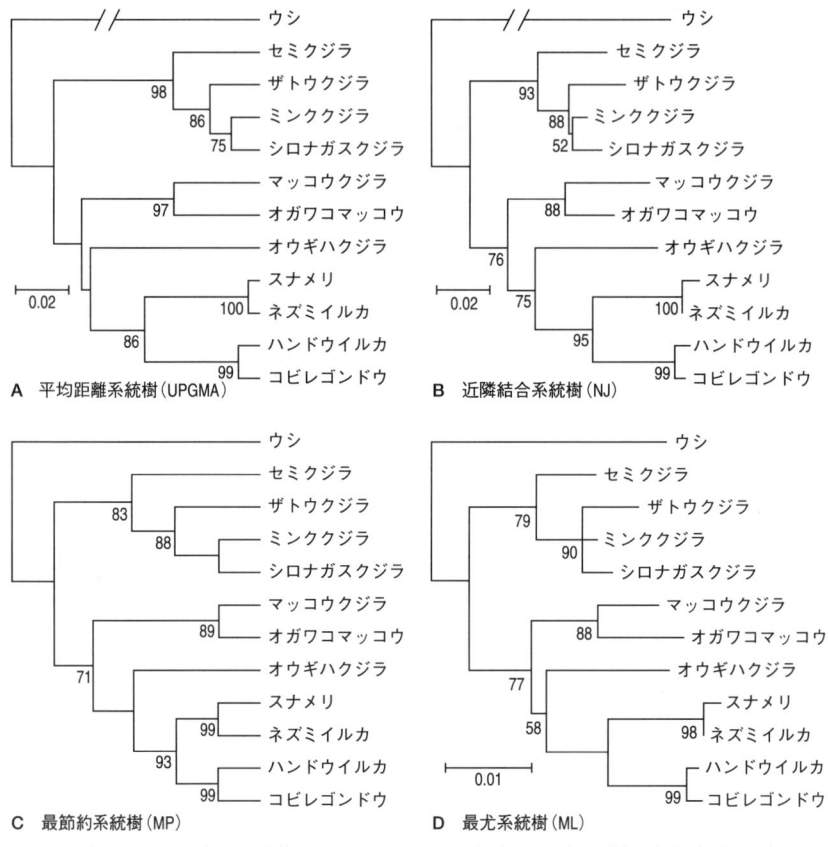

図7-8 鯨類のSRY遺伝子の塩基配列をもとに平均距離法(UPGMA)、近隣結合法(NJ)、最節約法(MP)、最尤法(ML)を用いて描いた系統樹。距離行列法(UPGMA、NJ)は表7-4と同じデータを用いた。系統樹中の数値はブートストラップ値を示している。

NJ法と略す)のアルゴリズムは、(1)すべてのOTUの対について、1対のみが結合する樹形をすべての組み合せで考え、それぞれの場合の枝長の総和S_{ij}を計算し、最少のS_{ij}を与えるOTUの対を近隣とみなす(最少進化の原理)、(2)つぎにその対を合体してひとつのOTUにし、また同じ操作を繰り返し、最終的な系統樹を作成する。

　この方法の利点は、進化速度が一定であることを仮定していないので、系統によって進化速度にちがいがあっても比較的正しい系統樹を復元することができる点にある。NJ系統樹は無根系統樹であるが、外群の配列を加えておけば、

それによって共通祖先ノードを設定し，有根系統樹を描くことができる．この近隣結合法は比較的近縁な系統関係の推定に適している(図7-8B)．

最節約法

最節約法(maximum parsimony method；MP法ともいう)は，塩基配列，アミノ酸配列，制限サイト配列，あるいは形質データなどを直接用い，その変化数を最小化する(最大に節約する)というアルゴリズムをもとに，系統推定を行う方法である．

最節約法では，いわゆる置換表(たとえばハプロタイプ表)が作成される．特定の配列にだけ現れる置換サイトは，等しく枝の長さを1だけ増加させるにすぎないから「情報をもたないサイト(uninformative site)」とよばれる(図7-7A参照)．塩基置換が少なくとも2つ以上の配列に分布しているサイトは，「情報をもつサイト(informative site)」とよばれ，最節約系統樹の構築は，この「情報をもつサイト」すべてについてそれぞれの置換数を算出し，その合計値が最少となる樹形が選ばれる．

最節約法では，変異の合計値が近似する樹形が複数存在することもしばしばある．その場合はそれぞれの系統樹を列記した後，それらの一致する箇所を選択して「適合樹(parsimony tree，あるいは合意樹 consensus tree)」として提示するのが一般的である(図7-8C)．

ネットワーク法

ネットワーク樹(network tree)は，複数の分岐図となりうる多重置換部位をネットワークとして並列的に描くことにより，すべての置換のつながりを系統関係として再現したものである．そのままでは無根系統樹であるが，適当な外群(もっとも近縁な種など)を入れることにより，祖先ノードを推定することができる．

ネットワーク法は，比較的近い遺伝距離をもつハプロタイプが多数出現した場合にその変化の過程を表すので，種内変異などによく用いられる．ただし塩基置換数がかなり離れたハプロタイプ間での多重置換の場合には，樹形が複雑になる欠点があるので，それぞれを平行置換(parallel substitution)と考え，独立した2回の置換が起こったとして，ネットワークを描くのがよい．

ライチョウのネットワーク樹(図7-7C)では，同属のミヤマライチョウを外群として比較することにより，ライチョウのなかではハプロタイプMCAが祖先ノ

ードに相当することがわかった．また，そこから1塩基置換の多数のハプロタイプが放散する花火型(firework tree)を形成した．日本のハプロタイプ LmAK はハプロタイプ MCA から4塩基置換，ハプロタイプ LmHi はさらに2塩基置換でつながり，これら日本産の個体群の系統関係が明瞭に示された．

最尤法

最尤法(maximum likelihood method；ML法ともいう)は，尤度という概念からDNAの塩基配列データを用いて系統樹を推定するために開発された(Felsenstein 1981)．最尤法のアルゴリズムは，仮想ノードaとbの間において，ある特定の塩基サイトが変化する確率を計算し，これを全塩基サイトにわたって尤度の積(対数尤度の和)をとり，対数尤度が最大となる樹形(および各級の長さ)を探索していく．この最尤法は遺伝距離の長い進化系統樹にもっとも中立的な樹形を描くといわれている(図 7-8D)．

ブートストラップによる検定

得られている系統樹がどの程度確実なものかを検定するための方法のひとつとして，ブートストラップ法がある(Felsenstein 1981)．無作為に抽出された仮想的なデータをブートストラップ・サンプルといい，これを用いた系統樹の推定を繰り返したときに，特定の系統樹が得られる頻度を，その系統樹のブートストラップ確率という．この確率が高いほど系統樹の樹形が信頼できるということになる．

系統樹作成ソフト

系統樹作成ソフトはさまざまな種類のものがインターネットなどで公開されており，日々バージョンアップが行われている．ここではそのうち比較的よく知られているソフトウェアを紹介する．

CLUSTAL W(Thompson et al. 1994, 1999, ftp：//ftp.ebi.ac.uk/pub/software)は，塩基配列およびアミノ酸配列のマルチプルアライメントが行えるソフトで，さらに置換数を推定して距離行列を作成し，近隣結合法で系統樹を作成することができる．ブートストラップ法による検定も行える．PHYLIP(the phylogeny inference package；Felsenstein 1993, http：//evolution.genetics.washington.edu/phylip.html)，PAUP(phylogenetic analysis using parsimony；Swofford 2002, http：//www.sinauer.com/Titles/frswofford.htm)，MEGA(molecular evolutionary genetics analysis Kumar et al. 2001, http：//www.megasoftware.net/)では，塩基配列・アミノ酸

配列を用いて，各種パラメータによる遺伝距離の推定が可能で，各種系統樹作成，およびブートストラップ法などによる検定が行える．

このほかにも各社より総合的な分子(遺伝)情報解析ソフトウェアが市販されている．たとえばGENETYX-Win/Mac(ゼネティクス社，前出)ではマルチプルアライメントから二次構造の推定，プライマー設計支援，UPGMAおよび近隣結合法による系統樹の推定などが行える．

データベース

近年，DNAやアミノ酸の配列データベースは分子進化学にとってなくてはならないものとして，急速に発展してきた．1970年代の終わりごろ，DNA塩基配列を決定する方法が確立されて以来，その組織的な収集管理が求められるようになり，1980年に欧州分子生物学研究所(European Molecular Biology Laboratory；EMBL)に「データライブラリー」が設立された．1982年には，米国においてロスアラモス国立研究所を中心として，"GenBank"が開始された．また，日本においては，国立遺伝学研究所に遺伝情報研究センターが創設され，「日本DNAデータバンク(DNA data bank of Japan；DDBJ)」が1986年より開始された．現在は「EMBL核酸塩基データベース」が欧州生物情報科学研究所(European Bioinformatics Institute, http://www.ebi.ac.uk/Databases/index.html)によって，「GenBank核酸塩基データベース」は米国の国立衛生研究所(National Institutes of Health；NIH)の国立バイオテクノロジー情報センター(National Center for Biotechnology Information；NCBI, http://www.ncbi.nlm.nih.gov/)によって担われており，日本の国立遺伝学研究所遺伝情報研究センターのDDBJ(http://www.ddbj.nig.ac.jp/Welcome-j.html)と共同でデータベース構築を行っている．

〈小池裕子〉

8 野外でのサンプル採取法

8.1 DNA サンプルの採取

　保全遺伝学に用いる分析試料は，野生生物にできるだけ危害を与えない方法で採取するのが望ましい．PCR 法により数分子の DNA 断片からでも解析に十分な量の DNA が増幅されるため，DNA 分析のサンプルは，生物体のどの組織からも，また糞などの派生物からも採取しうる．一方，鋳型 DNA の量が多ければ多いほど，サンプル間のクロスコンタミネーションや前に行った類似の PCR 産物の混入（キャリングオーバー）を起こす危険性が少なくなる．また，PCR による DNA の増幅効率があまりよくない場合や，たとえば病原性生物の検出（第 7 章参照）のように，試料中に鋳型となる DNA/RNA がわずかしか存在しない場合には，十分な分析量を確保する必要がある．そこで，できるだけ効率がよいサンプリング法について，以下に紹介したい．なお，染色体分析やアイソザイム分析を目的としたサンプリングに関しては，第 5 章と第 6 章を参照されたい．

(1) 生体からのサンプリング

　捕獲動物を生きたまま再放逐する場合には，できるだけ動物に影響を与えないように最少量の試料採取にとどめる必要がある．個体を生かしたまま採取することができるサンプル組織としては，血液・粘膜組織および体毛などがよく用いられる (Higuchi 1989)．

　動物にもっとも安全な方法は，口内粘膜や直腸粘膜を採取する方法である．口内粘膜の場合には，唾液ではなく頬の内面を綿棒で擦り取るように採取する．直腸粘膜も直腸内面を擦り取るようにする．その綿棒の先だけを切断して，あらかじめ RSB 緩衝液（10 mM Tris-HCl pH 7.4, 10 mM NaCl, 25 mM EDTA）400 μl を入れたマイクロチューブに入れる．この RSB 緩衝液は，常温でも試料の保

存が可能で，野外での試料採取に適している．口内粘膜試料には食物残渣が，直腸粘膜には便が多少混入するが，種特異的なプライマーを用いることによって目的 DNA のみを増幅することができるので，DNA 分析にはさしつかえない．

良質な DNA を採取するためには血液がもっとも適している．ただし，赤血球に核をもたない哺乳類では核 DNA の量がやや制限される．PCR 法を利用する場合，必要な DNA 量はそれほど多くないので，毛細血管から採取することもできる．エタノールなどで局部を消毒した後，滅菌済のメスで傷をつけ，毛細血管からしみ出た血液を綿棒などで少量（通常 30-100 μl 程度）採取する．口内粘膜の場合と同様に，あらかじめ RSB 緩衝液を入れたマイクロチューブにその綿棒の先を切断し保管する．

核 DNA の分析や保存用サンプルとして大量の血液を採取する場合には，注射器を用いて静脈から採血する．採血量は体重の 1% 以下にとどめるのがよいとされている．哺乳類の場合には上腕静脈か大腿静脈が採血しやすい．鳥類の場合には，翼の根元にある上腕静脈から比較的容易に採血できる（梶田 1999）．ウ

図 8-1　フィールドにおける DNA 試料の採取．A：糞（アジアゾウ），B：体毛（ツキノワグマ），C：羽毛（ライチョウ），D：卵殻（タイマイ）．

ミガメのように体部が甲羅などで覆われている動物の場合には，やや危険であるが頸静脈から採血する方法がとられている．なお，血液凝固防止剤のヘパリンはPCRによるDNA増幅を阻害するので，DNA分析には使用できない．かわりに最終濃度10 mMに調整したEDTAを加えるか，あるいは高純度エタノール(99.5%)中に血液を保存してもよい．

体毛・羽毛・卵などを採取するのも動物への影響が少ない方法である(図8-1)．これらのサンプル採取は，しっかり体内に着装しているやや大型のものを1本ずつ抜き取る．体毛は毛根細胞がついていることを確認し，毛根部のみを切断して，合計数本をRSB緩衝液入りのマイクロチューブに保管する．羽毛も同様に，羽軸の根元のみを切断して，マイクロチューブに保管する．

(2) 死体からのサンプリング

サンプリングの対象が死体の場合には，大量かつ確実に試料を採取できる利点があり，保存用DNA試料として，あるいは研究開発に必要な特殊な分析に用いることもできる．ただし，腐敗が進むとDNA分解酵素(DNase)の作用でDNAが分解される場合もある．とくに傷口ではDNA分解酵素が多く，DNAの回収率が下がることがあるので注意する．

対象となる組織としては，筋肉や心筋，あるいは肝臓組織が標準的に用いられる．それらを冷凍保存する場合には，必要量を切り出し，ポリ袋にサンプル名を明記して速やかに収納する．常温で保管する場合には，これらの組織をエタノールが内部にまで浸透するように1 cm角程度に切り出し，十分量の70%以上のエタノールに入れる．実験室内において，速やかに内部まで浸透するように，さらに細断して保管する．

病理組織は，病原体DNA/RNA検査のために，DNase/RNaseを不活性化するよう冷凍液あるいは液体窒素中に保管し，速やかに分析するのが望ましい．

(3) フィールドでのサンプリング

絶滅危惧種や危急種の場合には，その動物を発見することや捕獲すること自体が困難をともなう．大型哺乳類に対しては，バイオプシー(biopsy)とよばれる採取器を打ち込んで生体組織の一部を採取する方法があるが，正確に標的に打ち込むには専門的な技術が必要である．

DNA用のサンプルとしては，フィールドで発見される対象動物の糞や食痕も利用できる．陸上哺乳類の糞のサンプリングは，糞全体をもち帰るのではなく，新鮮なものは，綿棒を用いて糞表面の黒い粘性の膜（腸粘膜残渣）のみを擦り取り，RSB緩衝液入りのマイクロチューブに保管する．時間が経過し乾燥したものでも，糞表面に黒い粘性の膜が認められれば，分析試料として使える．ゾウなど大型哺乳類の乾燥糞の場合は，糞表面約3cm径をナイフなどで削り取りホイルに包んで保管し，実験室で黒い粘性の膜部分のみを約3-5mgくらいていねいに採取し，抽出に用いる．ただしDNAは紫外線に弱いので，日のあたらない陰の部分から採取したほうがDNAの収率がよい．水生動物は糞をまきちらすのでかたちが残らないが，Parsons et al. (1999) はイルカの糞を含む海水から，CTAB法（後述）によりDNAを検出している．

　食痕からの試料採取も同様に，動物の口内粘膜を含む部分を綿棒で擦り取り，RSB緩衝液入りのマイクロチューブに保管する．

　このような糞や食痕のサンプルの場合には，個体の特定ができないという欠点があり，対象動物の生態的特徴をよくふまえたうえでサンプリングするのが肝要である．対象種によっては，糞の大きさから幼獣か成獣か，糞の分布状況から単独行動個体か群れ個体かがわかる場合があるし，また，特有のマーキング行動をする動物もいる．これらの場合には，発見状況の特徴などをできるだけ記録しておくのがよい．

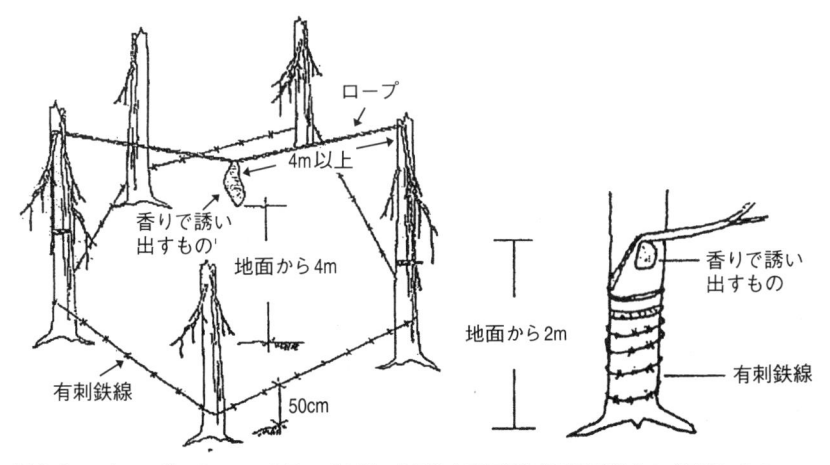

図8-2　ツキノワグマのヘアートラップの例．社団法人高知県生態系保護協会のご厚意による．

その他，フィールドでは，対象動物の脱落体毛や羽毛が発見されるが，生体から採取される生きた細胞を含む試料とは異なるので，DNA 抽出もより高度な技術が要求される（Higuchi *et al.* 1988）．図 8-2 にツキノワグマのヘアートラップの例を示す．発見された脱落体毛はひとまずアルミホイルなどで包み，かびが生えないように冷蔵あるいは冷凍保管する．その後，速やかに実験室内で必要部位を切り出し液体窒素中ですりつぶし，分析用試料とする．

それぞれの試料にどの程度 DNA が残存していたかの例として，抽出した DNA サンプルの電気泳動像を図 8-3 に示す．筋肉片から抽出した DNA には核 DNA およびミトコンドリア DNA が明瞭に検出され，十分な DNA 量が含まれていたが，脱落羽毛試料や骨格標本試料にはミトコンドリア DNA のバンドがほとんど検出されず，断片化された DNA しか含まれていないことを示している．

ウミガメや鳥などの卵も DNA サンプルとして利用できる．孵化中に死亡した個体の場合には，組織試料の一部をハサミなどを用いて切り出し，70% エタノールに保存する．また，未受精卵の場合には，卵殻の内側にある卵膜のみを取り出し，十分な量の 70% エタノールに液浸し保存する．これは主として卵膜の表面に付着している残査を用いるもので，母親由来であるがミトコンドリア DNA の分析にはさしつかえない．孵化後の卵殻も表面が腐敗していなければ，孵化

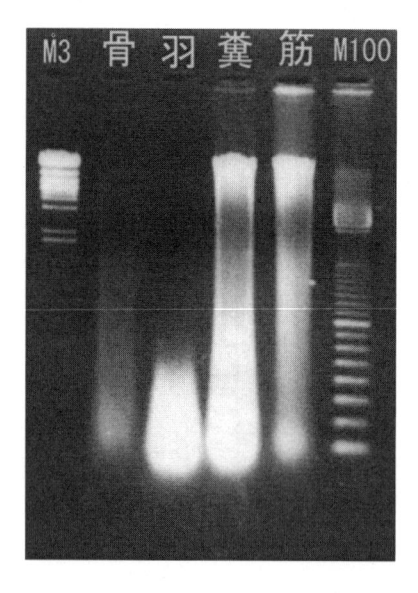

図 8-3　抽出された DNA の電気泳動像．レーン 1 はニホンジカ筋肉組織片から抽出した DNA，レーン 2 はアフリカゾウの糞から抽出した DNA，レーン 3 はコアホウドリ脱落羽毛から抽出した DNA，レーン 4 はコアホウドリ骨格標本から抽出した DNA である．

個体由来の DNA 残渣が付着していることが多いので，試料として使用できる．卵殻をそのままアルミホイルに包み保管しておき，実験室内で卵殻の外表面を 70% エタノールなどを用いてよく洗浄し，付着物のついている卵殻内側を削り取るか，あるいは卵殻片約 5 mg を細断し，抽出用試料とする．

(4) 博物館標本からのサンプリング

剥製標本は，毛皮の表面などがホウ酸や亜ヒ酸などで保存処理されていることがあるため，DNA が抽出できないことが多い．できるだけ皮の内面の真皮のみを用いる．手足の内部の筋肉が採取できれば，これらのほうがより分析に適している．

骨格標本は，同様に保存処理や漂白処理が行われると，DNA 分析が困難である．保存処理の行われていない標本については，形態学的観察に支障のない部位(肋骨や長骨の中央部など)を選び，デンタルドリルで血液残渣や付着物を含む部位約 10-20 mg を削り取る．

図 8-4 の歯の断面に示すように，歯をサンプル対象にした場合には，(1)内部の血液残渣などを含む歯髄部，(2)生きた細胞を含むセメント質，(3)形成期の細胞を若干含む象牙質，(4)細胞を含まないエナメル質，の順に抽出がむずかし

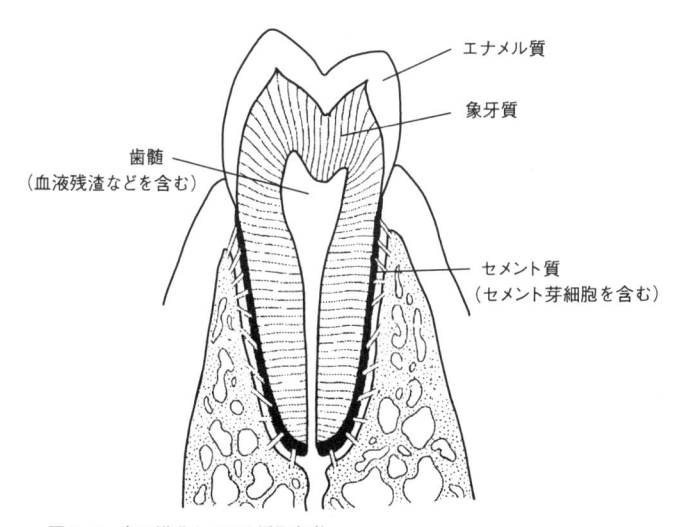

図 8-4 歯の構造と DNA 採取部位．

くなる．また，年齢査定を行った歯の断片は，その歯根部を用いて内部の血液残渣やセメント質を採取するのがもっとも収率が高い．

　液浸標本に関しては，アルコール液浸標本はアルコール濃度が低くなると収率が下がったり，DNAが断片化することもありうるが，DNA分析にはもっとも適している．一方，ホルマリン液浸標本は，酸性溶液下に長時間さらされるとDNAが変質・断片化し，ほとんど分析には適さない．固定のため一時的にホルマリンに浸漬した場合でも，NaOH溶液などでホルマリンを中性に調整した低濃度溶液を用い，かつDNA抽出試料をよく流水中で脱ホルマリン処理を行ってDNA抽出に成功した例が報告されている(Vachot & Monnerot 1996)．また，パラフィン包埋した顕微鏡標本も脱パラフィン処理を行った後，DNA分析に利用されている(Shibata et al. 1988)．

(5) 化石標本からのサンプリング

　化石包含層や考古遺跡から発見される骨化石を用いたDNA分析は，古代DNA (ancient DNA)とよばれ，近年よく報告されるようになった(Higuchi et al. 1984, Pääbo 1985, Herrman & Hummel 1994, Höss et al. 1994, 植田 1996, Greenwood et al. 1999, Machugh et al. 2000)．博物館の現生骨格標本と同様なサンプリング方法でよいが，外部からの混入がないよう，細心の注意が必要である．

　比較的保存状態のよい骨片を選び，表面をデンタルドリルで削り落とし，EDTA溶液で洗浄する．保存状態にもよるが，分析には約200-500 mgを削り取る．もっとも分析に適したのは，周囲の堆積物からの混入が少ない「顎骨に挿入されていた歯」といわれている．デンタルドリルで歯根部の内部，あるいは歯根表面のセメント質を採取するのが比較的収率が高いようだ(Shinoda & Kanai 1999)．

　骨は海綿質と緻密質から構成されている．海綿質は生前造血組織として血液組織が充填していたので，その残渣は多いが，反面周囲から堆積物が混入するおそれもある．一方，緻密質は外表面を削り落とし内部だけを用いれば混入の心配は少なく，骨細胞中に残存していたDNAを得ることが可能となる．

8.2 DNA試料の調整

　保全遺伝学の研究ではとくにさまざまな試料が用いられるため，それに適し

た前処理と DNA の抽出法が要求される．DNA をできるだけ多く回収しようとすると，その分タンパク質や PCR の阻害物質が混入してくるが，反対にそれらの混入をできるだけ避けようとすると，今度は DNA の収率が減少してしまう．保全遺伝学で用いる試料は，DNA 含量や試料の状況が大きく異なる．そのため，それぞれの試料に応じて，適切な前処理法を選ぶことが，先々の DNA 分析を成功させるために重要である．つまり野生生物の DNA 分析には，試料採取のみならず DNA の抽出法や目的領域を正確に増幅する PCR も視野に入れて，必要な DNA 量を確保するよう実験系を組み立てることが肝心である．

DNA 試料の調整としては，(1)細胞破壊・タンパク質分解・脱灰，(2)除タンパク質，(3)DNA の析出・精製，などがあり，試料のタイプごとに最適な方法を組み合わせて行う．

細胞破壊・タンパク質分解の過程は，簡単なものでは，GuSCN(guanidine thiocyanae；GITC とも略する)や CTAB(hexadecyltrimethyl-ammonium bromide)などの細胞破壊用緩衝液(lysis buffer)を加えるだけでもよいが，通常はタンパク質分解酵素の Proteinase K を用いる．除タンパク質は，フェノール・クロロホルム法(Escorza et al. 1997)がもっとも一般的であるが，非腐食性の有機溶媒を用いる Iso-Quick キット(ORCA research Inc.)なども市販されている．DNA の析出には，エタノール法が一般的であるが，微量な試料にはイソプロパノール-エタノール法が，また，骨試料など水溶性の阻害剤が混入しているおそれのある試料には，ガラスビーズ(Höss & Pääbo 1993)で DNA を釣り出す Gene-Clean キット(BIO 101 製)や QIA quick キット(キアゲン社)などを用いる．

(1) 軟組織試料の調整

乾燥試料は 2-5 mg をナイフなどで採取し細断した後，1.6 ml のマイクロチューブに入れ，310 μl の RSB 緩衝液を加える．エタノールに保存されていた試料は，3-5 mg をよく滅菌洗浄されたナイフで細断し，マイクロチューブに移し，よく風乾してエタノールをとばす．急ぐ場合は減圧しながらエタノールを除去する．綿棒で採取された試料はあらかじめ 400 μl の RSB 緩衝液に入っているので，綿棒をよくしごきながら付着試料を緩衝液に移して捨てる(採取サンプルが微量な場合は，綿棒をそのまま残しておいて遠心してもよい)．

つぎに 10% SDS 15 μl，20 mg/ml Proteinase K 15 μl を加えて，55℃で2時

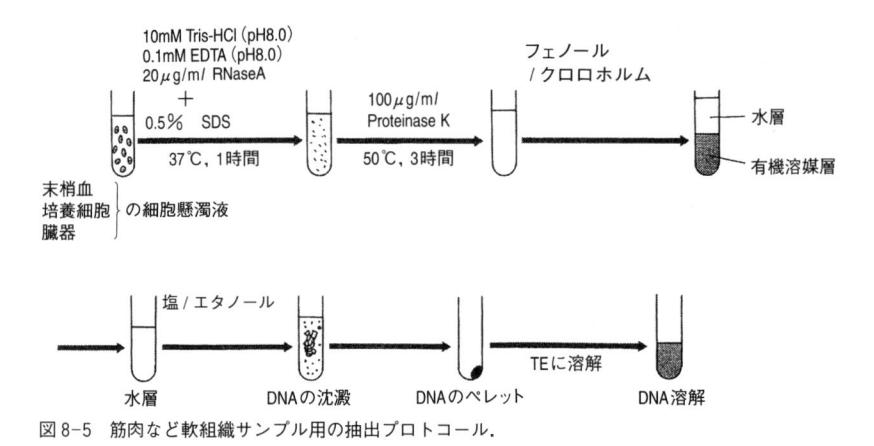

図8-5 筋肉など軟組織サンプル用の抽出プロトコール.

間,ローティター上で攪拌しながらインキュベートし,タンパク質を分解する.血液サンプルや培養細胞など浮遊分離細胞には,GuSCNライセートで細胞破壊を行うだけでよい.

DNA抽出の基本となるフェノール・クロロホルムを用いた調整法の概略を図8-5に示す.前処理の終了した試料に等量のフェノールを加え,約10秒ボルテックスミキサーで激しく混ぜる.遠心した後,上層(水層)を別のチューブに移し取り,等量のフェノール:クロロホルム(1:1)を加える.同様に遠心し,ふたたび上層を別のチューブに移し取り,等量のクロロホルムを加える.遠心後,上層を別のチューブに移し取る.

DNAの析出には,10分の1量の5 M NaClを加え,2倍量の99%エタノールを静かに加え冷却遠心すると,DNAのペレットがみえてくる.エタノールをデカントによって捨て,ふたたびエタノールを加え,遠心し,エタノールをピペットマンで吸い出し捨て,風乾する.得られたペレットにTE緩衝液(10 mM Tris-HCl pH 7.5, 1 mM EDTA)を適量(通常は30-100 μl)加えDNAを溶かす.抽出DNAは4℃で保存する.

(2) 付着物・派生物試料の調整

硬組織の付着物を含む試料,たとえば歯根の血液残渣をともなうサンプルや骨格標本の筋付着物などをともなうサンプルの場合には,デンタルドリルでそ

Iso-Quick法

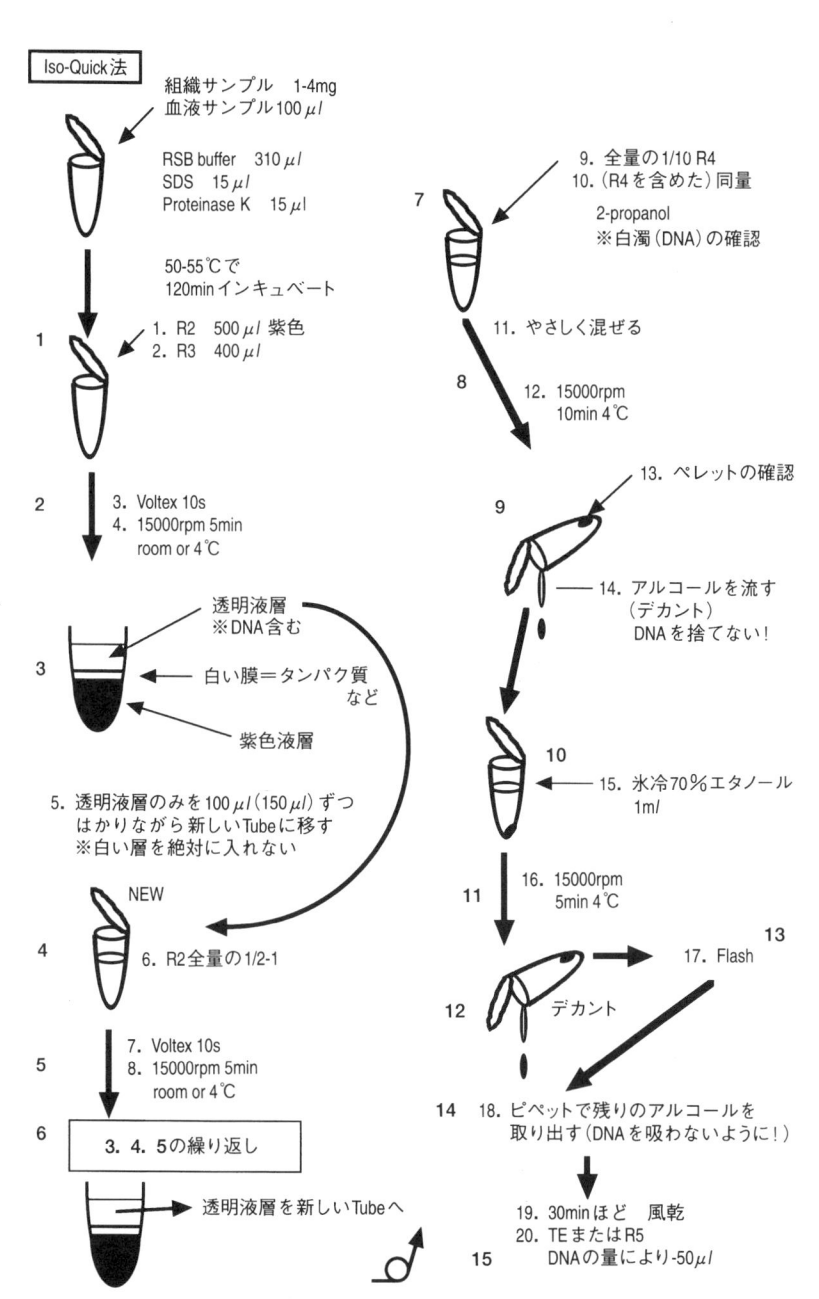

組織サンプル 1-4mg
血液サンプル 100μl

RSB buffer 310μl
SDS 15μl
Proteinase K 15μl

50-55℃で
120min インキュベート

1
1. R2 500μl 紫色
2. R3 400μl

2
3. Voltex 10s
4. 15000rpm 5min
   room or 4℃

3
透明液層
※DNA含む
白い膜＝タンパク質など
紫色液層

5. 透明液層のみを100μl(150μl)ずつ
   はかりながら新しいTubeに移す
   ※白い層を絶対に入れない

4
NEW
6. R2全量の1/2-1

5
7. Voltex 10s
8. 15000rpm 5min
   room or 4℃

6
3. 4. 5の繰り返し

透明液層を新しいTubeへ

7
9. 全量の1/10 R4
10. (R4を含めた)同量
    2-propanol
    ※白濁(DNA)の確認

11. やさしく混ぜる

8
12. 15000rpm
    10min 4℃

9
13. ペレットの確認

14. アルコールを流す
    (デカント)
    DNAを捨てない！

10
15. 氷冷70%エタノール
    1ml

11
16. 15000rpm
    5min 4℃

12   13
デカント   17. Flash

14
18. ピペットで残りのアルコールを
    取り出す(DNAを吸わないように！)

19. 30minほど 風乾
20. TEまたはR5
15 DNAの量により-50μl

図8-6 糞など派生物用の抽出プロトコール.

れらの付着物などを約 5 mg 削り取り，RSB 緩衝液が入った 1.6 ml のマイクロチューブに入れる．脱灰しながらタンパク質分解を行うため，最終濃度 50 mM となる EDTA-2 Na 溶液，および SDS, Proteinase K を加え，55℃，2 時間ローティター中でインキュベートする．

付着物・派生物試料の除タンパク質と DNA 析出には，Iso-Quick 法がよく用いられる（図 8-6）．この方法は回収率が高いのが特徴で，DNA 含量が比較的少量のサンプルに適している．有害なフェノール・クロロホルムのかわりに非腐食性の有機溶媒を用いるため実験が安全に行え，また，エタノール沈殿の過程にイソプロピルアルコールとエタノールの組み合せを用い，DNA が析出しやすく設定されている．一方，分析試料の量をよく調整しないと，タンパク質分画や阻害物質が十分除去されない欠点がある．

(3) 骨試料の調整

DNA 含量の少ない骨試料や化石試料の場合には，骨表面の残留物を除去した後，サンプル量を多めに調整し，100-500 mg を 15 ml チューブに入れる．骨の脱灰溶液として 0.5 M EDTA (pH 7.4) を十分量（10-20 倍量）加え（Okumura *et*

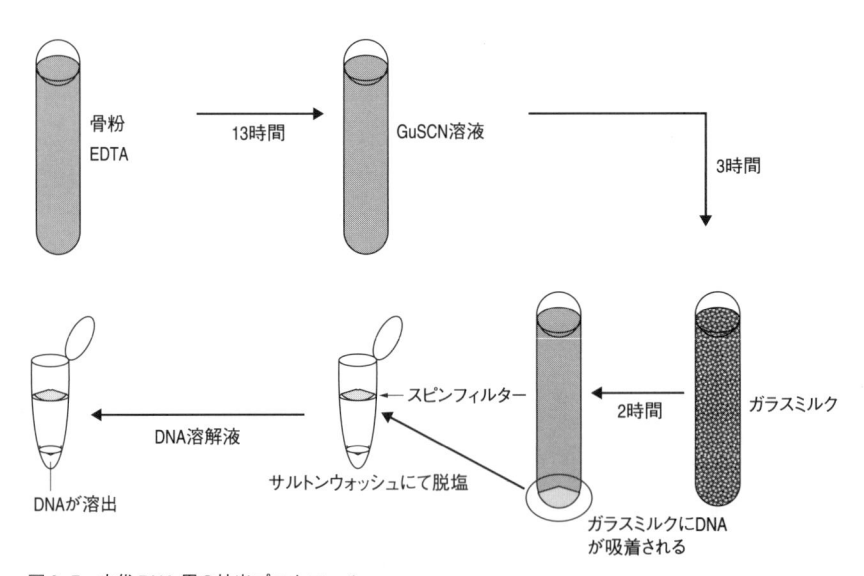

図 8-7 古代 DNA 用の抽出プロトコール．

al. 1999)，同様に 10% SDS を 200 μl，20 mg/ml Proteinase K を 200 μl 加えてローティター上で攪拌しながら，37℃ で 12 時間インキュベートする．

　DNA の抽出には，ガラスビーズ法が適する (Shinoda & Kanai 1999)．Gene-Clean は DNA をガラスミルクで釣り出す方法であり，Ca 分や水溶性の不純物が多い試料に適した抽出法である．DNA 含量のとくに低い古代 DNA 用のサンプルにはこの方法が必須であり，前処理として GuSCN を含む溶液での分解を併用するのが，よく行われている方法である．CTAB 緩衝液を用いると，炭水化物や土壌中に含まれる腐植酸の除去に有効だといわれている (Bulter & Bower 1998)．

　具体的な方法の一例を示すと (図 8-7)，処理過程としては GuSCN 分解後，ガラスミルクといわれる DNA 吸着剤と懸濁させて，Spin-Filter というフィルターつきの遠心チューブで遠心し，溶液と分離させる．その後 GuSCN を含む溶液で数回洗浄後，DNA 溶出液を加えてガラスミルクから DNA を回収するというものである．

小池裕子

3
野生動物の保全遺伝学

9 大型・中型哺乳類

9.1 日本に生息する大型・中型哺乳類

　わが国に分布する陸生の大型・中型哺乳類には，食肉目 Carnivora，偶蹄目 Artiodactyla，および霊長目 Primates が含まれる．これらの哺乳類は食物消費量および行動圏が比較的大きいため，その集団および種を維持するには広大な土地と豊かな自然環境が必要となる．さらに，食肉類は食物連鎖の頂点に立っている．これらの理由から，大型・中型哺乳類は人間活動による自然環境の破壊や縮小の影響を直接被りやすく，絶滅の危機にさらされている種が多い．また，かれらは小型動物に比べると捕獲調査，標本採取，飼育実験などが困難であるため，その研究が立ち遅れているのが現状である．

　大型・中型・小型にかかわらず日本産哺乳類の保全に関するおもな問題点として，生息地の減少・分断化による個体数減少と多様性の低下，環境変化による個体数の急激な増減，および移入種(帰化動物)による在来の生態系や遺伝子プールの攪乱などがあげられる(増田 1999)．わが国において，これらの問題解決を目的として遺伝的データを導入する保全活動はまだ始まったばかりであり，今後の成果を期待したい．この章では，これまでに筆者らが取り組んできたイリオモテヤマネコとツシマヤマネコならびに北海道のヒグマとエゾシカに関する遺伝学的研究を中心に紹介する．

9.2 イリオモテヤマネコおよびツシマヤマネコでの取り組み

(1) 分類と種の保全

　生物を研究対象とする場合，まず，その生物が分類学的にどこに位置づけられるかを理解する必要がある．新しく発見された生物には学名が与えられるが，

まだ未記載種も数多い．動物界では，門(phylum)，綱(class)，目(order)，科(family)，属(genus)，種(species)，亜種(subspecies)という順に分類がなされる．当然のことながら，科学的根拠にもとづいた分類(基準のある体系にもとづいた系統進化学的位置)を明確にしたうえで，種や亜種の保全を行うことが基本である．一方，分類体系は研究者によって意見が異なったり，動物群によって分類基準がまちまちである場合が多い．また，世界にはまだ発見されていない種が多数存在すると考えられる．このような状況のなか，わが国の分類学は研究者の数からみても衰退の一途をたどっており，この現象は今後の保全生物学の発展にとっても大きな障害となってくるおそれがある．

さて，これまでに筆者らはわが国の特別天然記念物イリオモテヤマネコの保全をめざして研究に取り組んできた．このヤマネコは1965年に南西諸島の西表島で確認され，形態的特徴により1属1種の独立種 *Mayailurus iriomotensis* として記載された(Imaizumi 1967)．その後，海外の形態分類学者から，独立種(*Felis iriomotensis*)を認めるが独立属 *Mayailurus* は認めない，独立種さえ認めずイリオモテヤマネコはアジア大陸産ベンガルヤマネコ *F. bengalensis* の1集団である，などの見解が出され，その分類学的位置は必ずしも定着したものではなかった．そこで筆者は，まず世界に分布するネコ科 Felidae の分子系統関係を調べ(Masuda *et al.* 1996)，ネコ科におけるイリオモテヤマネコの系統進化的位置を遺伝子のレベルから再検討した(Masuda *et al.* 1994，増田 1996)．

イリオモテヤマネコの分析には，ミトコンドリア DNA における2つの遺伝子，すなわち12S リボゾーム RNA 遺伝子(12S rRNA)とチトクローム *b* 遺伝子を用いた．ネコ科においてチトクローム *b* 遺伝子の進化速度は12S rRNA の約2倍以上速く(Masuda *et al.* 1994, 1996)，進化速度の異なる2つの遺伝子の分析結果を比較することができる．方法としては，ネコ科に共通して使用できる PCR プライマーを用いて両遺伝子の部分配列(それぞれ約400塩基)を増幅した後，筆者らが改良した PCR 産物ダイレクトシークエンス法によって塩基配列を決定し，その塩基配列(ハプロタイプ)間の遺伝距離にもとづいて系統関係を考察した(Masuda *et al.* 1994, 1996，増田 1996)．この当時にはまだ自動 DNA シークエンサーが準備できていなかったので，ラジオアイソトープを用いたマニュアル法により塩基配列を決定した．その結果，12S rRNA およびチトクローム *b* どちらの分子系統樹においても，イリオモテヤマネコがアジア産小型ヤマネコ類とグループ

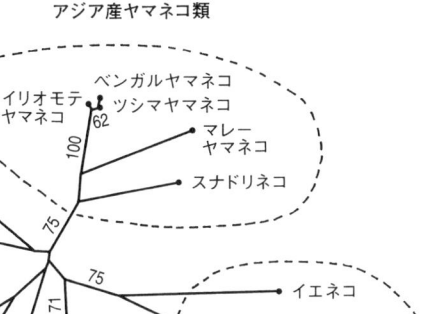

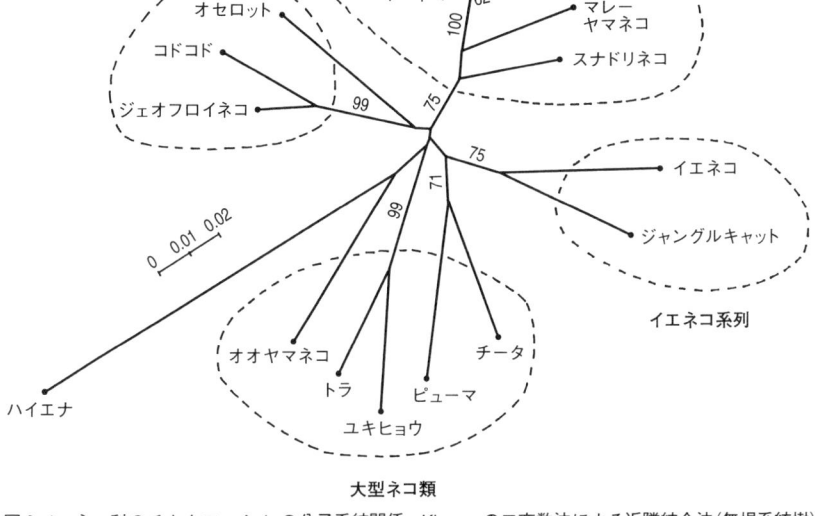

図9-1 ネコ科のチトクローム b の分子系統関係．Kimuraの二変数法による近隣結合法（無根系統樹），樹上の数値は1000回のブートストラップ値(%)．イリオモテヤマネコおよびツシマヤマネコはアジア産小型ヤマネコとグループを形成する．とくに両日本産ヤマネコは，ベンガルヤマネコときわめて近縁である．増田(1996)を改変．

をつくり，とくにベンガルヤマネコときわめて近縁であることが明らかとなった（図9-1）．その他の大型ネコ類，南米産ネコ類などは異なるグループをつくり，それらの系統関係は従来の形態分類や染色体進化にもとづく種間の系統関係とほぼ一致したことから，筆者らが描いた分子系統樹は信頼のおけるものと考えた．チトクローム b の進化速度にもとづくと，イリオモテヤマネコとベンガルヤマネコ間の遺伝距離(0.5%)は両者の祖先が約20万年前以内に分岐したことを示している．この値は西表島を含む南西諸島が台湾やアジア大陸と陸橋でつながっていた時代とほぼ一致する（木村 1996）．事実，西表島から西へ約200 kmに位置する台湾にはベンガルヤマネコが生息している．

わが国には別の野生ネコであるツシマヤマネコが長崎県対馬に生息し，現在は国の天然記念物に指定されている．筆者らはツシマヤマネコについて同様な分析を行った結果(Masuda & Yoshida 1995)，このヤマネコも大陸産ベンガルヤマネコに近縁であり（図9-1），約10万年と推定される両者の分岐年代は，対馬

が朝鮮海峡により大陸と分断される地質年代(大嶋 1990, 1991, 2000)とほぼ一致した．朝鮮海峡をはさんで対馬と向かい合う朝鮮半島には現在ベンガルヤマネコが分布しており，ツシマヤマネコの祖先は朝鮮海峡に存在した陸橋を経由して大陸から対馬へ渡来したものと思われる．本州にはツシマヤマネコの化石が産出しないことから，かれらが対馬へ渡来した際には対馬海峡がすでに形成されていたのであろう．

以上の遺伝子データおよび従来の形態データにもとづき，筆者はイリオモテヤマネコをアジアに広く分布するベンガルヤマネコの1集団ととらえ，分類学上の位置を *Felis bengalensis iriomotensis* とするのが妥当と考えた(Masuda & Yoshida 1995)．また，ツシマヤマネコはこれまで *F. bengalensis euptilura*(アムールヤマネコ；北東アジアに生息するベンガルヤマネコの1亜種)の1集団とされてきたが，遺伝子レベルでもそれが支持された．

(2) 低い遺伝的多様性

それでは長い時代の間，孤島に隔離されてきた日本産両ヤマネコ集団における遺伝的多様性はどうなっているのだろうか．理論的には，短期間に遺伝的多様性が低下すると，繁殖力の低下，病原体に対する免疫力の低下，奇形発生などが予測される．そこで，イリオモテヤマネコ集団について高多型的DNAマーカーであるマイクロサテライト分析(9遺伝子座について各個体の対立遺伝子型を判定)を行ったところ，驚くべきことに，どの遺伝子座でも単一の遺伝子のみが検出され，平均ヘテロ接合度(遺伝子多様度)はゼロに近かった(増田・吉田 1996)．同じマイクロサテライト遺伝子座位に関して，ランダムサンプリングしたほかのネコ科集団の平均ヘテロ接合度は0.6前後，ボトルネックを経験したチータでも0.39と報告されている(Menotti-Raymond & O'Brien 1995)．一方，現在のイリオモテヤマネコの生息数は100頭前後と推定されている(伊澤・土肥 1991, Izawa *et al.* 1991)．この遺伝的多様性の低下は，西表島に隔離された期間(約20万年前以内)において遺伝的浮動または近親交配により引き起こされたと考えられる．このような多様性の低下はヤマネコ集団を絶滅に向かわせるのであろうか．生息数と島の面積を考え合わせると，現在のヤマネコ集団の遺伝子プールは長い時代にわたって徐々に環境に適応しながら形成されたものであり，遺伝的浮動や近親交配を経たとしても，その一方で生存に有害な(対立)遺

図9-2 イリオモテヤマネコの生態捕獲調査の際，遺伝子分析のためのサンプリングを行う．西表野生生物保護センターにて．

伝子も集団から淘汰除外されたものと思われる．よって，ヤマネコ集団における遺伝的多様性の低下がすぐに絶滅に結びつくとは断言できないであろう．しかし，淘汰された有害遺伝子はあくまでも「これまでの西表島の環境にとって有害なもの」であり，現在集団中に維持されている「有利または中立的な遺伝子」が，今後起こるかもしれない短期間での環境変化(自然的または人為的)には適応できない可能性もある．少なくとも，遺伝的データにもとづいた保護対策への提言は，現在の西表島の自然環境および生態系を保全・維持していくことが重要であるということである．

　最近，野生のツシマヤマネコ1頭からイエネコ由来のFIV(ネコ免疫不全ウイルス)およびFIPV(ネコ伝染性腹膜炎ウイルス)が検出された(土肥・伊澤 1997, Nishimura et al. 1999)．この知見は，対馬で増加している野生化したイエネコとツシマヤマネコとの間で直接または間接的接触があり，ヤマネコがこれまでに経験したことのない病原体に侵襲されていることを示している．イリオモテヤマネコについては，幸いなことにイエネコ由来のウイルス感染は報告されていない．

各々の島には環境省の西表野生生物保護センターおよび対馬野生生物保護センターが設置され，専属の研究員がヤマネコおよびほかの野生生物の保全活動を進めている（図9-2）．また，対馬では西表島より早くから人間活動による開発が進み，上述のウイルス感染も含めてツシマヤマネコの生息状況の悪化は深刻である．現在，環境省・長崎県の保護事業のひとつとして，福岡市立動物園においてツシマヤマネコ5頭を使った人工繁殖計画（現在のところ，一般公開展示は行われていない）が進められている．平成12年から14年にかけてオス1頭とメス3頭がこの動物園において誕生し，現在順調に成長している．繁殖には上述のようなウイルスに感染していない個体が使われている．将来は繁殖個体を対馬へ戻し，保護センターにおいて自然環境に適応させた後，野生復帰させる計画も考えられている．この保全計画にも遺伝的多様性情報を導入していくことが望まれる．

(3) ヤマネコから得た教訓

　以前に開かれた食肉類保全の国際シンポジウムにおいて，筆者はイリオモテヤマネコに関する上述の研究成果を発表したことがある．その際，会場から「独立種から亜種にすることは，イリオモテヤマネコの保全上の価値を下げてしまうのではないか．保護活動のためには独立種のままにしておくほうがよいのではないか」という内容の質問を受けたことがある．しかし，筆者はそうは思わない．着目する動物がたどった系統進化を明らかにし，明確な基準にもとづいた分類を行い，科学的にその種または集団の姿を提示することが保全活動の前提である．筆者らの研究により，イリオモテヤマネコ集団の独立性がより明確になった．分類レベルが独立種になろうと亜種になろうと，その動物たちが存続する価値はなんら変わるものではなく，独立種も亜種も保全のうえで同等の重みづけをすべきである．質問に対して筆者はこのように返答した．しかし今後，種の保全活動がさかんになるにつれ，どの種を優先的に保護すべきか，種の保全に順位づけができるのかという問題が生じてくるであろう（増田 1999）．

　一方では，「イリオモテヤマネコとベンガルヤマネコが同種ならば，大陸産ベンガルヤマネコを西表島へ導入してはどうか」という質問もある．しかし，長い時代を経て西表島の環境に適応しながら遺伝的に均一化したことはイリオモテヤマネコ集団の特徴であり，その遺伝的特徴を喪失することになる大陸産の

導入や西表と対馬間の導入という考え方は，現在の状況における選択肢には入れるべきではないと筆者は考えている．

9.3 北海道におけるヒグマと遺伝的特徴

(1) 北海道全域からの遺伝子探索

ヒグマ Ursus arctos はユーラシアおよび北米大陸にまたがる北半球の森林地帯に広く分布する大型食肉類であり，その存在は森林生態系の健全性を示すバロメータともいえる．生物地理境界線のブラキストン線(津軽海峡)が示すように，北海道はヒグマ分布域の南限であり，この種は北海道より北ではサハリン，千島列島，沿海州地方，シベリア，カムチャツカ半島など広く極東地域に生息している．

北海道ではヒグマ生息地の縮小と生息数の減少が進む一方，農業被害や潜在的驚異に対する安全対策の問題もあり，ヒグマとヒトがどのように共存すべきかについて対策が進められている(北海道環境科学研究センター 2000)．北海道ヒグマについては，これまでにミニサテライトDNAのフィンガープリント法を用いた特定集団の多型性や個体識別への応用に関する報告がなされたが(Tsuruga et al. 1994a, 1994b)，広範囲の集団に関する遺伝的情報は得られていなかった．そこで筆者らは，北海道全域のヒグマ集団における遺伝的構造を明らかにするため，ミトコンドリア DNA の分子系統解析を開始した(Matsuhashi et al. 1999, 増田 2000)．

まずはじめに，北海道環境科学研究センター，市町村などの地方自治体および猟友会の協力を得て，北海道全域からヒグマの組織標本を収集した．このような広域からの体系的な標本収集ができたことが，本研究を発展させるうえで重要な鍵のひとつとなった．つぎに，分析にはミトコンドリア DNA のなかでもタンパク質やRNAをコードしていない，進化速度のより速いコントロール領域(Dループ領域ともよぶ)を対象とした(図9-3)．ヒグマのコントロール領域全配列は約1200塩基対である．そのなかで3′側には進化速度がより速い，10塩基を1ユニットとする反復配列(計 200 塩基以上)が存在する．その反復パターンは高多型的であるため，個体識別に有効であった．しかし，1個体内でも複数の反

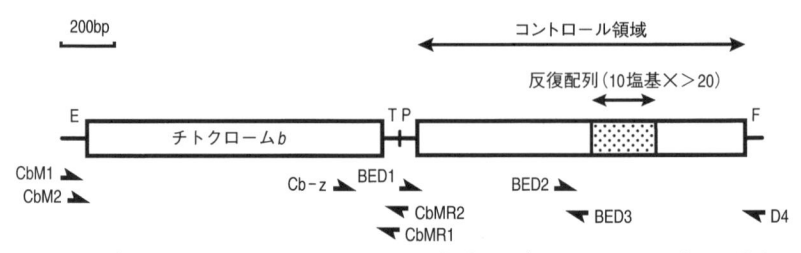

図9-3 ヒグマのミトコンドリアDNAコントロール領域およびチトクロームb遺伝子の模式図．ドット部分は10塩基1ユニットが20ユニット以上つながる反復配列．矢印はPCRおよび塩基配列決定の際に用いたプライマーの位置を示す．E, T, P, Fは各アミノ酸の転移RNA遺伝子を表す．Matsuhashi et al. (1999)を改変．

復配列が混在する(ヘテロプラズミー heteroplasmy)ため，分子系統解析には5′側の約700塩基対が適していることが判明した．自動DNAシークエンサーを用いて，PCR産物ダイレクトシークエンス法を行った結果，北海道全域をカバーするように選んだ56頭のヒグマから17種類のハプロタイプを見出した．その17個のハプロタイプ間の遺伝距離から分子系統樹を描いたところ，高い信頼性(90-100%のブートストラップ値)をもって3つのグループ(クラスターA, B, C)に分けることができた(図9-4)．ハプロタイプの地理的分布と照らし合わせると，クラスターAは北海道北部－中央部(道北－道央)に，クラスターBは東部(道東の知床半島)に，クラスターCは南部(道南の渡島半島)に分布することが明らかとなった(図9-5)．この明瞭な分布パターンの成立要因のひとつとして，メスグマの行動の特徴があげられる．メスグマの行動範囲(数km四方)はオス(数十km四方)よりも狭く，また，メスグマは母グマのなわばり近くに自分のなわばりをもつことが知られている(Rogers 1987, Schwartz & Franzmann 1992)．さらに，ヒグマは冬眠するため環境条件の厳しい冬季に餌を求めて動き回ることもない．さらに，ミトコンドリアDNAは母系遺伝する．よって，図9-5に示されているミトコンドリアDNAの分布パターンはまさにメスグマの保守的な行動の特徴を表しているものと思われる．ほかに考えられる成立要因としては，植生などの環境への適応である．たとえば，クラスターCが分布する渡島半島では地形が起伏に富み，わが国のブナ林の北限になっている．この地域に生息するヒグマはブナ林から得られるドングリなどに順応した食性をもち，その行動範囲が比較的小さいことも考えられる．

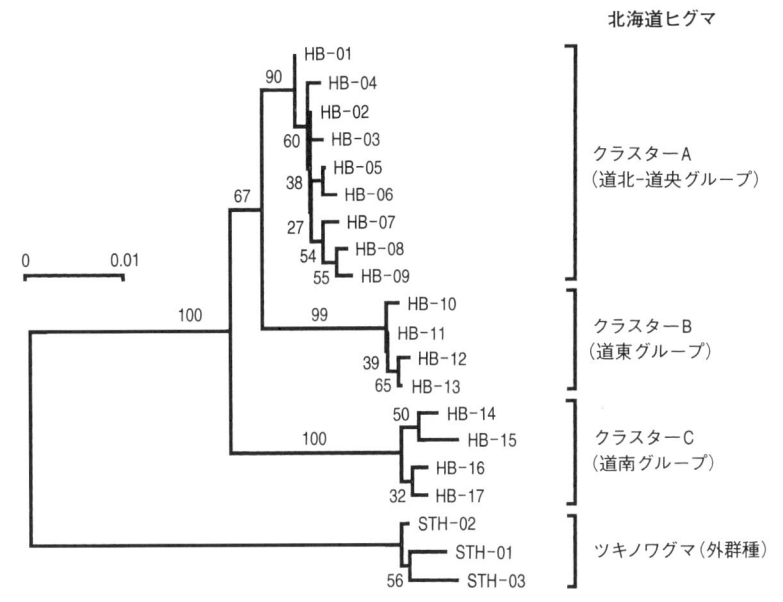

図9-4 北海道ヒグマのミトコンドリアDNAコントロール領域(約700塩基)にもとづく近隣結合法による分子系統樹.左上の棒はKimuraの二変数法による遺伝距離.HB-01から17は56頭のヒグマから得られたハプロタイプ,STH-01から03は外群種として用いた本州産ツキノワグマのハプロタイプ.枝上の数値は1000回繰り返したブートストラップ値(%).3つのクラスター(A,B,C)が90-100%という高い確率で支持される.Matsuhashi *et al.* (1999)を改変.

(2) 北海道ヒグマ集団の三重構造

　コントロール領域の変異速度にもとづくと,これら3つのクラスターの分岐年代は約30万年以上前と推定された(Matsuhashi *et al.* 1999).各クラスターは北海道で分岐したのではなく,ユーラシア大陸において分岐した後,異なる時代および(または)異なるルートを経て北海道へ渡来したと理解される.さらに,現在進行中である大陸産ヒグマの分析では,シベリアおよび東ヨーロッパなどユーラシア北部の広い範囲に分布するヒグマのミトコンドリアDNAは道北-道央集団と同じ系列であることが明らかとなってきた(図9-6;Matsuhashi *et al.* 2001).この広い地域は最終氷期(約1万2000年前まで)のツンドラ地帯(現在の針葉樹林帯)に相当する.最終氷期が終わると,針葉樹林帯へ移行したこの地域では大型食肉類の生態的地位が空白となり,そこへ森林性のヒグマが短期間に

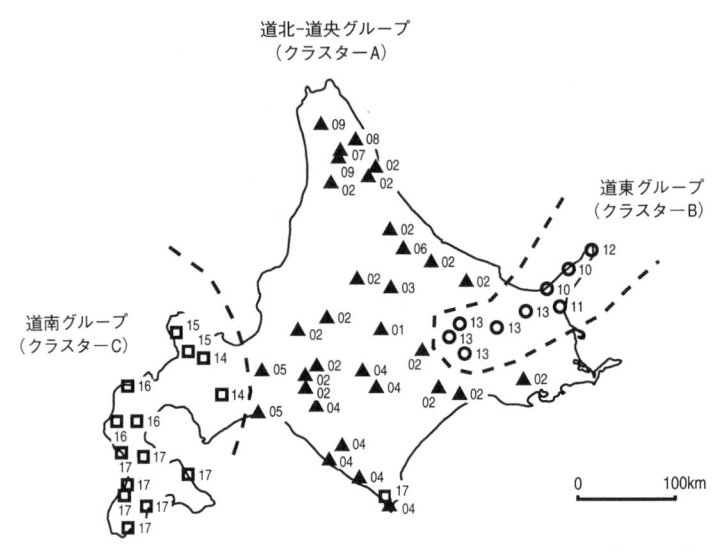

図9-5 北海道におけるヒグマミトコンドリアDNAコントロール領域ハプロタイプの地理的分布. ひとつの記号が1頭のサンプリング地点，数値はハプロタイプ名を表す．クラスターA(▲)は道北-道央部，クラスターB(○)は渡島半島を中心とする道東部，クラスターC(□)は知床半島を中心とする道南部に明瞭に分かれて分布している．破線はクラスター間の想定される境界線．道北-道央グループと道南グループの境界は石狩低地帯に相当する．Matsuhashi et al. (1999)を改変．

分布拡散したものと思われる．古生物学的データによるとヒグマの起源はアジア（詳細な地域はまだ特定されていない）とされており，ヒグマは最終氷期には人類と同様に，新旧大陸間のベーリング陸橋（ベーリンジア）を越えて北米に分布を広げたものと考えられている．事実，現在のベーリング海峡に面する西アラスカのヒグマ集団は道北-道央グループと同系列のミトコンドリアDNAをもっていた（ユーラシア／西アラスカ広域グループ，図9-6；Matsuhashi et al. 2001）．

一方，道東グループ（クラスターB）は道北-道央グループ（クラスターA）により近縁であった（図9-4）．別の遺伝子チトクローム b の分析により，道東グループは，西アラスカグループよりも先に北米に渡ったと考えられる東アラスカグループ（東アラスカ集団のコントロール領域データはなく，チトクローム b データのみが報告されている）と同系列であることがわかってきた（Matsuhashi et al. 2001）．この事実は，道東グループは道北-道央グループ（クラスターA）よりも前に北海道へ渡来したことを示唆している．

北海道で見出された3グループのなかでもっとも早期に分岐した道南グルー

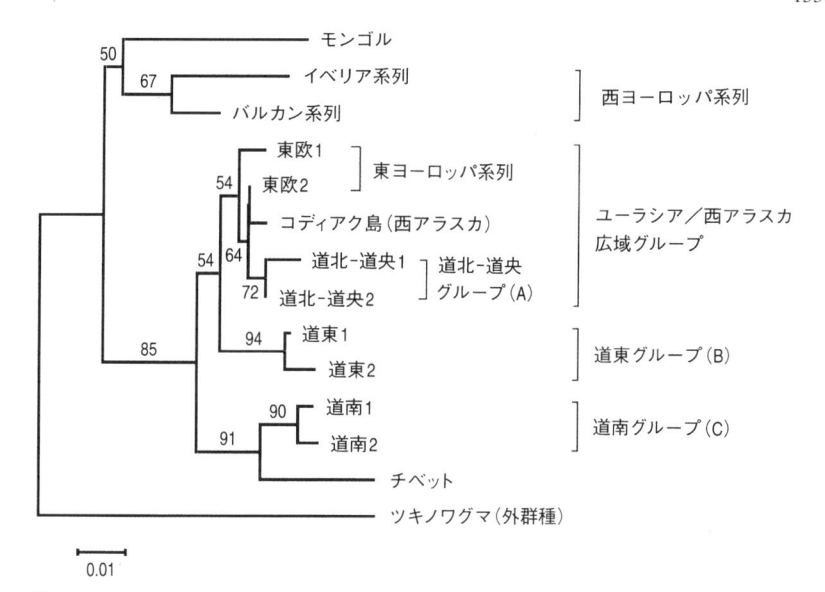

図9-6 ユーラシアにおけるヒグマのミトコンドリアDNAコントロール領域(約300塩基)の分子系統樹(Kimuraの二変数法による近隣結合法). 樹上の数値は1000回のブートストラップ値(%). 道北-道央グループ(クラスターA)は東ヨーロッパから西アラスカの集団と同じグループを形成する. Matsuhashi *et al.* (2001)を改変.

プ(クラスターC;図9-4)は渡島半島の道南地域にのみ分布する(図9-5). 最終の間氷期つまり約13万-6万年前の間には,渡島半島自体は津軽海峡と石狩低地帯の海進により島化した時期がある(日本第四紀学会 1987). また,大陸産のチベットヒグマと道南グループが近縁であることが示唆された(Masuda *et al.* 1998, Matsuhashi *et al.* 2001). 一方,現在ヒグマが生息していない本州において,更新世中期-後期の地層からヒグマ化石が発掘されている(河村 1982). これらのことから,道南のヒグマグループの起源は本州以南であることも否定できない. いずれにしても,道南グループは世界的にみてもほかの地域集団にはない遺伝的特徴をもっている. 現在,北海道庁が進めている渡島半島地域ヒグマ保護管理計画においても,道南グループの適切な保護管理対策が積極的に進むことが望まれる.

以上のミトコンドリアDNAの分析結果により,「北海道ヒグマ集団の三重構造」が明らかとなった. この結論はあくまでも母系遺伝するミトコンドリアDNAデータにもとづくものであるが,動物とともに移動しているミトコンドリアDNA

の分布パターンはヒグマの移動の歴史を反映していることは確かだ(増田 2002).

(3) 遺伝子の定着と拡散

前項ではミトコンドリアDNA分析から明らかになった3グループの渡来と定着について考察した.一方,現在進行中の染色体上(両親から遺伝する)のマイクロサテライトDNA分析により,隣り合わせるミトコンドリアDNA集団間(つまり,クラスターA-B間,A-C間)において,ある程度の対立遺伝子が拡散している証拠が得られている(未発表データ).これには,移動能力の大きいオスの行動が影響しているものと考えられる.今後は,Y染色体上の雄性遺伝子の拡散にも着目しながら,ミトコンドリアDNAからみた北海道ヒグマ集団の三重構造の成立機構を検討していきたい.

さらに,行動学分野ではヒグマを直接捕獲することなく体毛を採取し,遺伝子分析に供するヘアートラップ法が行われている(Woods 1999).この方法では,ある一定区域ごとに誘因餌および有刺鉄線を設置し,誘引されたヒグマが有刺鉄線に接触した際,抜けて付着する体毛を採取したり,クマが背を擦った自然木の表面に付着した体毛を収集する.つぎに採取された体毛の毛根からミトコンドリアDNA,マイクロサテライトDNA,Y染色体上遺伝子などをPCR増幅・分析し,個体識別や性別判定を行う.実際,北海道のクラスターAとクラスターBの分布境界域にあたる浦幌町において,ヘアートラップ法を導入した研究が進められている(佐藤ら 2000).その報告によると,ヘアートラップ法により検出された行動圏は,テレメトリー調査による同一個体の行動面積よりも小さかったが,分布地点に矛盾はなかったという.今後,ヘアートラップ法の実施ポイントを増やすことにより,解析精度が上がるものと考えられる.この技術が確立すれば,テレメトリー調査を行うことなく,特定のクマ個体の行動を遺伝子から追跡することが可能となる.

9.4 激増するエゾシカと遺伝子分析

(1) 乱獲,保護,生態系のアンバランス

現在の北海道において,大きな社会問題を起こしている野生哺乳類のひとつ

はエゾシカ Cervus nippon である．筆者が本章を執筆中にも，高速道路での乗用車とエゾシカの衝突事故(ヒトとシカともに死亡)がテレビ・新聞で報道された．北海道内の道路では交通事故を防ぐために，シカ飛び出し注意の道路標識をよく目にする．さらに，動物移動専用のトンネル，シカ専用橋，防護フェンスなどもつくられている．また，農作物や林業への被害も急増している．このように，生態系のアンバランスによりヒトとシカとの摩擦が生じている．なぜエゾシカは爆発的に増加したのだろうか．エゾシカは古来，北海道に生活する人々の食料とされてきたが，乱獲に加えて明治時代初期の大雪により絶滅寸前にまで生息数が減少した(梶 1995)．その後，北海道庁の狩猟制限により個体数が回復していった．最近では家畜用に拡大された牧草地にエゾシカが侵入し始めており，豊富な餌資源が激増の促進要因のひとつと考えられている．

(2) 遺伝的多様性の低下と個体数増加の過程

　筆者らは，激増するエゾシカの集団構造を明らかにするため，前述のヒグマと同様に北海道全域から組織標本を収集し，ミトコンドリア DNA コントロール領域の地理的変異を分析した(Nagata *et al.* 1998a)．調べた141頭のエゾシカについて602塩基対の配列を比較した結果，6種類のハプロタイプを見出した．ハプロタイプ間で比較したところ，塩基置換は計4部位のみで起こっていた．これは，日本全国のニホンジカ(エゾシカはその亜種)における変異と比較するときわめて小さかった(図9-7；Nagata *et al.* 1999)．さらに，マイクロサテライト分析からも，エゾシカ集団における遺伝的多様性が低いことが明らかとなった(Nagata *et al.* 1998b)．これらの結果は，少なくとも明治初期に起こったエゾシカ集団のボトルネックを反映しているものと考えられる．

　北海道環境科学研究センターとの共同研究により，地理情報システム(GIS)を導入し，北海道におけるミトコンドリア DNA ハプロタイプの地理的分布を分析した(Nagata *et al.* 1998a)．その結果，6タイプのうち3タイプが優占し，それぞれ大雪山を中心とする道央，阿寒地域を中心とする道東，そして日高山脈を中心に分布することが明らかとなった(図9-8)．その分布パターンや境界線は，前述のヒグマのミトコンドリア DNA のようには明瞭でなかったが，エゾシカのおもな3タイプの分布域は，北海道の三大針葉樹林帯にほぼ相当していた．これらの針葉樹林内では積雪量が比較的少なく餌となるササを得やすいため，現

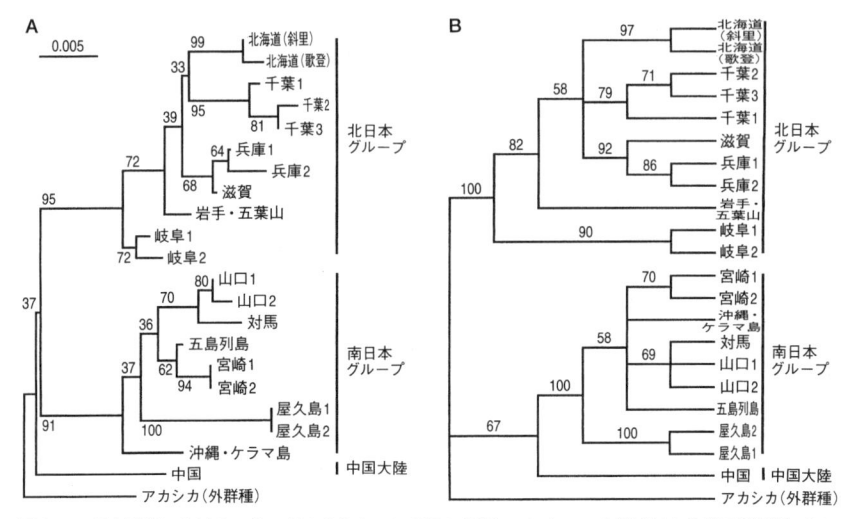

図9-7 日本列島におけるニホンジカのミトコンドリアDNAコントロール領域による分子系統樹．A：Kimuraの二変数法を用いた近隣結合法（樹上の数値は1000回のブートストラップ値），B：最節約法（樹上の数値は100回のブートストラップ値）．北日本グループ（北海道と本州）と南日本グループ（九州と近隣の島嶼）に分かれ，エゾシカは北日本グループに入る．Nagata *et al.*（1999）を改変．

在でもエゾシカの冬季の避難所となっている．明治初期の豪雪時には，これらの針葉樹林のなかにわずかにエゾシカが生き残ったことが知られている（梶 1995）．その後，エゾシカが針葉樹林帯に沿って個体数を回復したことをミトコンドリアDNAの分布パターンから読み取ることができる．

餌条件の厳しい冬季には当歳のエゾシカの死亡率が高く，春先には雪解けのなかから，なかば腐敗した死体が数多く発見される．その死亡率の性差が個体群動態にどのように影響するかが重要課題のひとつとなっているが，当歳ジカの骨格の性的二型は明瞭ではなく，生殖器官も腐敗しているため，形態からの性判別が困難な場合が多い．そこで，筆者らは死体の残留物（骨に付着する少量の筋肉や腱組織）を用いたSRY遺伝子のPCR増幅法を改良し，高率に性別判定できる方法を確立した（Takahashi *et al.* 1998）．また，シカ糞DNAから性（X，Y）染色体上のアメロゲニン遺伝子をPCR増幅し，PCR産物の分子サイズのちがいから性別を判定することが可能となっている（Yamauchi *et al.* 2000）．これらの遺伝子分析を導入して，各地域集団の詳細な構造や個体間関係を明らかにしていくことにより，今後のシカ保護管理に貢献することができるものと考える．

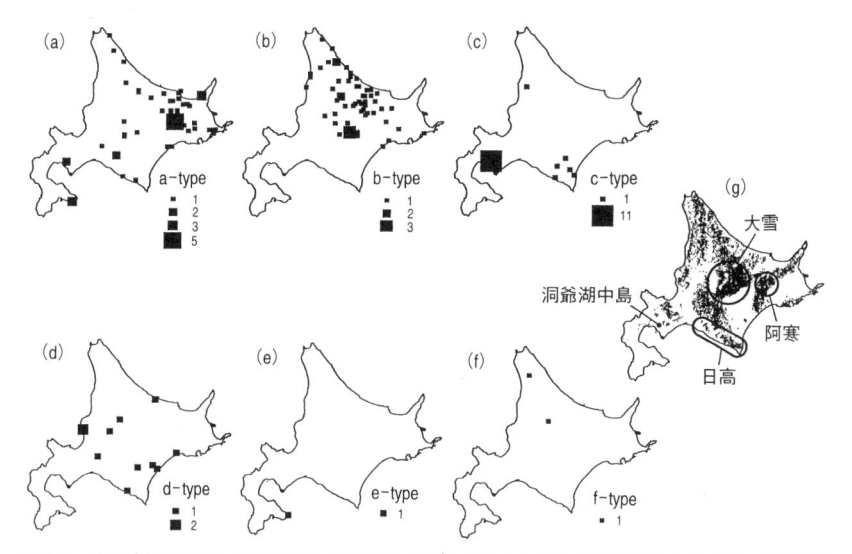

図9-8 地理情報システム(GIS)を用いて示したエゾシカのミトコンドリアDNAコントロール領域ハプロタイプの地理的分布．四角の右横の数値は個体数．6つのタイプ(a-f)のうち3タイプ(a-c)が優占する．aタイプは道東の阿寒，bタイプは道央の大雪，cタイプは日高を中心に分布し，各々が針葉樹林帯(gにドットとして表示)にほぼ相当する．cタイプにおける個体数11の四角は，エゾシカが日高から導入された洞爺湖中島の集団を示す．Nagata *et al.* (1998)を改変．

9.5 今後の問題と展望

　以上，筆者らが取り組んできた哺乳類のうち，イリオモテヤマネコ，ツシマヤマネコ，ヒグマ，およびエゾシカについての知見を紹介した．保全遺伝学が対象とするのは絶滅危惧種や希少種のような特定の種ではなく，すべての種および集団とするのが理想的である．その成果にもとづき，日本在来の遺伝的地域変異や集団内の多様性を明らかにし，本来の種・集団の維持・復元をめざしたデータを集積しておくことが必要であろう．また，紙面の関係上，本章では検討できなかったが，在来種と移入種(帰化動物)との交雑の問題に取り組むことも保全遺伝学の対象である．日本全国において多種のペットおよび家畜が野生・帰化し，在来生態系の破壊および交雑による在来種の遺伝子プールの攪乱が深刻な問題となっている．大型・中型哺乳類をみても，たとえば，在来種ニホンザル *Macaca fuscata* と移入種タイワンザル *M. cyclopis* の雑種化(川本ら 1999)，野生イノシシ *Sus scrofa* と家畜ブタの交雑，筆者らが取り組んでいる在来種ニホ

ンイタチ *Mustela itatsi* と移入種シベリアイタチ *M. sibirica* の関係などがあげられる(Masuda & Yoshida 1994, Kurose *et al.* 2000a, 2000b). 海外の例としては, 英国における在来種ヨーロッパヤマネコ *Felis silvestris* とイエネコ *F. catus* の交雑(Hubbard *et al.* 1992), 在来種ヨーロッパケナガイタチ *Mustela putorius* と家畜フェレット *M. furo* の雑種化(Davison *et al.* 1999), 英国における在来種アカシカ *Cervus elaphus* と移入種ニホンジカの雑種化(Abernethy 1994)の問題などがある.

保全遺伝学がめざす目標は遺伝学的知見を集積するにとどまらず, その成果を種や環境の保全活動に適用していくことを含んでいる. その達成には, 生態学, 獣医学, 環境学など関連分野との学際的な研究交流が不可欠である. さらに, 研究成果が大学や研究機関にのみとどまるのではなく, 保護行政にかかわる地方自治体, 環境保護団体などのNGO, さらに市民にも誤解なく浸透するよう情報交換していく必要がある.

増田隆一

10 小型哺乳類

10.1 日本の小型哺乳類

　小型哺乳類は保全遺伝学の対象として多様な側面をもつ．日本産の種をみても，天然記念物として指定されているニホンヤマネ *Glirulus japonicus* やトゲネズミ *Tokudaia osimensis* のような希少な種もあれば，ごく普通に観察され，遺伝子の進化的動態把握のための種として期待されるアカネズミ *Apodemus speciosus* やヒメネズミ *Apodemus argenteus* のような種もある．また，タイリクヤチネズミ *Clethrionomys rufocanus* のように環境汚染の指標種として活用される種もあれば，ハツカネズミ *Mus musculus* のように医学生物学研究上の「遺伝子資源」として有用視されている種もある．このように多様なかれらではあるが，研究対象とするための第一歩は，いずれにしても，それぞれの種における進化的背景を明らかにすることであると考え，ここでは身近な日本のヤマネ類，ネズミ類，モグラ類におけるこれまでの遺伝的変異に関する解析結果を紹介したい．そして，そのようなデータから，保全遺伝学上どのような有益な情報が得られるかについて考えていく．

　まずは，日本産小型哺乳類全般に関する系統学的特性をみてみよう．日本列島にはおよそ100種類の哺乳類が生息し，陸生の小型哺乳類の多くは固有種である．たとえば，ネズミ科の在来種13種中8種は日本列島に固有である．また，モグラ科6種中5種は日本固有である．しかし，固有種といっても，いったいどの程度の系統の独自性が認められるのであろうか．代表的な日本産哺乳類について，それぞれもっとも近縁と考えられる大陸産種の間で，ミトコンドリアDNAのチトクローム *b* 遺伝子の塩基配列(1140塩基対)を比較した(図10-1)．ここでは，塩基置換度をKimura(1980)の二変数法により算出し，これを系統の固有度(endemicity)の指標とした．図10-1から，小型哺乳類には一般的に固有度の高いものが多いことがわかる．さらに列島内には分布の区画として，(1)北

海道，(2)本州-四国-九州，(3)琉球列島の3つの地理的ブロックが存在するが，各ブロック内で種ごとに固有度はまちまちであることもわかる．一方，琉球および本州ブロックではその固有度が一般に高いことは歴然としている．日本列島の小型哺乳類相は従来考えられていたよりも相当古い進化的歴史をもち(Kawamura 1989)，その系統の起源は第三紀中新世中期までさかのぼるという驚くべき結果となっている．このことを念頭におき，以下の節ではそれぞれの種での遺伝的多様性の特性についてみていきたい．

10.2 各種の起源と遺伝的多様性

(1) ニホンヤマネ

ニホンヤマネは，日本産小型哺乳類のなかで，その地理的変異のレベルの高さにおいて群を抜いている．ニホンヤマネはネズミ目ヤマネ科に属し，1属1種の日本固有種である．体長7-8 cmで本州，四国，九州に生息し，冬眠をする動物として知られる．天然記念物にも指定されており，希少種として絶滅が危惧されている．ヤマネ科は多様な化石をヨーロッパを中心に中新世の地層から多く産出し，当時のユーラシアの森林において大繁栄をした分類群であるが，現生する系統は9属のみとなり，「生きた化石」として一般に認知されている．東洋に固有なものは，ニホンヤマネ属 *Glirulus* の1系統のみである．分子系統学的解析からも高い系統の固有性が確かめられている(図10-1)．

保全遺伝学における重要な視点は，地域集団の遺伝的分化である．ニホンヤマネはこれまで1属1種として分類されてきたが，毛色や繁殖期のパターンには地域的に2型あることが生態学者から指摘されてきた(湊秋作 私信)．そこで，紀伊半島産と信州産のヤマネに対し，核rDNA(18S, 5.8S, 28S rRNA遺伝子)のRFLP，ミトコンドリアDNAのシークエンス，SRY(性関連Y染色体上遺伝子)近傍領域のシークエンスの解析が行われ，どのマーカーにおいても大きな地域分化が生じていることが明らかとなった(鈴木 1995, Suzuki *et al.* 1997)．最近の研究で，東北，関東，関西-四国，九州の4つの地域間でミトコンドリアDNAと核の遺伝子の双方で遺伝的分化が起きていることが確認されている(図10-2)．さらに，関西-四国地域内においては，核の遺伝子の分化は認められていないも

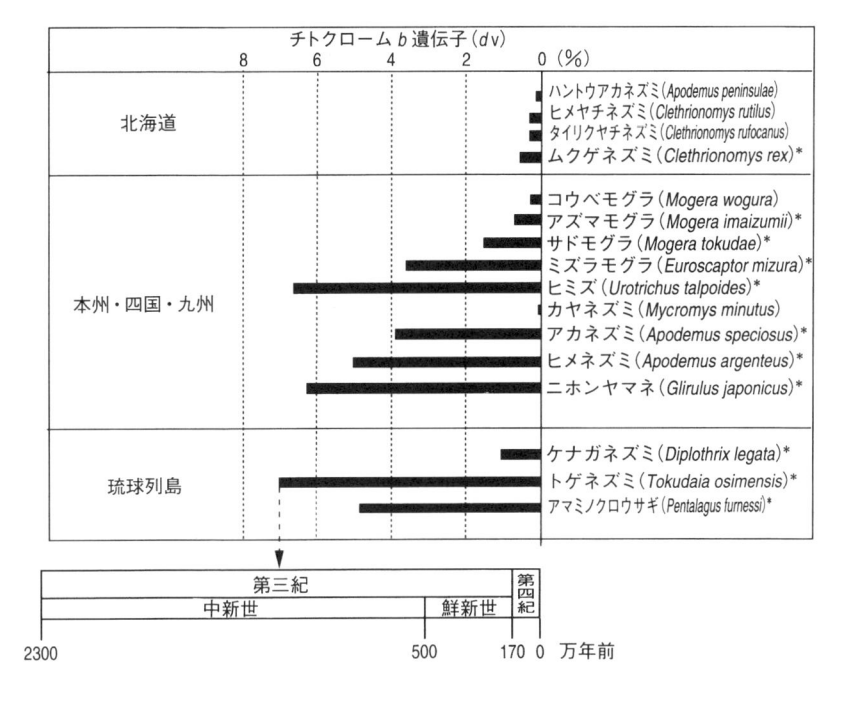

図10-1 日本産小型哺乳類の遺伝的固有度の比較．日本の集団あるいは種にもっとも近縁であると考えられる大陸の種との遺伝子の塩基置換度の比較を行い，これを列島に産する各種の「遺伝的固有度」とした．ここではミトコンドリア DNA チトクローム b 遺伝子1140塩基対の比較を行い，トランスバージョンの変異(dv)のみ考慮して Kimura の二変数法により求めた遺伝距離を指標として用いた．塩基置換にはトランジションとトランスバージョンの2種があるが，これらの置換をすべて考慮した遺伝距離 D では，今回のように深い系統間で比較する場合にはトランジションの変異が飽和しやすいため適さない．アマミノクロウサギの値は Yamada et al. (2002)にもとづく．＊印の種はそれぞれの地域に固有の種．ただし，アカネズミ，ヒメネズミは北海道にも分布する．日本産各種の遺伝的固有度が時間的にどの程度の長さに匹敵するかを考慮するために，トゲネズミ(Suzuki et al. 2000)の場合において，分子と化石の資料にもとづき導かれた推定分岐年代を破線矢印で示した（ラット・マウスの分岐年代を1200万年前とした）．

のの，四国，北陸，紀伊半島の地域間でミトコンドリア DNA の大きな変異が観察されている．ニホンヤマネのこの大きな地理的変異の存在はなにを物語るのであろうか．また，核とミトコンドリアの DNA マーカーの不一致性はどのように解釈すればよいのであろうか．多くはいまだ不明であるが，列島内で長期の複雑な進化過程があったことだけは確かであろう．ニホンヤマネの祖先は列島に古くから生息し，いくつかの遺伝的に分化した地域集団が生じ，第四紀の環境変遷のなかで地域集団間の交流・隔離が繰り返された結果，今日に至ってい

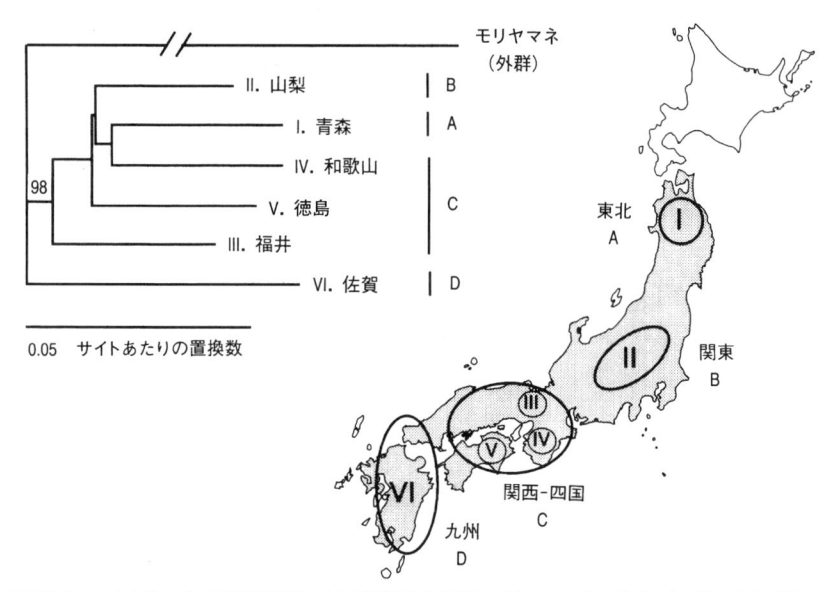

図10-2 ニホンヤマネの地理的変異．核の遺伝子の分化のパターンから，東北(A)，関東(B)，関西‐四国(C)，九州(D)の4つのグループに分けることができる（図右）．関西‐四国グループはさらに，ミトコンドリアDNAの変異のパターンから北陸(III)・紀伊半島(IV)・四国(V)の3つのサブグループに分けることができる（安田・湊・土屋ら 未発表）．ミトコンドリアDNAの変異のレベルは大きく，チトクローム *b* 遺伝子1140塩基対の変異レベルは最大10%(D)にも達する（図左）．これはヒトとチンパンジーの変異の度合いに匹敵する．

るという解釈，つまり雑種形成をともなう複雑な進化過程（網状進化 reticulate evolution）による地域集団の構築がなされたという説明も可能であろう．より多くの遺伝子マーカーを用いて，地域分化の全体像を探っていくことが今後の課題である．そして，ニホンヤマネにおける保全の単位としてどのような地域集団の枠組みが適当であるかを，進化学的観点から検討していく必要があるだろう．

(2) トゲネズミ

　第三紀後期，中新世中期（およそ1200万年前）以降のユーラシア大陸の広葉樹林の環境で繁栄したのはネズミ亜科の仲間である．熱帯域で現在も隆盛を誇り，現生の属は120を超える．そのネズミ亜科の仲間でとくに注目したいのが，トゲネズミである．本種は，性決定に関しXO型という哺乳類としてはめずらしい核型を示し，Y染色体をもたない．自然がいかに多様であるのかを教えてくれる．

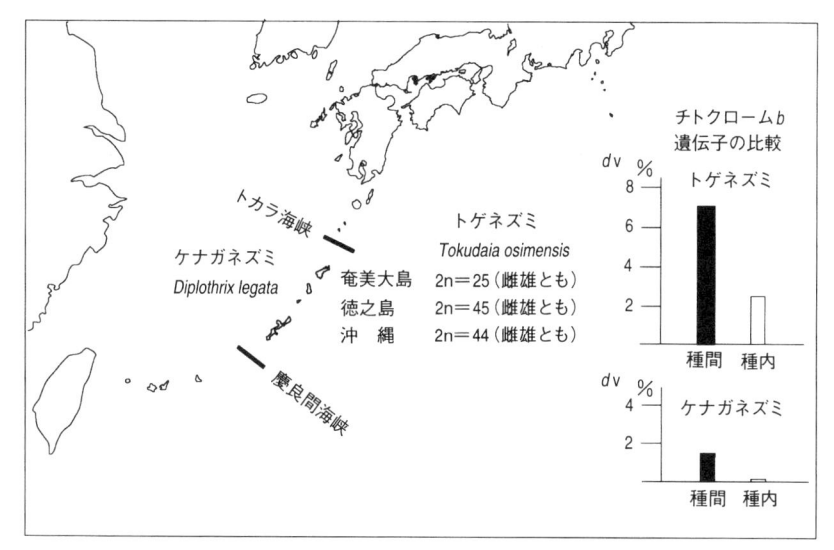

図10-3 トゲネズミとケナガネズミにおける遺伝的固有度と種内変異のレベルの比較.両種とも琉球列島の3島にのみ分布する.トゲネズミは3島間で著しい核型変異を示す.これらネズミ類の系統を明らかにするために,ネズミ亜科に属するほかの5属(アカネズミ属,ハツカネズミ属,ラット属,カヤネズミ属,ケナガネズミ属)とともに,IRBP遺伝子領域(核遺伝子マーカーのひとつ)とチトクローム b 遺伝子領域が解析された(Suzuki et al. 1999b, 2000).その結果,トゲネズミはほかの4属と同様に独自の系統をもち,一方,ケナガネズミはラット属と近縁であることが判明した.ラットとハツカネズミの分岐年代を1200万年前とかりに設定すると,トゲネズミは1000万年前,ケナガネズミは300万-200万年前ごろと計算される.図にはチトクローム b 遺伝子1140塩基対の変異を用いて,遺伝的固有度(種間比較による)と種内変異の度合い(dv)が示されている.トゲネズミの種内変異のレベル(奄美大島と徳之島の比較)はケナガネズミの固有度(ラットとの比較)に匹敵する.トゲネズミにおいては核の遺伝子の比較でも島間で同様の変異が観察される.

トゲネズミは,同じく固有種のケナガネズミ Diplothrix legata とともに,沖縄,徳之島,奄美大島の3島のみに生息する.両種はともに国の天然記念物に指定され,琉球列島を代表する哺乳類である.トゲネズミは,近年,移入されたマングース,クマネズミ,ネコ,イヌなどの動物により捕食され,その生息域をせばめており(環境庁・自然環境研究センター 1995),とくに沖縄の集団はその個体数の減少が危惧されている.トゲネズミはいまだ多くの謎を含み,解決すべき多くの課題をかかえている.そのおもなものとして,(1)トゲネズミの生息状況や競争種との関係などの生態学的研究,(2)きわめて異例ともいえる核型(沖縄産 2n=44,徳之島産 2n=45,奄美大島産 2n=25;Honda et al. 1977, 1978, 土屋ら 1989)の進化機構解明に向けた細胞遺伝学的研究(第5章参照),(3)性染色体の不活化の維持機構および性決定機構の解明に向けた分子生物学的研究,

(4) 系統の起源と遺伝的多様性に関する研究，(5) 遺伝的差異が顕著な3島の分類学的関係の研究，(6) 人工飼育繁殖実験も含めた保全学的立場での研究，などをあげることができる．

さて，トゲネズミの奄美大島産と徳之島産の個体についてチトクローム b 遺伝子(1140 bp)の変異の度合いを調べると，そのレベルはかなり大きく，ラット *Rattus norvegicus* とクマネズミ *Rattus rattus* の差異に匹敵する(Suzuki *et al.* 1999b)．さらに，核 rDNA の RFLP においても2つの島嶼集団間の変異は大きい(図10-3)．この多重遺伝子族 rDNA において顕著な差異が認められたことは特別な意味をもつ．ゲノム内に数百コピー存在し，同時進化する rDNA において，そのひとつのコピー上に生じた変異が，重複するユニット全体に伝搬するためには，長い隔離の時間が必要である．したがって，これらの結果はトゲネズミにおいては集団間(島間)で遺伝的交流が実質的に停止した長い進化的時間があったことを物語っている．各島の集団がそれぞれ別種として考慮されるべきであることをも示唆する．現在，沖縄の「種」は絶滅の危機に瀕している．めずらしい遺伝的形質をもち，性決定機構の把握に重要な「例外」を示すトゲネズミは世界的な遺産であり，その保全に向けての実質的な対策は急務であろう．

(3) アカネズミ類

第三紀後期，ユーラシア大陸の温帯域の森林において，ヤマネ類のつぎに主人公となったのは，ドングリ類や昆虫類などを主食とするネズミ亜科のアカネズミ属 *Apodemus* である．ネズミ亜科の仲間はじつに多いが，温帯域の広葉樹林の森に生息しているのはこのアカネズミ属1属だけである．その意味でもアカネズミ属の系統進化を把握することは温帯域の森林環境の変遷を理解することにもつながり重要である．このアカネズミ属は現在20種類ほどが知られており，アジアとヨーロッパに約10種ずつ生息する．日本にも固有種が2種生息している．この属では放散的な系統分化が過去に3度は起きており，アジアの多くの種は最初の2回の系統分化で生じたとされる．その2つの放散の時期はかなり古く，中新世中期–後期ごろ(1000万–500万年前)と推察されている(Serizawa *et al.* 2000)．第1回目と第2回目の放散時に生じた系統が列島にたどりつき，それぞれ列島固有のヒメネズミとアカネズミになったと考えられている(Serizawa

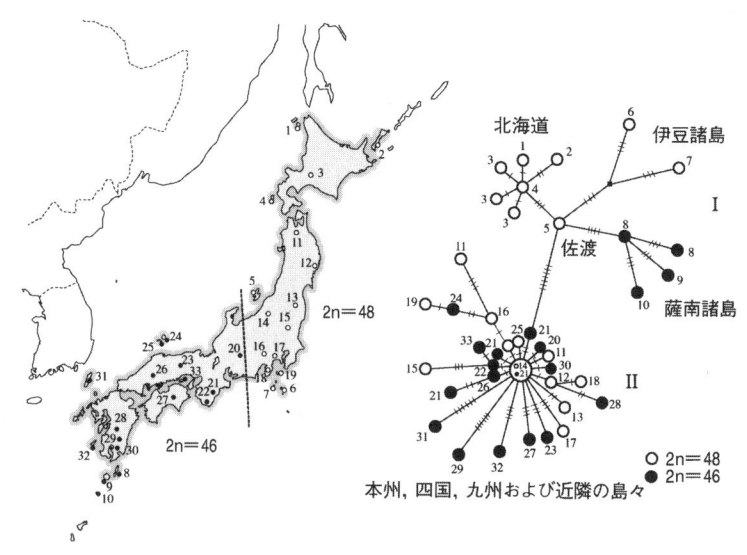

図10-4 アカネズミ Apodemus speciosus のミトコンドリア DNA の地理的変異．採集地点(左)とハプロタイプのネットワーク(右)．チトクローム b 遺伝子 402 塩基対の変異にもとづき，最小スパンニングネットワーク(minimum span network)法を用いて描いた（Suzuki et al. unpublished）．枝には塩基変異数を示した．日本列島の周辺の島々においてアカネズミは独自のハプロタイプをもつが（グループI），同じ島に生息するヒメネズミとはそのような傾向は示さない．アカネズミは列島を2分する核型変異(2n=48，2n=46)を有するが，ミトコンドリア DNA の変異のパターンとは同調しない．

et al. 2000)．図10-1にも示したように，ラット・ハツカネズミの分岐年代を1200万年前とすると，その時期はそれぞれ800万年前，600万年前ごろと推定される．

さて，アカネズミとヒメネズミを例として，遺伝的変異の地理的パターンの理解には，種間競合などの生態学的観点からの洞察がいかに重要であるかを考えていきたい．この2種は北海道から九州まで，さらに周辺の小さな島々にも分布し，多くの隔離された集団を保持する．したがって，多様性研究の素材としても，列島の地史を探るうえでの生き証人としても有用な種である．チトクローム b 遺伝子の種内変異を調べてみると(図10-4)，アカネズミの場合は2つのハプロタイプ群(グループIとII)に分けることができ，その地理的分布はきわめて奇異である．グループIは佐渡，北海道(奥尻島，利尻島，国後島を含む)，伊豆諸島(三宅島，式根島)，薩南諸島(種子島，屋久島，中之島)を構成員とする．また，これらの島々ではたがいに異なる独自のハプロタイプを保持する．

一方，グループIIは本州，四国，九州を主体とする．すなわち，日本列島の外側のグループ，内側のグループという区分が可能となる．しかし，このパターンはアカネズミを南北に分かつ，黒部−浜松ライン間にある核型の区分（図10-4；Tsuchiya 1974）とも異なる．ヒメネズミにおいては，ミトコンドリアDNAの種内変異のレベルはアカネズミと同様に高いが，アカネズミでみられたような特別な地理的分布の指向性はない．北海道，佐渡，屋久島のハプロタイプは他地域のものとよく似ており，第四紀の新しい時期に，これらの島々は本州，九州陸塊と陸橋で接続し，その際，集団の交流（あるいは一方的な流入）があったことを示唆している．佐渡，屋久島といった島々が本州，九州と第四紀のそれほど古くない時期に接続したであろうことは，モグラ類などのほかの陸生哺乳類種のデータから確認されている．

では，どうして，アカネズミだけが古くに分岐したミトコンドリアDNAをそれぞれの島々で保持しているのだろうか．これには，さまざまな説明が可能かと思われるが，そのひとつとして，ヒメネズミはアカネズミに対して生態的に劣勢で，隔離された島ではヒメネズミは長らく集団を維持することができず，島が本土と陸橋で結ばれた際，つねに新しい集団を迎えざるをえなかったという説明も可能である．実際，150 km^2 以下の小さな島にはアカネズミ属は1種しか生息できない傾向があり，ほとんどの場合，アカネズミのみが占有する（金子 1992）．アカネズミは進化的に長期にわたり集団を維持することができ，結果として島に固有のミトコンドリアDNAのタイプを温存する機会を得ることができたのかもしれない．

以上の説明のように，ミトコンドリアDNAの進化的挙動のひとつとして，他集団とは断続的にしか遺伝的交流が行われない「島個体群」では，集団の樹立が行われた当時のミトコンドリアDNA系列をそのまま保持するという傾向があることをあげることができる．ニホンヤマネの例でもそうであったように，遺伝的交流がなされているにもかかわらず，ミトコンドリアDNAは，古くに分岐した固有のタイプが集団に残されやすくなっているようである．その理由は不明であるが，ひとつには，雌雄間で生涯の移動距離に差異があるということと関係があるかもしれない．つまり，ネズミ類の場合，一般にオスのほうがその距離は長く，母性遺伝をするミトコンドリアDNAは，オスの移動の影響は皆無なので，地域個体群固有のタイプが維持されやすいというわけである．

アカネズミが示すミトコンドリアDNAの不可思議な地理的分布パターンは依然謎であるが(図10-4)，これら分子のデータは，三宅島，屋久島などのアカネズミ集団は自然分布によるもので，けっして人為的にもちこまれたものではないという決定的な証拠を与えてくれる．これら島の小型哺乳類は，島の生物相の起源を考えるうえでも，遺伝子の進化過程を知るうえでも，重要な知見を提示してくれると思われる．

(4) ヤチネズミ類

つぎに，これまでみてきたように，ひとつひとつの遺伝子マーカーは基本的に独立の進化パターンを示し，必ずしも，集団の進化過程の全体を反映するものではないということをもっとも端的に示すものとして，日本列島産ヤチネズミ類の例を紹介したい．ヤチネズミ類は体長10 cmほどの草食性のネズミである．系統学的に近縁な種群が日本海地域を取り囲んで分布し(図10-5)，アカネズミ類と比較してもそれほど遅くはない時期に，共通祖先が日本列島に展開し，その後，地域集団を育んだと考えられている(岩佐 1998, Iwasa *et al.* 2000, Iwasa & Suzuki 2002, Suzuki *et al.* 1999a)．さて，本州ではヤチネズミ *Eothenomys andersoni* とスミスネズミ *E. smithii* がそれぞれ北と南にすみわける(図10-5)．核rDNA，ミトコンドリアDNA，SRYの遺伝的変異に関する結果はかなり複雑で，用いるDNAマーカーにより変異の地理的分布パターンは異なる．たとえば，紀伊半島のヤチネズミは，ミトコンドリアDNAにおいて独自のタイプと近隣集団タイプの大きく異なる2種のタイプをもち，SRYにおいても同様の傾向を示す(Iwasa *et al.* 2002)．さらに紀伊半島集団は，核rDNAの変異においてスミスネズミとの雑種型を呈する．過去に，地域集団間および異種間交流があった可能性を示唆している．また，四国のスミスネズミは，他地域のスミスネズミ集団とはまったく異なるミトコンドリアDNAタイプをもつ．しかし，核rDNA，SRYの変異においては他地域のものと変わらない．

ヤチネズミ類のように，数多くの異なる地域集団が近接する種では，地域集団の隔離と融合はこの第四紀の周期的な気候変動にともなって幾度となく繰り返されてきたと思われる．それにともない，遺伝子の再編成も何度も行われてきたことが容易に推察される．また近縁種と分布を接する種では，現在あるいは過去においてたがいに影響をおよぼした可能性があることを考慮する必要が

168　第10章　小型哺乳類

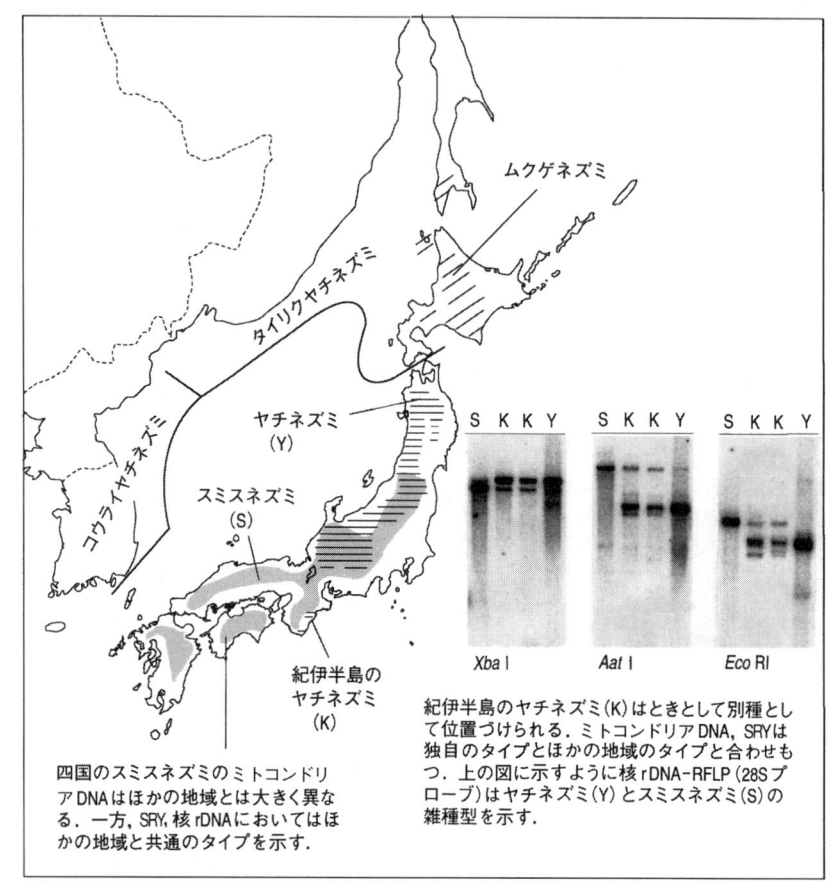

図10-5　日本のヤチネズミの分布と遺伝子の地理的変異．環日本海地域にはたがいに近縁なヤチネズミ類の仲間が分布する．なかでも，本州地域に分布するトウホクヤチネズミとスミスネズミの遺伝的類縁性は高い．この2種はそれぞれ遺伝的に異なる多くの地域集団をもち，遺伝的変異においても複雑なパターンを示す（岩佐 1998, Iwasa & Suzuki 2002）．とくに，図にも示したように紀伊半島のヤチネズミ個体群は，rDNA-RFLP変異において2種の混合型という奇妙なパターンを示す．

あるだろう．

　ヤチネズミ類における遺伝的変異の解析結果は，各遺伝子（DNAマーカー）が示すタイプがただちにその集団の進化的背景を反映するものではなく，遺伝子は独立に進化し，それぞれ独自の地理的分布パターンを形成するものであることを物語る．種の遺伝的構造の全体像を把握するためには，数多くの遺伝子を吟味することが必要であることを教訓として与えてくれる．

(5) モグラ類

　日本列島は，ことモグラ類に関してはその種の多様性のレベルは著しく高く，また種内においても異なる地域集団が乱立し，進化的時間のなかでしのぎを削っている．モグラ類は食虫類の一員で，日本列島に4種生息する．それは，関西のコウベモグラ *Mogera wogura*，関東のアズマモグラ *M. imaizumii*（関西地方に局所集団もあり），佐渡島と越後平野の一部にのみ生息するサドモグラ *M. tokudae*，さらに山間部に局所的に分布するミズラモグラ *Euroscaptor mizura* である．ヒミズ *Urotrichus talpoides* とヒメヒミズ *Dymecodon pilirostris* の2種を含め，日本にはモグラ科の仲間は合計6種が生息し，コウベモグラ以外はすべて日本固有種である．ちなみに韓国やロシア沿海州にはコウベモグラ1種のみが生息する．

　日本列島の大型のモグラ類3種コウベモグラ，アズマモグラ，サドモグラは，これまでのミトコンドリアDNAと核rDNAの変異の解析結果から，種分化が完了しており，もはや種間交雑の可能性はない．これら3種は側所的分布を示し，その分布が接している地域では，種間で分布のせめぎあいが行われている（Abe 1996, 橋本 1998, 細田・露口 2000；図10-6）．そして，その境界線は現在も変動していることが知られている（Abe 1996）．アズマモグラの飛び地がある紀伊半島や（図10-6B），サドモグラとアズマモグラが分布を接する新潟平野などにおいては（Hashimoto & Abe 2001），今後，人為的な影響などによりモグラ類の分布境界線がどのように変化するか，注視していく必要があるだろう．

　さて，平野部を中心に分布する大型のモグラ類，この飛び地における遺伝的変異の解析から，意外な事実が明らかになっている（岡本 1998, Tsuchiya *et al.* 2000）．アズマモグラの和歌山集団と関東集団との間ではミトコンドリアDNAの塩基置換は約3％程度であるのに対し，コウベモグラの本州，四国，九州集団間のそれはそれぞれ約5％である．これは，コウベモグラがつい最近，大陸から九州に渡来し，列島を東進しているという従来の一般的な考え方とは合致しない結果である．コウベモグラが最近分布を拡大したのであれば，その遺伝的変異の度合いは少ないはずである．ミトコンドリアDNAの結果はコウベモグラが列島に定着してかなりの時間がたっていることを示唆する．したがって，コウベモグラはアズマモグラと第四紀を通じ，西と東とに対峙し，分布領域を分かち合っていたというのが現時点ではもっとも理解しやすい説明である．そ

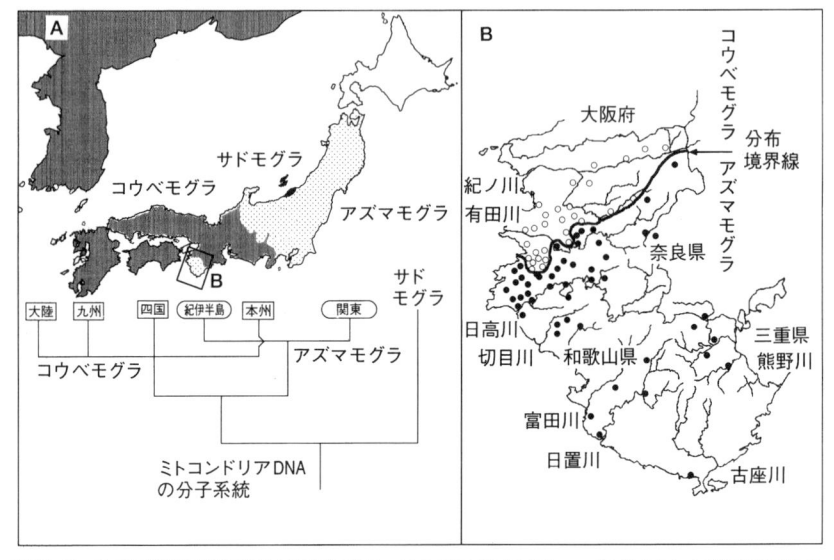

図10-6 モグラ類の地理的分布と遺伝的変異．日本産モグラ属（*Mogera*）3種(A)および紀伊半島におけるモグラ属2種(B)の地理的分布．ミトコンドリアDNAにおける地域個体群間の関係も示した(Tsuchiya *et al.* 2000)．比較的近年，大陸から渡来したと考えられてきたコウベモグラには日本国内で著しい地理的変異が存在する．紀伊半島南端部にはアズマモグラ（●）が分布し，北からのコウベモグラ（○）と分布を接している（細田・露口 2000）．

して関西に飛び地をもつアズマモグラは，じつは第四紀の寒冷期にアズマモグラが西進した結果との見方もできる．これは，2種のモグラは列島内で約100万年間にわたり，綱引き状態であったという仮説である．列島内には，東西で2分される種や集団が多い．南北に長い列島内で，はたしてそれぞれの地域環境に適応した種や集団が形成されているのかどうか，形成されているとするならば，第四紀の気候変動のなかで分布域の再編成が列島内でどのように行われたかが，今後理解に努めたい点である．この南北集団間で分布域が交互に拡大と縮小が繰り返されたという仮説は，モグラ類だけにとどまらず，列島内に生息する小型の生物種の遺伝的多様性を理解するうえでも役に立つと思われる．

(6) ヒミズ類

列島には多くの島が存在し，また本州は南北に長い．これまでみてきたように，このような地理的構造のなかで，小型哺乳類の多くの種で地理的分化が起きている．そして，種のちがいを越えて似たような場所で境界線が存在するこ

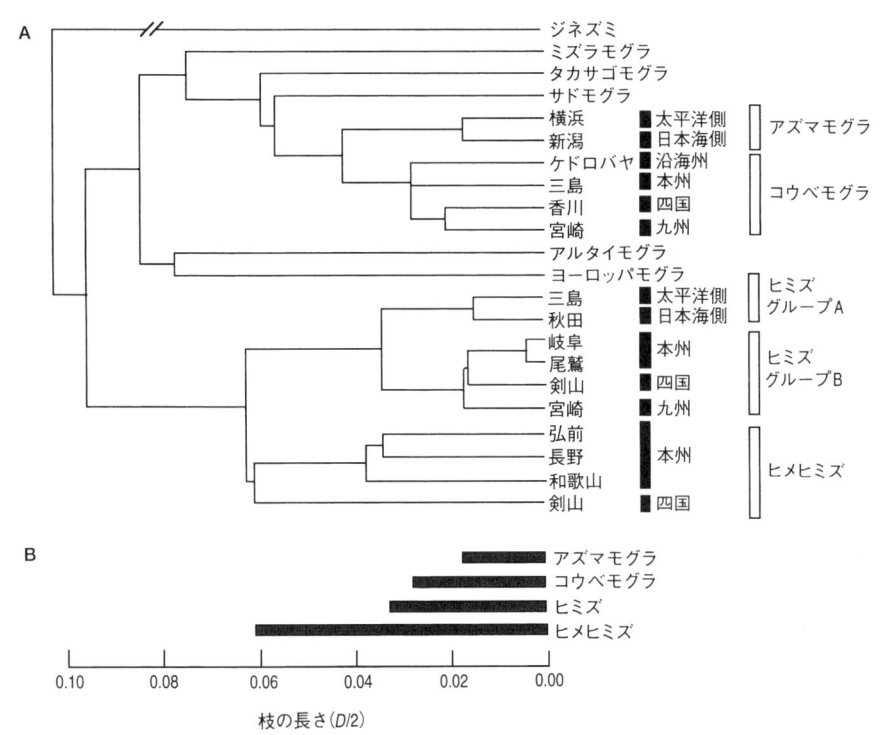

図10-7 ヒミズ類，モグラ類の種内変異．ミトコンドリアDNAチトクロームb遺伝子領域1140塩基配列を比較し，各地域集団間および種内の遺伝的変異の度合いについて検討した（篠原ら 2000, Shinohara et al. unpublished）．Kimuraの二変数法を用いて全置換情報から遺伝距離（D）を求め，ついで近隣結合（NJ）法を用いて系統樹を作成し，ここで得られたトポロジーを用いてlinearized tree (Takezaki et al. 1995)を作成した（A）．枝の長さ（変異の蓄積の速さ）について統計学的検定を行ったところ（two-cluster test ; Takezaki et al. 1995），有意な差は認められず，枝の長さはほぼ時間的尺度を示すものと思われた．現在まで得られているデータをもとに種内変異のレベル（枝の長さの最大値）を示した（B）．下の目盛は枝の長さを示す（A，Bとも共通）．

ともしばしばである．そのケースをヒミズ類でみてみよう．ヒミズは，北海道，南西諸島をのぞき，全国にくまなく分布する．この種は静岡県と富山県を結ぶライン上に核型の境界線が存在することが知られている（Harada et al. 2001, Kawada & Obara 1999）．この本州を2分する中央構造線近傍には，アカネズミの核型変異もそうであるように（図10-4），多くの生物種の種内変異を考えるうえでも重要なラインがあることが判明している．一方，ヒメヒミズは本州・四国・九州の限られた山塊にのみ分布し，それぞれの個体群は隔離されている．これら2種のヒミズ類において，チトクロームb遺伝子領域の変異にもとづく系統解析

が行われ，ヒミズ類には著しい種内変異が存在することが明らかとなってきた（篠原ら 2000；図10-7）．ヒミズのチトクローム b 遺伝子は東西でクラスターが分かれ，それは核型変異の分布とほぼ完全に一致するようである．ヒメヒミズにおいては列島内で各地域に固有のハプロタイプが存在し，地域間の変異のレベルはおよそヒミズとヒメヒミズとの種間変異のレベルと近いような大きな変異を示す．ヒミズ類でみられた種内変異のパターンはこれまで示してきたように，ほかの小型哺乳類（ニホンヤマネ，ヤチネズミ類，アカネズミ，モグラ類）のパターンとも類似性を示す．すなわち，(1)列島の東西での分化，(2)西日本において本州，四国，九州のブロックごとに分化，する傾向を示す．これらのことは，なんらかの共通の環境要因が進化的時間のなかで影響をおよぼしたことによる必然的な結果であると考えることも可能であり，その要因を追究することは日本列島の小型哺乳類相の形成の歴史を探るうえで重要な課題のひとつであると思われる．

(7) **ハツカネズミ**

野生の生物種の遺伝的変異を調べるうえで注意しなければならないことは，人為的な影響である．最後に人為的な影響が十分に認知されているハツカネズミの例にふれる．すでに紹介した野生種とは異なり，ハツカネズミは生息環境が稲作などの農作地帯との関連が深く，ヒトの歴史と深いかかわりをもつ．一方で，同じく住家性のネズミであるクマネズミあるいはドブネズミとも，その生息環境，分布拡散様式が異なり，独特の進化様式をもつと考えられている．世界にはヨーロッパ，東南アジア，北東アジアの3つのミトコンドリア DNA タイプが存在し，日本列島においては，北東アジアタイプが主流であるが，東北地方と北海道には東南アジアタイプが存在し，議論をよんでいる（Yonekawa et al. 1980, Yonekawa 1991）．最近，北海道産ハツカネズミの遺伝的変異がより詳細に解析され，意外なことに北海道の南北でミトコンドリア DNA の地理的変異が認められ，北に東南アジアタイプが，南に北中国タイプが分布することが判明した（図10-8；寺島ら 未発表）．しかしながら，核の遺伝子においてはそのような分化は認められず，道内では均質化している．謎は深まるばかりであるが，ミトコンドリア DNA の母集団サイズは核 DNA の4分の1なので，核の遺伝子よりも遺伝的浮動が起こりやすいということがひとつの要因になってい

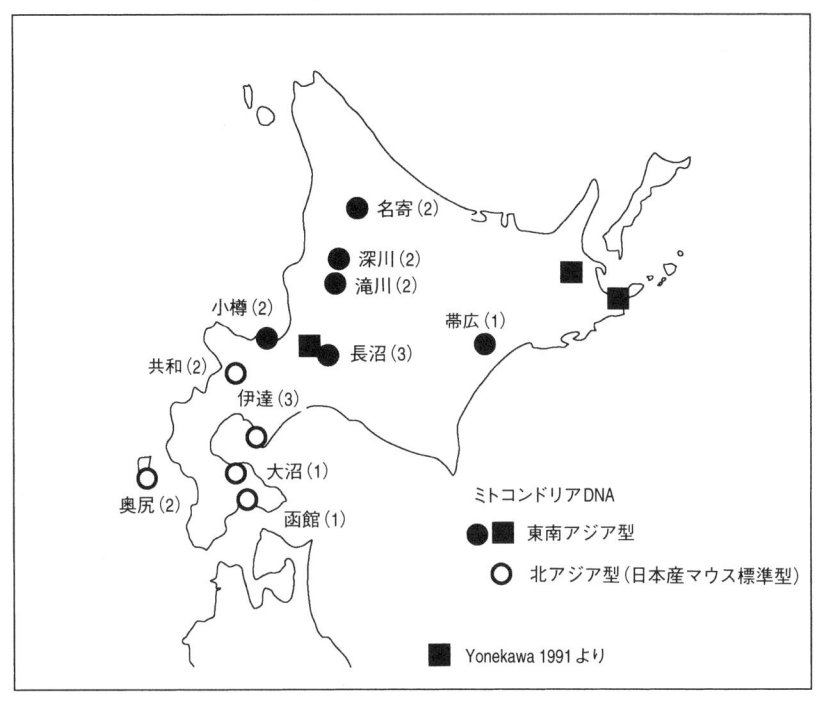

図 10-8 北海道産ハツカネズミの遺伝的多型．北海道 11 地点より 21 匹のハツカネズミを採集し，そのチトクローム *b* 遺伝子 1140 塩基対，SRY 遺伝子の多型（オスのみ），核 rDNA 多型などを解析し，国内，国外のハツカネズミのパターンと比較した（寺島ら 未発表）．その結果，図に示したように北海道内でチトクローム *b* 遺伝子のパターンが 2 型を示し，地理的分化が認められた．しかし，核の DNA マーカーは道内で均質性を示した．ミトコンドリア DNA のパターンが縄文・弥生のヒトの動きを反映しているのか，ここ数百年の本州地域から北海道へのヒトの急激な移住を反映しているのか，あるいは別の要因なのかは謎のままである．

るかもしれない．

　「野生の」ハツカネズミにおける地理的変異の謎解きは，それだけで十分に興味深いが，別の価値ももっている．たとえば，北海道産ハツカネズミではガン抑制遺伝子の特異性が発見されるなど，医学生物学上有益な遺伝子の探索や実験用動物の開発という側面をもつ（森脇 1999）．現在急速に進んでいるハツカネズミの比較ゲノム学の成果を即座に野生集団に吟味できるという点も重要である．

10.3 多様性研究の宝庫——日本列島

　以上の例からもわかるように，日本列島には，遺伝的に興味深い小型哺乳類の種が多数生息する．長い時間軸のなかで，人間とほかの生物種の共存がいかにあるべきかを考えるのが保全生物学の基本的なスタンスのひとつであり，その意味で，悠久の時間をかけて形成された日本産小型哺乳類は，歴史の重さを喚起させうる格好の研究材料となっている．これらの小型哺乳類は種も豊富で，大陸から順次渡来し，既存のものともすみわけ，新旧のそれぞれの系統が定着している．列島はさながら博物館の相を呈し，多様性研究の宝庫となっている．一方で，多くの島嶼を含み，南北に長く，地形もいりくみ，列島は遺伝的な分化の「ゆりかご」としても機能する．そのゆりかごは第四紀には南北に揺れ，南と北とで分化した集団間で交流が起き，複雑な要素をもった地域集団が作出されている．日本列島の小型哺乳類は，保全遺伝学の研究対象としても未解決の多くの問題点を含み，今後の研究の進展が待たれるところである．

〈鈴木　仁〉

11 海生哺乳類

　遺伝的多様性は生物進化の原動力であると同時に産物でもあり，地域集団特有の遺伝的組成および適応性から成り立っている．遺伝的多様性を調べることから始まる保全遺伝学には，進化遺伝学的な視点が必要である．また，種は集団の集合体であり，集団の絶滅あるいは崩壊によって，種のもつ重要な遺伝的多様性が消される危険性を未然に防ぐ意味では，集団遺伝学的なアプローチが不可欠であろう(Baker & Palumbi 1996)．

　本章で紹介する海生哺乳類は陸生哺乳類が二次的に水中生活に適応を遂げたもので，偶蹄類に近縁なグループが水中適応を遂げたクジラ目，奇蹄類に近い動物が水中生活に適応したジュゴンやマナティーなどの海牛目，アザラシ・オットセイ・ラッコ・ホッキョクグマなどの食肉目ほか，多様なグループが知られている．

　ここでは海生哺乳類のうち，とくに鯨類を中心として，前半部分では分子系統の研究史，後半部分では種間および種内の遺伝的多様性の研究例を概説したい．なお，本章では水産資源学用語にしたがい，繁殖集団(個体群)を系群とよぶことにする．

11.1 海生哺乳類の系統進化

　海生哺乳類における従来の生物分類や系統進化の研究は，おもに化石記録および化石種と現存種との形態比較によってなされてきた．しかし，どの形態的特徴を重視するかという問題ばかりではなく，水中生活への適応や類似した採食法などに起因する形質の収斂や平行現象がみられることから，分類や系統に関して研究者間の論争は絶えない．

(1) クジラ目

　鯨類の分類体系については，Rice(1998)によって新体系の提唱と学名の見直しが行われた．また，鯨類の保全と管理を目的とする組織である国際捕鯨委員会(IWC)でも，分類体系と学名の見直しが行われている(IWC 2001)．加藤ら(2000)はこれらにもとづき和名，学名および英名の対照表を示した．それによると，ヒゲクジラ亜目にはセミクジラ科，コセミクジラ科，ナガスクジラ科，コククジラ科の計13種のクジラが含まれる．これらはすべて大型のクジラで，もっとも大きくなるシロナガスクジラで最大体長34 m，もっとも小さいコセミクジラで最大体長約6 mになる．

　一方，ハクジラ亜目はマッコウクジラ科，コマッコウ科，イッカク科，アカボウクジラ科，マイルカ科，ネズミイルカ科，カワイルカ科，ヨウスコウカワイルカ科，アマゾンカワイルカ科，ラプラタカワイルカ科の計69種が知られている．ハクジラ亜目では，最大のマッコウクジラのオスが最大体長約19 m，最小のコシャチイルカは最大体長1.2 mと大きさに幅がある．

　鯨類は，ヒゲクジラ亜目やマッコウクジラのように大洋をすみかにするものから，スナメリのように沿岸性のもの，さらにカワイルカの仲間のように淡水に生息するものまでさまざまである．すなわち，進化の過程において，その形態，生態，分布を多様な生息環境へと適応させてきた．

　クジラ目は先に述べたように，ハクジラ亜目とヒゲクジラ亜目に分類されているが，歯とヒゲといった区別以外に，ハクジラ類はすべてエコロケーションの能力を備えているのに対し，ヒゲクジラ類にはその能力がないといったちがいも従来の分類体系の一要素となっている．これらの亜目はそれぞれが共通の祖先をもつ単系統群であると考えられてきた(図11-1A)．

　しかしながら，1993年にMilinkovitchらが発表した論文が大論争を巻き起こした(Milinkovitch *et al.* 1993)．かれらが16種類のクジラについてミトコンドリアDNA(mtDNA)の12S rRNAと16S rRNA遺伝子の一部分，合計930塩基の配列の類似度から分子系統樹を作成したところ，驚くべきことに同じハクジラ類のなかでもマッコウクジラはイルカ類よりヒゲクジラ類に近いという結果が得られた．そこでハクジラ類は単系統群ではなく，ハクジラ類の一部であるマッコウクジラの仲間からヒゲクジラ類が進化したという，まったく新しい考えを提唱

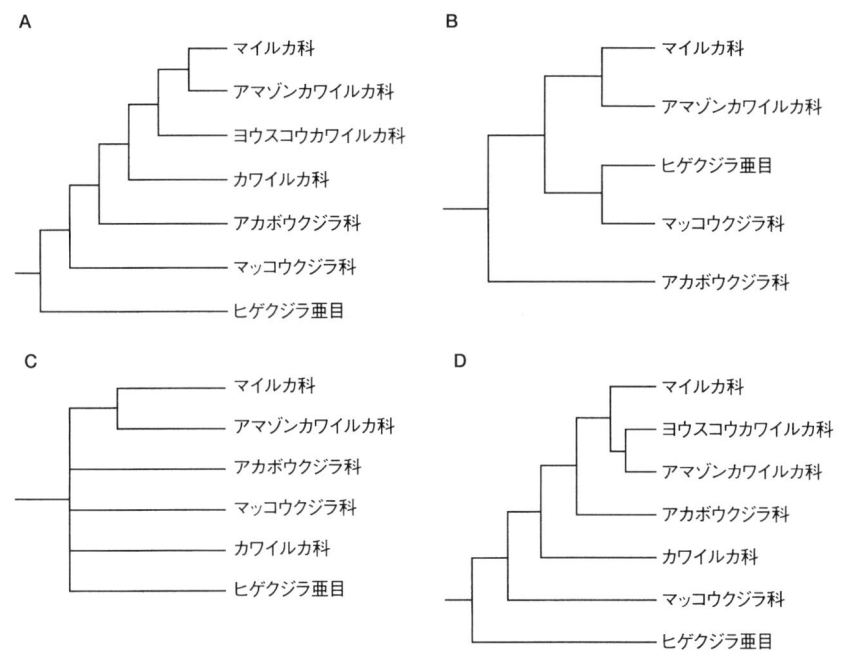

図11-1 鯨類の系統関係についての仮説の変遷．A：形態にもとづく従来の系統樹，B：Milinkovitch et al. の系統樹，C：Arnason & Gullberg の系統樹，D：Nikaido et al. の系統樹．Nikaido et al.（2001）を改変．

したのである（図11-1B）．

　翌年，Arnason & Gullberg（1994）は mtDNA のチトクローム b 遺伝子の全領域（1140塩基対）を用いてクジラの系統関係の推定を行った．その結果，ヒゲクジラ類とハクジラ類のマイルカ類がもっとも近縁であるという系統関係を示唆する Milinkovitch らの説に反論する結果を得たのである（図11-1C）．

　Adachi & Hasegawa（1995）は Arnason & Gullberg のデータに，かれらが外群として用いたウシ以外に10種の偶蹄類を加えて，最尤法を用いて再検証を行った．偶蹄類2種を組み合わせて外群として用いた24通りの組み合せのうち，Milinkovitch らの系統樹が支持されるのは14通り，従来の系統樹が支持されるのは7通りであるが，Arnason & Gullberg の系統樹はわずか3通りしか支持されないことがわかった．つまり，外群の種類によってマッコウクジラの系統的位置が大きくちがってくる可能性が示されたのである．

　これらの議論に新たな光を与えたのが Nikaido et al.（1999, 2001）によって報

告された，レトロポゾンの一種であるSINE(サイン)とよばれる配列に注目した系統樹の出現である．かれらは形態学・古生物学において従来考えられてきたように，偶蹄目・クジラ目の祖先からはまずラクダの仲間が分岐し，つぎにブタやイノシシ，そしてウシ・キリンなどの反芻亜目，さらにカバ，クジラの順に分岐していることを示した．すなわち，クジラ目にもっとも近縁な哺乳類は，偶蹄目のなかでもカバであるという考えを提起したのである．

同様の手法を用いて，かれらはマッコウクジラを含むハクジラ類のゲノムにのみ存在するSINEを発見することにより，ハクジラ類の系統関係を明らかにし，ハクジラ類が単系統であるということを明確に示した．このことから，DNA配列の比較によって議論された，マッコウクジラがヒゲクジラ類に近縁であるという考えはまちがいであり，形態にもとづいた従来の分類が正しいという結果を導いたのである(図11-1D)．これらのヒゲクジラ類，ハクジラ類それぞれの単系統性を示す結果は，西田(2001)がY染色体遺伝子(SRY; sex determining region on Y chromosome)とその近傍の塩基配列を分析し，近隣結合法と最大節約法によって構築した系統樹でも支持されている．また，甲能(2000)は偶蹄類とクジラ類の軟組織にみられる特徴のいくつかを，Nikaidoらが明らかにした"系統樹"にあてはめることができることを示し，かれらの結果を形態学的な面からもサポートしている．SINE法を用いたこの結果は，現時点での共通の見解となりつつある．

(2) 鰭脚亜目

鰭脚類(鰭脚亜目)には34種が属し，3科(アシカ科，アザラシ科およびセイウチ科)に分類される．アシカ科はアシカ類とオットセイ類14種，アザラシ科は19種，セイウチ科はセイウチ1種からなる．

鰭脚類はさまざまな海洋環境と一部の淡水環境にもすむ，高度に特殊化した水生食肉類である．このグループの共通した特徴のひとつは，出産のために陸上や氷上などのしっかりした足場の上に戻らなくてはならないことであり，いずれの種も水陸両生である．

鰭脚類の系統進化に関しても，いくつかの問題が残されている．そのひとつは，鰭脚類は単系統か，または多系統かという問題である．

従来，形態学や古生物学的な知見から鰭脚類は2系統からなるという説が支

持されてきた.つまり,アザラシ科はイタチ科から,アシカ科とセイウチ科はクマ科の動物からそれぞれ分化したという説である.一方,近年,鰭脚類の3科が共通の祖先から分岐したという単系統説が形態学による再検討や分子遺伝学的手法にもとづく研究によって支持されてきているが,鰭脚類がクマ下目(クマ科,アライグマ科,イタチ科)のどの動物に由来するかについては,いまだに議論が行われている.Vrana *et al.* (1994)は,食肉目の多くの動物についてmtDNAの12S rRNAとチトクローム *b* 遺伝子の部分配列を決定し,系統樹を推定した.その結果,アザラシ科の動物とセイウチ科の動物が近縁であり,鰭脚類全体はイタチ科よりもクマ科に近縁であるとしている.一方,Arnason & Ledje (1993)はDNA交雑法を用いて,食肉目における鰭脚類の類縁関係を調べた結果,イタチ科により近縁であることを主張しており,鰭脚類の系統関係に関しては,いまだ定説が得られていない.

(3) 海牛目

現生の海牛目はマナティ科3種とジュゴン科1種の4種だけからなる.海牛類は,鯨類と同じく完全に水生であるが,海生哺乳動物のなかで唯一の草食性である.現存する4種の生息域はすべて熱帯と亜熱帯に限定される.

海牛目が単系統であるという考えは広く受け入れられており,現生の動物で

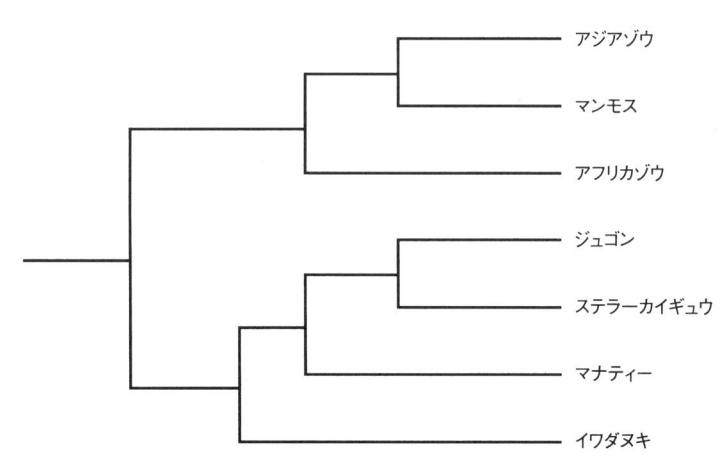

図11-2 mtDNAチトクローム *b* 遺伝子領域1005塩基対にもとづく海牛目と長鼻目の分子系統樹.Ozawa *et al.* (1997)を改変.

はゾウにもっとも近縁であると考えられることが多い．しかし，海牛目内での系統関係についてはいまだにはっきりしていない．Ozawa *et al.* (1997)はmtDNAのチトクローム b 遺伝子座を用いて系統樹を推定し，海牛目の単系統性を示した(図11-2)．さらにマナティー科とジュゴン科の分岐およびジュゴンと絶滅種であるステラーカイギュウにつながるジュゴン科内の分岐は，古第三紀までにさかのぼる可能性を示した．

11.2 鯨類の遺伝的多様性

つぎに種内の遺伝的多様性の研究に目を向けよう．鯨類の遺伝的多様性の研究は，IWCにおける対象鯨種の系群構造の研究と関連が深い．IWCは1986年，ケンブリッジ大学の研究グループに，系群の識別および社会構造の解明のために遺伝生化学的手法，とくにDNA分析手法が有効かどうかを検討することを委託した．これに前後してDNA研究に取り組む研究者が増え，さまざまな遺伝マーカーを用いた研究成果が報告されるようになった．

ヒゲクジラ類の遺伝的多様性の研究は，1980年代後半からのアロザイムの研究に始まり，マルチローカスDNAであるミニサテライト・シングルローカスのマイクロサテライトやイントロンのような核DNA・mtDNAを用いた南氷洋・大西洋・太平洋など赤道をはさんだ海洋や大陸で隔てられた海洋に分布する種内の集団間の比較研究，また，特定の海洋に生息する個体群の研究などが行われている(Baker & Palumbi 1997を参照)．

ここではザトウクジラ，セミクジラ，ミンククジラの研究を紹介する．

(1) ザトウクジラ

本種は系群構造が比較的解明されているクジラの一種である．その理由は，おもに尾鰭腹側の白黒の紋様と尾鰭後縁の輪郭を手がかりとして，写真撮影による個体識別が行われているためであり，これらの外部形態の特徴を利用して，海域間の交流の有無および回遊コースの推定が行われてきた．1980年代に入り，バイオプシー技術の進歩にともない，遺伝研究用組織の採集努力がなされており，形態学と遺伝学の融合によって，系群のより詳細な構造が明らかになりつつある(図11-3)．

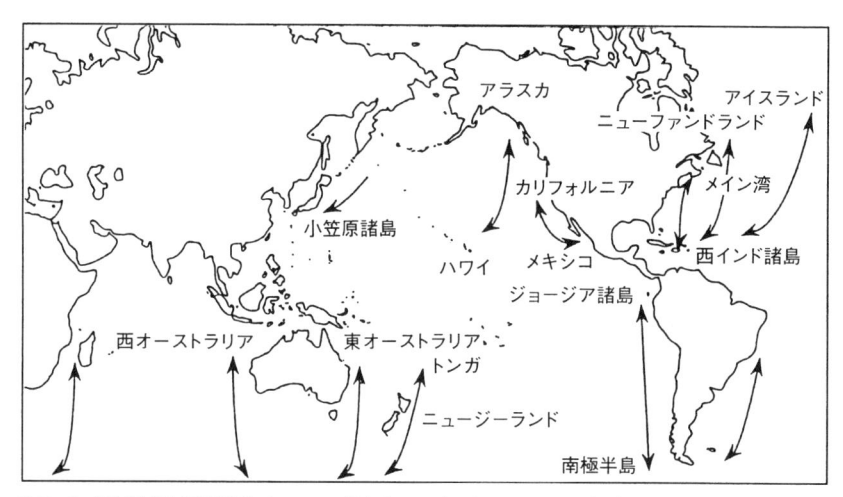

図11-3 遺伝情報と個体識別データから推定されるザトウクジラの回遊経路．Baker & Palumbi(1997)を改変．

　北大西洋に分布する本種の系群は，数カ所の分離独立した索餌場で夏を過ごし，冬季には西インド諸島を中心とした共通の繁殖域をもっていることが明らかになった．また，各索餌場間での遺伝的変異を調べると，mtDNAで遺伝的に有意差が確認されたが，核DNA(マイクロサテライト)による比較では遺伝的なちがいを検出できなかった．

　北太平洋に分布する系群の繁殖域は小笠原を中心とした海域，ハワイ諸島およびメキシコ周辺にかけての海域で，北大西洋と同様に北緯20°付近にある．これらの海域に分布する系群はそれぞれベーリング海，アラスカおよびカリフォルニアにかけて回遊し，独自の索餌域をもつことが知られている．

　南半球の系群は西オーストラリア，東オーストラリア，トンガおよびコロンビアの繁殖域をもつことが知られており，遺伝的なちがいにより，少なくとも3つの系群に分かれることが示唆されている．一方，高緯度の索餌域では異なる系群がある程度のすみわけをしながら，混合しているという可能性が示唆されている．

(2) セミクジラ

　本種は南半球と北半球に分布するが，両海域間でとくに大きな外部形態のち

がいはない．頭上の噴気口周辺，下顎の先端，目の上部に寄生性の甲殻類がつくった一連のこぶ状隆起があり，その形状が個体によって異なるので，個体識別に利用される．季節的に南北移動を行うが，ザトウクジラのような規則的で大規模な回遊はしない．

セミクジラの分類学上の地位を明らかにするために，Rosenbaum et al. (2000) は世界規模の mtDNA 研究を行い，これまでに北大西洋東部の *Eubalaena glacialis*，南半球に分布している *E. australis*，そして北太平洋東部および西部の *E. glacialis* という，3つの海域すべてを代表するセミクジラ集団の mtDNA コントロール領域の塩基配列のデータベースを構築した．mtDNA 塩基配列から推定された系統関係から，セミクジラには遺伝的に異なる3集団が存在する可能性が示された．現在 *E. glacialis* とされている種に分化がみられ，北太平洋の集団は北大西洋の集団より別種 *E. australis* に遺伝的に近縁であることが示された．この分析結果から，北太平洋のセミクジラは独立種となりうる可能性が示唆されている．なお，加藤ら(2000)は北大西洋の集団に対して，新たにタイセイヨウセミクジラ *E. glacialis* の和名を提唱し，北太平洋の集団をセミクジラ *E. japonica*，南半球の集団をミナミセミクジラ *E. australis* と分類している．

(3) ミンククジラ

系統関係

ミンククジラはほとんど全世界の海洋に分布しているが，形態的特徴によって南半球型，北太平洋型，北大西洋型，および南半球に生息する矮小型(dwarf型)の4タイプに分けられる．北半球に生息する2型は胸鰭に白色帯をもつ．南半球型は胸鰭に白色の部分がなく，ヒゲ板にかなり幅広い黒色の縁取りをもち，鼻骨の形状は凹型である．一方，矮小型は南半球に生息するが，胸鰭に白色帯をもつ．また，ヒゲ板は左右ともほぼ一様に黄白色で，鼻骨は凸状になっており，南半球型以外の3型はきわめて類似性が高い．

Wada & Numachi (1991) は39遺伝子座のアロザイム分析を用い，南半球型と北太平洋型間では Nei (1987) の遺伝距離がイワシクジラとニタリクジラ間のそれよりも大きいことを示した．また，Arnason et al. (1993) は mtDNA の全コントロール領域の塩基配列を比較し，南半球型と北大西洋型間のちがいは，イワシクジラやニタリクジラを含むナガスクジラ科におけるどの組み合せよりも大き

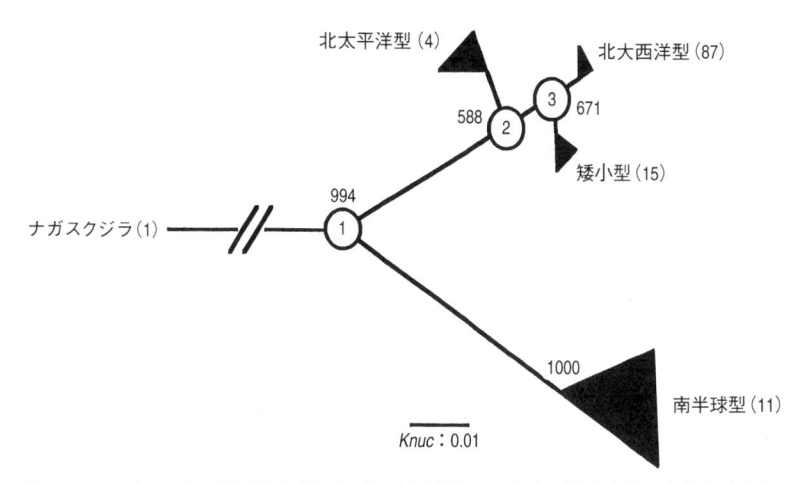

図 11-4 ナガスクジラを外群とした場合の近隣結合法によって推定されたミンククジラ 4 型の系統樹. 結節の数値は 1000 回のシミュレーションによって得られたブートストラップ値. かっこ内の数値は標本数を示す. Hori et al.（1994）を改変.

いことを報告した.

さらに, Pastene et al.（1994）は, 南半球型, 北太平洋型, 矮小型の試料を用いて mtDNA の遺伝子多型解析（RFLP）を行い, 南半球型と矮小型間にも遺伝的な相違があることを証明した. 遺伝距離を推定したところ, 5.24％ という値を示したが, この値は陸上あるいは海生哺乳類の種間で得られる値と同レベルである. Hori et al.（1994）は mtDNA 制御領域の前半部分（343 bp）の塩基配列を解読し, さらに北大西洋型も加えて, ナガスクジラを外群として近隣結合法（Saitou & Nei 1987）により系統樹を推定した（図 11-4）. 合計 117 個体の塩基配列をもとに推定された系統樹は矮小型, 南半球型, 北太平洋型および北大西洋型がそれぞれ分化し, 遺伝的に独立した集団であることを示唆した. また, 矮小型は南半球型よりも北半球の 2 型に類似し, 北太平洋型よりも北大西洋型により近縁な関係を示した. 矮小型は, その分布と生態的地位が南半球型と一部重複しているにもかかわらず, 遺伝的に明らかに異なっていたのである.

以上の結果を受けて, Rice（1998）はほかの形態学的な情報とも合わせて, 北半球のミンククジラを *Balaenoptera acutorostrata*, 南半球のミンククジラを *B. bonaerensis* として種に区分し, 北大西洋型を *B. a. acutorostrata*, 北太平洋型を *B. a. scammoni*, 矮小型を *B. a.* spp. として亜種に区分することを提唱している.

これにともない，加藤ら(2000)は和名として北半球産をミンククジラ，南半球型をクロミンククジラとすることを提言した．

系群判別

　水産資源学の分野における系群とは「多少とも独立した集団で，集団間には交配による遺伝子の交換はありうるものの，その頻度は集団内部よりも小さく，個々の集団は独自の数量変動を示す」ものとされている(田中 1985)．対象種について系群を把握することは，保全しながら管理するうえで基本的かつもっとも重要な問題のひとつであろう．ここでおもに取り上げている鯨類，そのなかでもとくにヒゲクジラ亜目は，IWC が保全と管理を目的として長い間，関与している生物である．鯨類資源の合理的な管理のためには，遺伝的多様性の解析に加えて，個々の系群の分布，その動態および混合の状態を推定することが重要になると考えられる．

　従来，北西太平洋に来遊するミンククジラは形態学(Kato *et al.* 1992)や生態学(Ohsumi 1983)，アロザイムを用いた遺伝学的な知見(Wada 1983, 1984)をもとに，(1)日本海−黄海−東シナ海(J系群)，(2)オホーツク海−西太平洋(O系群)の2つの系群に分類されてきた．また，オホーツク海南部海域では初春にJとO系群が混在していることが明らかになっている．

　筆者らは，北西太平洋のミンククジラ mtDNA コントロール領域を RFLP 分析し，日本海側と太平洋側に分布するミンククジラの遺伝子組成の比較を行った(Goto & Pastene 1997)．コントロール領域の全領域を含む約 1050 bp を PCR 法で増幅後，8種類の4塩基認識制限酵素で処理を行い，8種類のハプロタイプを検出した．

　ハプロタイプ頻度の地理的な分布を図 11-5 に示す．太平洋側では1型の占める頻度が高いが，日本海側ではこの1型は認められず，5型がおもになっており，ついで3型の頻度が高かった．太平洋側では，オホーツク海をのぞいて，5型と3型は非常に低い頻度を示した．オホーツク海のハプロタイプ組成を月別にみると，4，8月は日本海側の代表型である3型と5型が多くみられ，ほかの月ではほかの太平洋の集団と同じようなハプロタイプ組成が得られた．この mtDNA 分析による結果は，JとO系群はそれぞれ異なる遺伝組成をもち，それらの系群は，時期(月)によりオホーツク海南部で混在する可能性を示している．

　Pastene *et al.* (1998)は mtDNA-RFLP 分析のハプロタイプ組成から，最尤法を

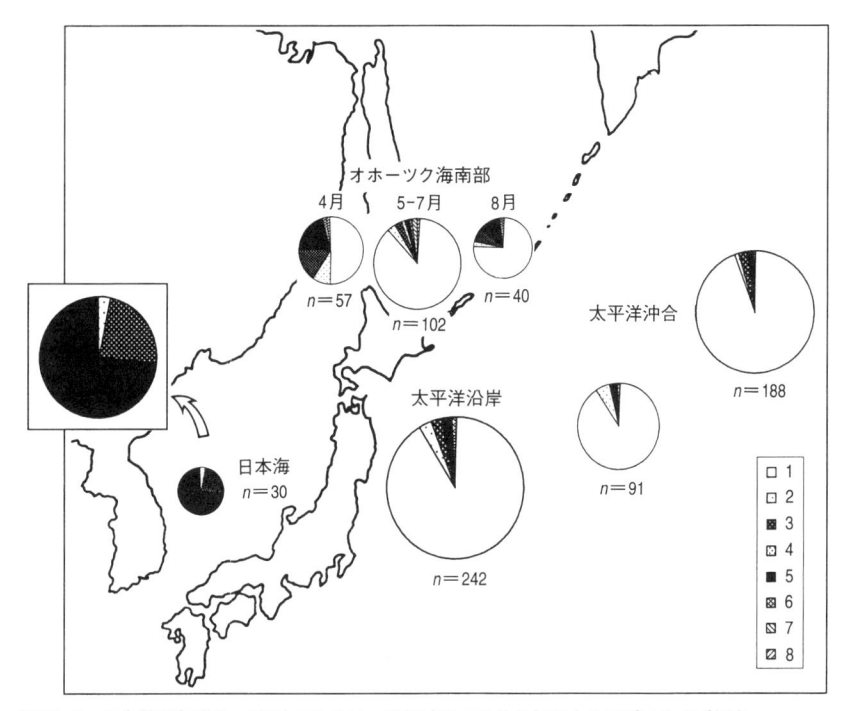

図 11-5　日本周辺海域の mtDNA コントロール領域の RFLP 分析によるハプロタイプ頻度.

用いて日本海と太平洋沿岸の標本をそれぞれ J 系群と O 系群の基準群とした場合のオホーツク海南部における J と O 系群の混合率を推定した．その結果，表 11-1 に示したとおり，同海区における混合率は月と性によって異なり，4 月には J 系群のメスが 40.8%，8 月にはオスが 31.5% 混入することが明らかになった．これにより，これまで J 系群のオホーツク海南部への混入は初春だけと考えられていたが，盛夏にも混入がみられ，しかも時期や性によって回遊パターンが異なるすみわけが確認された．

　南極海に生息するクロミンククジラの系群構造に関しては，商業捕鯨時代に南極海の全海域から採集された合計 11414 頭の肝臓と筋肉について Wada & Numachi(1979) がアロザイム分析を行い，45 遺伝子座を解析したが，明確な遺伝構造を示すことはできなかった．

　そこで，Pastene *et al.* (1996) は，1987/88 年から開始された南極海のⅣ区 (東経 70°-130°) と Ⅴ区 (東経 130°-西経 170°) の鯨類捕獲調査 (JARPA) で採集された

表 11-1 オホーツク海南部海域における月別・性別にみた J 系群個体の占める割合. P は J の占める割合, SE は標準誤差を示す. Pastene *et al.* (1998) を改変.

月	オス		メス	
	P	SE	P	SE
4月	—	—	0.4075	0.0806
5月	0.0000	0.2787	0.0254	0.0439
6月	0.0000	0.3344	0.0885	0.0824
8月	0.3147	0.1160	0.0443	0.0693

2124 個体を用いて全 mtDNA ゲノムの RFLP 分析を行い, クロミンククジラの遺伝構造を検討した. この集団の変異の検討には, 分化係数 (F_{ST}) を遺伝学に応用した Excoffier *et al.* (1992) の AMOVA (Analysis of Molecular Variance) 法を用いて, Phi_{ST} とその有意性を推定した. この Phi_{ST} はハプロタイプ頻度とハプロタイプ間の遺伝距離をもとに, 全集団における遺伝距離の分散に対する, ある集団内における遺伝距離の分散との比として求められる. その結果, 時空間で区分された 8 グループ間のハプロタイプ頻度を統計的に比較すると, Ⅳ区西側で調査の前期に採集されたグループだけが, ほかのグループと有意に遺伝的組成が異なっていた. この結果は, Ⅳから Ⅴ 区にかけてひとつの大きな系群 (「核系群」) が存在し, この系群とは異なる遺伝組成をもつ「西側系群」がⅣ区西側に調査の前期に出現することを示している (図 11-6). さらに, 海区内の個体は調査時期の後半には境界を越えて移動するために, 系群構造が不明確になる可能性も示した.

筆者らは, 1989/90 年と 1991/92 年に JARPA で捕獲されたおもに西側系群に属する標本を用いて, 経度と時期を考慮したこれまでの研究に加えて, 新たに緯度の要素 (氷縁からの距離) を考慮した解析を行った (Goto *et al.* 1998). 氷縁付近と, 氷縁から離れた沖合で捕獲されたグループ間の遺伝的異同を調べたところ, 西側系群は, おもに沖合で捕獲された個体がその母体を構成する傾向がみられることが示唆された. JARPA では, あらかじめ決められた南北方向のジグザグの調査コース上で発見されたクジラを採集するランダム採集法が適用されている. 一方, 商業捕鯨時代の標本は氷縁に集中している. これらは, 系群構造の解析には標本の採集法が大きく結果に影響する可能性があることを示唆している.

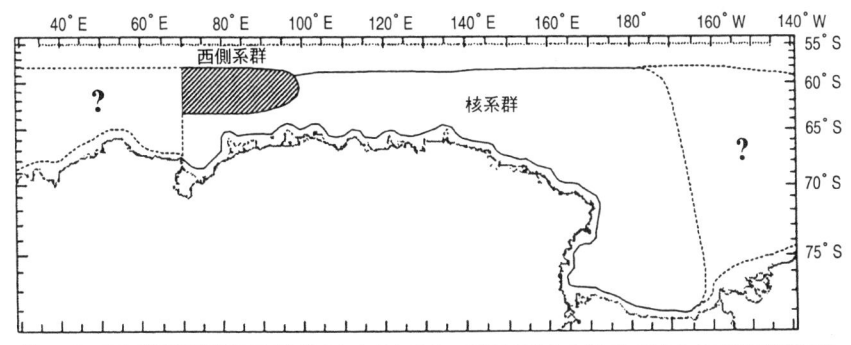

図11-6 南氷洋鯨類捕獲調査で採集された標本の全 mtDNA-RFLP 分析で示唆された系群の地理的分布．後藤・上田(2002)を改変．

11.3 ミンククジラの保全

　これまで日本周辺では，1988年に商業捕鯨が禁止されるまで，小型沿岸捕鯨により1930年から1987年までに，日本海側，三陸，道東およびオホーツク海南部において，それぞれ10714, 7889, 8347, 4692頭のミンククジラが捕獲されてきた(IWC 1997)．1992年に行われた目視調査にもとづく資源量推定では，日本海に分布するミンククジラは1600頭と推定され，同海域における資源の枯渇が危惧されている．実際に表11-2に示したように，これまでJ系群の遺伝解析に用いられてきた商業捕鯨時代後半にあたる1982年の28個体のハプロタイプ多様度，ならびに塩基多様度は，ほかの海域のミンククジラに比べて明らかに低い値を示していた．これは捕獲圧の増加による個体数の減少がもたらす遺伝的浮動によるものと考えられる．近年，日本－韓国間の学術交流にもとづき混獲標本の採集努力が続けられており，韓国で混獲した標本のDNA分析が可能になり，同時に日本でも混獲標本の採集努力が進められている．これらの標本を用いた解析では，ハプロタイプ多様度と塩基多様度はともに他海域のものと比べると低いものの，1982年の同海域における標本と比較すると，有意に多様性の増加がみられている．これらの多様性を示す値は有効集団サイズと関係することから，得られたデータからは，資源量の増加による遺伝的多様性の増加が示唆される．このような多様性の増加はなにを意味するのだろうか．それが生じる原因としては，上述のように，(1)資源量の増大にともなう多様性の増大，のほかに，(2)遺伝構造の変化，(3)限定された時期と海域で捕獲されたことに

表 11-2 各海域由来のミンククジラにおけるハプロタイプ多様度(h)と塩基多様度(π)の比較.

	起源		採集年	個体数	h	π
ミンククジラ						
南半球型	JARPA		1989, 1996	119	0.9882	0.0147
北大西洋	商業捕鯨・捕獲調査		1981–90	87	—	0.0064
北太平洋	JARPA		1994–99	418	0.9522	0.0079
北太平洋	商業捕鯨		1983–87	147	0.9543	0.0084
日本海	商業捕鯨		1982	28	0.5529	0.0046
日本海	座礁・混獲		1993–2000	57	0.8922	0.0053
ニタリクジラ	商業捕鯨・バイオプシー			210	0.8411	0.0087

よるサンプリングバイアス，(4)日本海へのO系群個体の混入，(5)J系群は2つ以上の系群から構成される，などの可能性もあるので，それらについても考えなければならない．

　現在，目視調査によるミンククジラの資源量推定が進められている．一方，遺伝学的にもマイクロサテライト多型分析やMHC遺伝子多型分析が進められており，このような解析がJ系群の遺伝的構造の把握につながるものと期待される．このように，日本海に分布するミンククジラは鯨類，さらに海生哺乳類における保全遺伝学のモデルケースとして非常に興味深い．

後藤睦夫

12 鳥類

12.1 鳥類の特徴

　日本では,野鳥542種と外来種26種が記録されている(日本鳥学会 2000).これら鳥類の行動圏は,東アジアの近隣諸国だけでなく北極圏から南半球におよぶ広大な地域からなる.とくに長距離を移動する渡り鳥を保全するには,一地域や一国だけではなく複数の国の協力が不可欠である.このような複数の国にまたがった国際協力の例として,1971年に水鳥と湿地に関する国際会議が開かれ,「特に水鳥の生息地として国際的に大切な湿地に関する条約(ラムサール条約)」が採択され,日本もこれを批准した.また日本は1974年以降,アメリカ,中国,オーストラリアとそれぞれ二国間での渡り鳥に関する協定を結んできている.ここでは保全遺伝学のためのDNA解析を中心に研究史を紹介したい.

12.2 鳥類の種内多型に関する研究史

　鳥類を対象としたDNA分析は,生物体系学への適用が主流であったが,最近は渡り鳥の追跡など生態学的な視点や,遺伝的多様性の評価など保全生物学的な応用もみられるようになってきた.Mindell(1997)の"Avian Molecular Evolution and Systematics"は鳥類のDNA分析の代表的な教科書である.国内の研究については石田(1996)の「鳥類の生態研究におけるDNA分析」,あるいは1998年日本鳥類学会シンポジウム「鳥類学におけるDNA研究」(梶田 1999,高木 1999,馬場ら 1999,西海 1999,永田 1999a),樋口(1998)の鳥類の保全についての概説などを参照されたい.

　初期の種内多型の研究には,Quinn(1992)のハクガンの研究があり,ミトコンドリアDNA(以下mtDNAと略す)コントロール領域の種内多型が大きいことが示されると同時に,ハクガンの近縁種との交雑の問題や,繁殖地域と越冬地域

の関係が明らかにされた．Stangel et al. (1992)は，ホオジロシマアカゲラの大きな個体群と小さな個体群のアロザイム多型を調べ，小さな個体群でも遺伝的多様性は標準的なレベルに維持されているという保全的評価を行った．Edwards (1993)は，オーストラリアマルハシの遺伝子流動を明らかにするために，mtDNA を分析し，この種では 1000 km にわたってわずかながら遺伝子流動がみられることを示した．

日本国内の研究者による種間の系統解析としては，マダガスカルに生息するオオハシモズ類の mtDNA 12S rRNA および 16S rRNA の塩基配列を調べた研究がある(Yamagishi et al. 2001)．この研究では，マダカスカルに少数渡ってきた祖先が種分化し，生態の分化とともに，さまざまな形態をもったオオハシモズ科の鳥に適応放散したことが示唆された．梶田ら(2001)は，奄美大島周辺のみに生息する固有種ルリカケスの系統を調べた．その結果，この種はヒマラヤのごく限られた地域に生息するインドカケスともっとも近縁であった．形態の特徴を合わせて考察すると，両種の共通祖先は，かつて南アジアから東アジアまで広く分布していたが，その後分布域が縮小し，現在の状態になったと推測された．さらに日本の研究者の手によって，シジュウカラ科(Ohta et al. 2000)，タンチョウ(Hasegawa et al. 2000)，イヌワシ(Masuda et al. 1998)，メボソムシクイ，ウミスズメ，ナベヅル，マナヅル，コウノトリ，シマフクロウ，アホウドリ，ウミネコ，オオセグロカモメなどで mtDNA 塩基配列を用いた種間および個体群間の系統関係に関する研究が進められている．

DNA 解析による個体識別の試みとして，オオヨシキリ(永田 1999b)，イワヒバリ(Nishiumi & Nakamura 2001)，オオセッカ(Ishibashi et al. 2000)についての研究があり，それぞれのマイクロサテライトプライマーが設計され，個体識別が行われている．たとえば永田ら(1999b)は，霞ヶ浦のサイズの異なる複数の繁殖地で繁殖するオオヨシキリ 866 個体のマイクロサテライトを調べ，大きな繁殖地は安定しており，そこから小さな繁殖地へ個体の移動が起きていることを明らかにした．

核 DNA の機能領域については，おもに免疫反応に関与する MHC 遺伝子(major histocompatibility complex)と性染色体上の CHD 遺伝子(chromo-helicase-DNA binding gene)が解析されている．MHC 遺伝子を用いた研究では，ウズラ MHC (Shiina et al. 1999)の遺伝子座全領域の塩基配列が決定され，ウズラの MHC

遺伝子座は，これまでに明らかになっていたニワトリより多いことが示された．また，Tsuda et al. (2001)は，ペンギンのMHC遺伝子座の対立遺伝子をはじめて分析した．Baba et al. (2002a)は，ライチョウのMHC遺伝子を分析し，mtDNAでは共通するハプロタイプがなかった日本とマガダンの個体群において，MHC遺伝子の共有率が50%以上になることを明らかにした．

CHD遺伝子座の研究では，塩基配列が決定されてからPCR法を用いた性判別が可能になり(Ellegren 1996, Griffiths et al. 1998)，イワヒバリの冬季個体群における性比の調査(Nakamura & Nishiumi 2000)，コメボソムシクイの渡りの時期と性比との関係など，おもに生態解明の研究ツールとしてこの遺伝子が利用されている．

鳥類には，渡りをする種，広く分布する種，隔離された種がある．本章では，これら3タイプの種におけるmtDNAによる遺伝的構造の分析例を紹介する．

12.3 高山に隔離された鳥類

日本の高山帯で繁殖を行う鳥類のなかにライチョウ *Lagopus mutus* とイワヒバリ *Purunella collaris* がいる．ライチョウは，北極圏周辺のツンドラや中緯度の高山帯など，寒冷な気候で低木が点在するような環境に生息する全長約37 cmの鳥である．食性はほぼ植物食で，耐寒性を含め極地の厳しい環境に適応している．日本に生息する個体群は，26亜種中の1亜種ニホンライチョウ *L. m. japonicus* と分類されており，南限の高山遺存種として日本アルプスに分布している．その生息数は約3000羽が確認されているのみで，環境庁レッドデータブックで危急種に指定されている(環境庁 1991)．

イワヒバリは，ユーラシア大陸の温帯高山帯に生息する体長約18 cmの鳥である．食性は雑食で，地上で昆虫や植物の種子などを食べる．日本国内では，本州中北部の高山で繁殖し，非繁殖期は低山に移動して群れで越冬する漂鳥である(Nishiumi & Nakamura 2001)．

日本および日本近隣のライチョウ個体群の遺伝的関係は，Baba et al. (2001)，Holder et al. (2000)およびライチョウ会議による2001年度までの研究により，mtDNAコントロール領域の塩基配列をもとに調べられ，26地域から得られた216試料のライチョウから，20ハプロタイプが同定された．ライチョウと外群とし

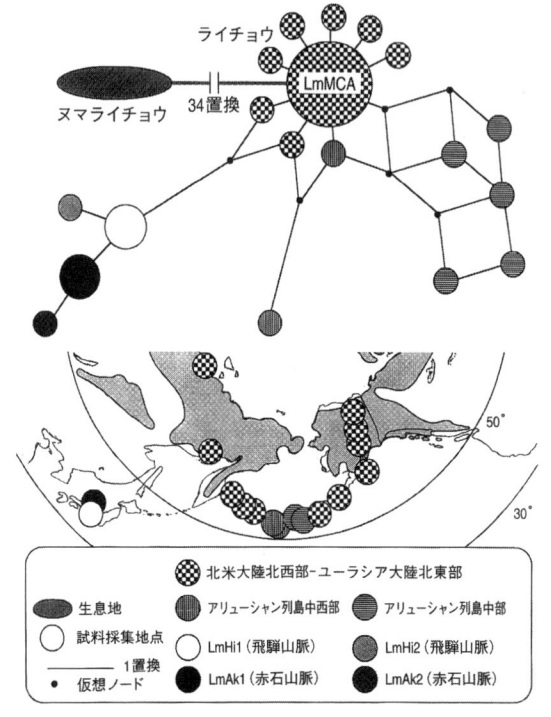

図12-1 ライチョウのネットワーク樹とユーラシア大陸から北米大陸にかけてのハプロタイプ分布.

てヌマライチョウを用いたネットワーク樹では，両種の間は34塩基置換で結ばれ，ライチョウ内ではハプロタイプLmMCAがヌマライチョウにもっとも近く，祖先ノードと推定された(図12-1)．このハプロタイプLmMCAは，ユーラシア大陸から北米大陸にかけての主要なハプロタイプであった．マガダンからはMCAのほかに5ハプロタイプが検出され，MCAを中心にしていわゆる花火型放散を示し，20%/MYAという進化速度(Quinn 1992；第2章参照)を用いると，最終氷期以降形成された個体群であることが示唆された．一方，アリューシャン列島の中央部と中西部の個体群は，ハプロタイプMCAとは異なるクレードを形成し，最終氷期中に分化していたことが示唆された．

日本の個体群は飛騨山脈の39試料がハプロタイプLmHi 1に，1試料がハプロタイプLmHi 2に分類され，赤石山脈の13試料がLmAk 1に，1試料がLmAk 2に分類され，山脈ごとに異なるハプロタイプが分布していた．これら日本に生

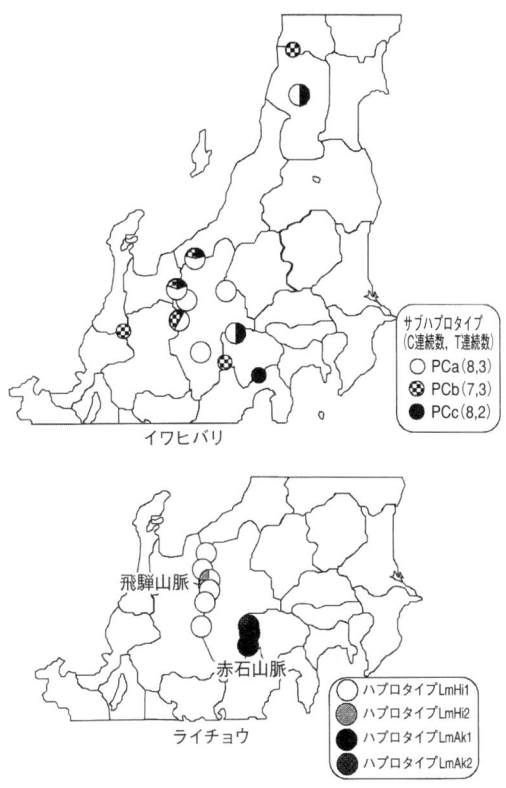

図12-2 ライチョウおよびイワヒバリの試料採集地域とハプロタイプ分布.

息するライチョウ個体群の系統は，日本産ハプロタイプが祖先ノードMCAから6塩基置換の距離にあることから，約6万年前ごろに現れたと考えられる．この時期はヴュルム氷期の開始期に相当し，ヴュルム氷期におけるライチョウの生息可能な植生が，大陸東岸から北海道，およびアリューシャン列島南部まで拡大し，その時期に日本やアリューシャン列島中央，および中西部のライチョウ系統が分化したと考えられる．

　イワヒバリの解析は，日本の11地域54試料を用いて行われた．mtDNAコントロール領域の塩基配列には置換がなく，欠損・挿入部位としてコントロール領域L鎖5′末端の40番目から7もしくは8個のC連続，31番目から3もしくは2個のT連続が検出された．このような同一塩基の連続数のちがいは，塩基

置換に比べて不安定なものであると考えられ、塩基置換のみを安定的なハプロタイプとして決定するならば、このイワヒバリはすべて同一ハプロタイプといえる。そこでC連続、T連続をもとにしたPCa, PCb, PCcを設定したが、明瞭な地域性はみられなかった。

両種とも日本におけるハプロタイプ数は非常に少ない。このことは、地史的環境変遷による影響の結果であると考えられる。立山における現在のライチョウの繁殖地は、標高約2500m以上のハイマツ帯である。花粉学的な分析法で立山地域の植生の変遷を調べたYoshii(1988)は、最終氷期の終わりごろから(約2万年前)ハイマツ帯が山の中腹まで降下し、現在より広く連続したハイマツ帯が形成されたことを示唆した。一方、約7000-6000年前のいわゆる縄文海進とよばれる気候温暖期には、高山の植生が上昇し、ハイマツ帯が縮小、あるいは山岳によっては消失した可能性が指摘されている。

12.4 広く森林に分布する鳥類

森林を生息地とするエゾライチョウ *Bonasa bonasia* は、ユーラシア大陸に広く分布し、ライチョウと同様、ほぼ植物食で、耐寒性を含め寒冷地の厳しい環境に適応している。2km以上離れた森林間を移動できない(Åberg *et al.* 1995)という生態的な特徴をもつ。北海道の森林に生息するエゾライチョウは、亜種 *B. b. vicinitas* と分類され、狩猟鳥として毎年捕獲されている。

日本のみならずユーラシアからヨーロッパにかけての7地域のエゾライチョウについて、mtDNAコントロール領域を分析した結果(図12-3)、180試料から75ハプロタイプが検出された。もっとも近縁なミヤマライチョウを外群として用い、ネットワーク樹を作成した。外群のミヤマライチョウとエゾライチョウは27塩基置換で結ばれており、ヨーロッパアルプスの南側の2ハプロタイプがまず分岐した。残りのハプロタイプは、楕円で囲まれた祖先ノードを中心に放射状に分散していた。

このエゾライチョウのネットワーク樹の特徴として、前述のライチョウが特定のハプロタイプに集中していたのとは異なり、それぞれのハプロタイプが1塩基もしくは2塩基置換で結ばれる連続的な樹形を示すことがあげられる。これは個体群が長期間にわたり安定していたことを示唆していると考えられる。

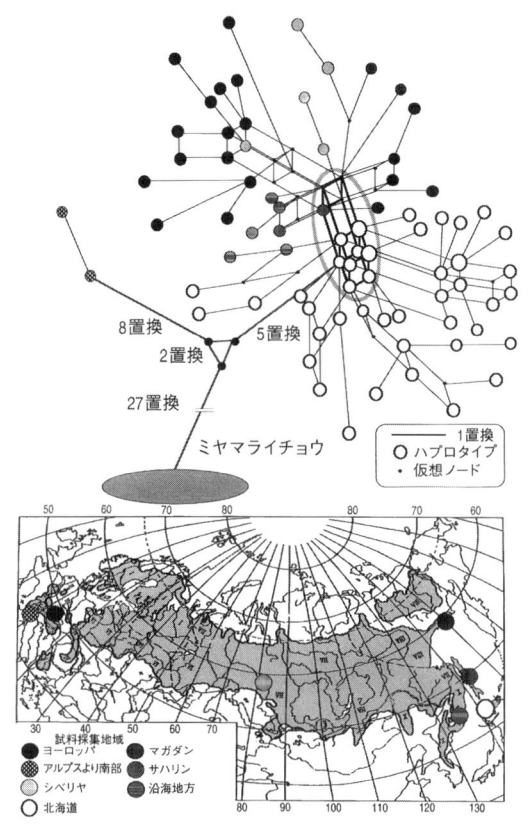

図12-3 エゾライチョウの試料採集地域とネットワーク樹.

　祖先ノードからの塩基置換頻度分布で示したように(第3章参照),エゾライチョウの北海道地域個体群の形成過程を考察してみると,形成年代は約4万年前までさかのぼると推測される.この時期はヴュルム氷期中で,大陸内部は乾燥し森林が未発達であったため,エゾライチョウの生息できる森林地帯は極東の沿岸部や地続きであった北海道(伊東・安田 1996)に限定されており,これらの森林地帯が分化の中心であったと推測される.このエゾライチョウは最終氷期以降の森林の拡大にともない分布を拡大し,遺伝的多様性を拡大した鳥類の典型的な例であろう.

12.5 渡りをする鳥類

マナヅル Grus vipio は冬に日本へ渡ってくる鳥で，全長約 120 cm ほどである．繁殖地は中国とロシア，もしくはモンゴルとの国境地帯の広大な湿地である．約 3000 羽が越冬地として集中する出水市は保全上重要な地域になっている．

マナヅルでは，これまで紹介してきた種では繁殖地で試料を採集したのとは異なり，越冬地である鹿児島県出水市および高尾野町で採集された脱落羽毛を分析試料に用いた．また，中国にも大きな越冬地があり，今後種全体の変遷を明らかにするためには中国での分析を行うことが望まれる．

マナヅルの mtDNA のコントロール領域を解析した結果，39 試料中 29 カ所の塩基置換部位が検出され，23 個のハプロタイプが同定された．図 12-4 のネットワーク樹では，外群のタンチョウと 50 塩基置換で中心のハプロタイプ Gv 1 と結

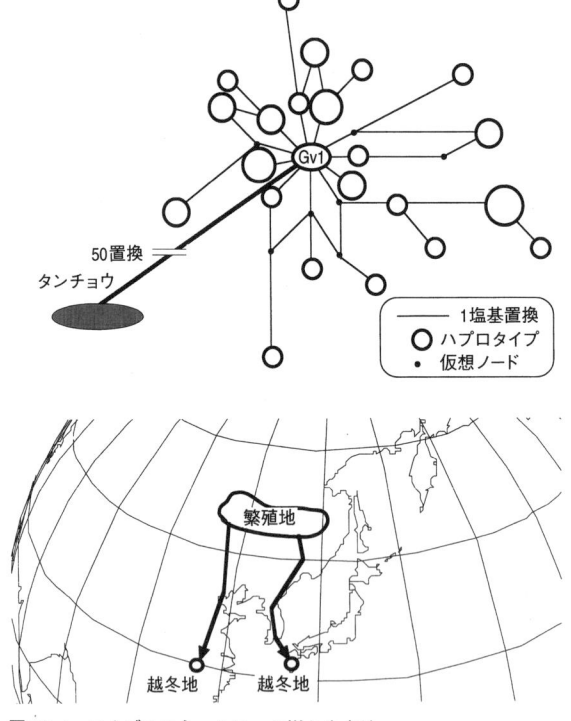

図 12-4　マナヅルのネットワーク樹と生息地．

ばれ，これが祖先ノードと推測された．ほかのハプロタイプは中央の祖先ノードから線香花火状に，1から5塩基置換で近接して分布し，複数の系統を示した．

　マナヅルの繁殖地は湿地であり，温暖化とともに生息地が拡大したものと考えられる．しかしながら，ネットワーク樹の樹形は，花火型放散ではなく，枝の長い連続した放散型であった．筆者らが分析中のオオミズナギドリなどの渡り鳥や，繁殖期の巣と採餌場所間の距離が非常に遠いハイガシラアホウドリ・ススイロアホウドリ（Burg *et al.* 2001）などでも，同様の樹形が知られている．広域に移動する鳥類は，環境変遷にもよく適応し，地球上のどこかに繁殖地を見出し，生息し続けることができるのではないだろうか．

　12.3節から12.5節にかけて，高山に隔離された種，森林に広く分布する種，渡りをする種という異なる3タイプの鳥類を取り上げ，その遺伝的構造をみてきた．それらでは異なった樹型が得られたが，その原因として生息地の環境変遷が想像される．隔離されたライチョウやイワヒバリは少数のハプロタイプに集中し，その原因として温暖化がボトルネックを引き起こしたことが考えられた．広く森林に分布するエゾライチョウは，大きく広がるネットワーク樹を形成しており，温暖化による森林の拡大とともに緩やかに個体数が増えてきたと思われる．渡りを行うナベヅルなどは，連続放散型の樹形をなし，繁殖地域の変動などの環境変化にもよく対応し，適応してきたと推定される．

馬場芳之

13 爬虫類

13.1 日本の爬虫類相——特色と保全上の位置づけ

　日本在来の爬虫類としては現在，13科43属84種11亜種が知られている．このうち海生のウミガメ類2科5属5種とウミヘビ類1科2亜科4属8種の大部分は，琉球列島近海を中心に生息している．残りは陸生で，計26種・亜種が本土とその周辺の離島に，55種・亜種がトカラ海峡以南の琉球列島を中心とした南西諸島に，3種が小笠原・硫黄諸島に分布し，そのうち計58種・亜種が日本固有となっている (Ota 2000a, 2000b)．これらの固有種や固有亜種の多くは，地殻の変動や，氷河の消長にともなう海水面の変動がもたらしたこの地域の島嶼化と陸橋化の繰り返しのなかで形成されたと考えられる (Hikida *et al.* 1989, Ota 1998a)．

　では日本の爬虫類は，保全生物学的な観点からはどのように位置づけられるであろうか．最近改訂された国のレッドデータブック（環境庁 2000）には，18種・亜種もの爬虫類が絶滅危惧種として掲載されている（表13-1）．こうした絶滅危惧種のいくつかは，遺伝学的手法を取り入れた分類学的研究の進展にともなって近年発見されたもので，今後も数を増していくことが予想される (Ota 2000b)．とくにこうした未記載種・亜種が依然として少なくなく，しかもその多くが少数の小集団だけからなると予想される琉球列島では（たとえば Toda *et al.* 2001a；下記参照），固有種のおもな生息環境である自然林が開発によって急速に失われつつあり，多くの種が存続を脅かされている (Ota 2000b, Itô *et al.* 2000)．さらにこれらの島々では，人間が島外からもちこんだ外来種がさまざまなかたちで在来種を圧迫・駆逐しており，実際，固有種であった可能性も考えられるトカゲ属（*Eumeces*）の集団が，捕食者であるイタチの移入にともない正体も明らかにされぬままに姿を消してしまうといった不幸な事態も起っている（太田 1996）．

　このような状況にあるにもかかわらず，日本産の爬虫類を対象としてこれま

表13-1 環境庁のオリジナル(1991年)版と改訂(2000年)版のレッドデータブックに掲載されている日本産爬虫類の比較．ほとんどないし完全に琉球列島のみにみられる種・亜種には●を，日本の固有種・亜種には○を付す．なお，トカラ諸島北部のトカゲ属集団は現行の分類ではニホントカゲとなっているが，遺伝的にはオキナワトカゲに近い(本文参照)．

1991年版レッドデータブック		新版レッドリスト・レッドデータブック	
危急度カテゴリー	対象種・亜種・個体群	危急度カテゴリー	対象種・亜種・個体群
絶滅危惧種(E)	●○キクザトサワヘビ	絶滅危惧IA類(CR)	●○イヘヤトカゲモドキ ●○キクザトサワヘビ
		絶滅危惧IB類(EN)	● タイマイ ●○マダラトカゲモドキ ●○オビトカゲモドキ ●○ヤマシナトカゲモドキ ●○ヒメヘビ
危急種(V)	●○セマルハコガメ ●○リュウキュウヤマガメ	絶滅危惧II類(VU)	● アオウミガメ アカウミガメ ●○セマルハコガメ ●○リュウキュウヤマガメ ●○クロイワトカゲモドキ ●○キノボリトカゲ ●○バーバートカゲ ● ミヤコトカゲ ●○ミヤコヒバァ ●○ヨナグニシュウダ ●○ミヤラヒメヘビ
希少種(R)	● アオウミガメ ● タイマイ アカウミガメ ●○クロイワトカゲモドキ ●○キシノウエトカゲ ●○イワサキセダカヘビ ●○アマミタカチホヘビ ●○ヤエヤマタカチホヘビ ●○サキシマアオヘビ ●○サキシマバイカダ ●○ヒメヘビ ●○イワサキワモンベニヘビ ●○ヒャン	準絶滅危惧(NT)	●○キシノウエトカゲ ●○イワサキセダカヘビ ●○アマミタカチホヘビ ●○ヤエヤマタカチホヘビ ●○サキシマアオヘビ ●○サキシマバイカダ ●○イワサキワモンベニヘビ ●○ヒャン ●○ハイ
絶滅のおそれのある地域個体群(Lp)	なし	絶滅のおそれのある地域個体群(Lp)	ニホントカゲ(悪石島以北のトカラ諸島) ○オカダトカゲ(三宅島，八丈島，青が島)
		情報不足(DD)	スッポン

でに行われた保全生物学的研究は非常に少ない．ここでは遺伝学的な手法を用いて行われた研究(太田 1998b)のうち，得られた結果に多少なりともかれらの保全に関する示唆が含まれているものを，大きく4項目に分けて紹介する．

13.2 遺伝学的手法を用いた分類学的多様性の解明

国際自然保護連合(IUCN)や環境庁のレッドリストが，文字どおり絶滅の危惧される種や亜種のリストであることからもわかるように，一般に野生生物は，まず種や亜種といった分類群としてとらえられ，そのうえで危急度の評価や保護策施行の対象とされる．つまり分類学者による種や亜種の認定・記載が，行政その他によるその後の野生生物保護のための基本方針の策定に土台を与えることになるのである．この事実は，きわめて危険な一面をもつ．上でも述べたように，個々の種や亜種の分類というものは，現在までにすでに完了してしまっているわけではなく，未記載の種や亜種が依然，少なくないからである．こうした記載分類の遅れは，本来ならば最優先で保全の対象とされるべき集団の見落しにつながり，ときとして悲劇を生む．世界的に有名な例としては，中生代に栄え，現在ではニュージーランドだけに生き残るムカシトカゲ目の例があげられる．長く1種(*Sphenodon punctatus*)にまとめられていたこの目の生き残り集団に，じつは2種1亜種が含まれることがわかったのはごく最近で，うち1亜種(*S. p. reischeki*)はすでに絶滅した後であった．もうひとつの種(*S. guntheri*)は1小集団が生き残ってはいたが，これも保全策の成果というよりは，たまたま好運が重なった結果であった(Daugherty *et al*. 1990)．

動物分類学においては普通，種や亜種の認識は形態的な差異の有無や程度にもとづいてなされ，記載も形態形質に関するものに重きがおかれる．しかし，実際の生物の進化では，(1)形態的な分化をともなわない生殖隔離・種分化が生じたり，(2)異なる進化系統に属する集団が類似した環境下で淘汰を受けた結果，類似した姿形になったり(Mayr & Ashlock 1991)，あるいは(3)異なる環境への生理的な反応のみで，遺伝的改変をともなわずに姿形が変わったり，することがある(Losos 2001)．とくに(1)と(2)は分類学的多様性の過小評価をとおして，上のムカシトカゲ類の例に象徴されるような悲劇を招くおそれがある．こうした問題の解決に遺伝学的手法によるアプローチが大きく寄与しうる．理由は，

(A)細胞遺伝学的手法で染色体の差異を調べることにより，異所的集団の間での生殖隔離メカニズムの有無についてある程度見当をつけることができ(King 1993)，また(B)核DNAやその産物である酵素タンパク質の変異を解析することで，自由交配集団の範囲を形態的な類似性に紛らわされることなく検出できるからである(Arnold 1992)．

国内の爬虫類を対象とした研究のうち(A)の例としては，筆者らによる琉球列島産ユウダ属 Amphiesma に関するものがある(Ota & Iwanaga 1997)．琉球列島のユウダ属はかつてガラスヒバァ A. pryeri 1種にまとめられ，八重山諸島のものは亜種ヤエヤマヒバァ A. p. ishigakiense とされていた．また宮古諸島の集団については，亜種ミヤコヒバァ A. p. concelarum とする意見，基亜種とする意見，ヤエヤマヒバァとする意見などがあった．筆者らは奄美・沖縄諸島，宮古諸島，八重山諸島の各集団で核型が明瞭に異なることを発見し(図13-1)，これをひとつの大きな根拠としてこれらの異所的集団がそれぞれ独立種とされるべきであることを示した．従来の分類では広域分布種の一部と位置づけられ，保全上注目されることのなかったミヤコヒバァは，この分類学的変更によりその限られた分布と低い生息密度が適切に評価され，改訂版レッドデータブックに"絶滅危惧II類"として加えられた(環境庁 2000；表13-1)．染色体の変異はヤマカガシ Rhabdophis tigrinus tigrinus の本土集団の間(Toriba 1987)や，スッポン Pelodiscus sinensis の日本・台湾集団と大陸集団の間(Sato & Ota 2001)でも知られているが，その分類学的な意義についてはいまだ検討されていない．

(B)の例としては，戸田らによる酵素タンパク質支配遺伝子の変異分析にもとづく沖縄諸島，大隅諸島−南九州それぞれのヤモリ属 Gekko の分類学的多様性に関する研究がある(Toda et al. 2001a, 2001b)．沖縄諸島産の本属種としてはこれまでミナミヤモリ G. hokouensis のみが知られ，戸田らが調べた標本も形態的にはすべてミナミヤモリと同定された．通常，同じ地点から採集された同じ両性生殖種に属する個体は同じ自由交配集団に属し，したがって変異のある遺伝子座それぞれにおける遺伝子型の出現頻度は，標本数がよほど少なくないかぎりハーディ−ワインベルグ予測(Hardy-Weinberg expectation)にしたがうはずである．ところが，戸田らが調べた伊平屋島，伊是名島，久米島，渡名喜島産のサンプルでは，変異のある遺伝子座の多くで，出現する遺伝子型の頻度がこの予測から大きく逸脱した．さらに，たとえばアデノシンデアミナーゼという酵素の支

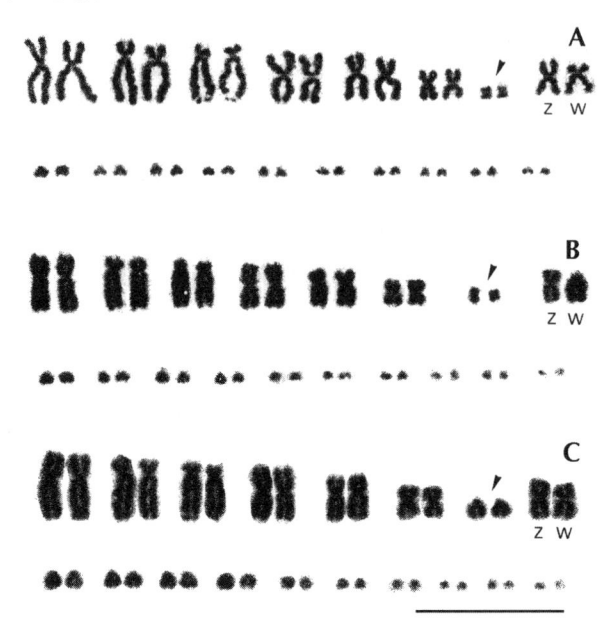

図13-1 ガラスヒバァ(A)，ミヤコヒバァ(B)，ヤエヤマヒバァ(C)の核型．W染色体や第7常染色体(矢印)の形態に明瞭な変異がみられる．Ota & Iwanaga(1997)より．

　配遺伝子座(Ada)をみると，上記の4島それぞれのサンプル中に遺伝子aをホモに(すなわちaaとして)もつ個体と遺伝子bをホモ(bb)にもつ個体がいるのに，両遺伝子をヘテロ(ab)にもつ個体はまったくいなかった．これは"Ada-aa"のグループと"Ada-bb"のグループの間で遺伝的交流がまったくないことを意味している．そこで4島それぞれに，ヒトの目では判別できないが生殖的な交流をもたない2種が同所的に生息していると仮定し，Ada遺伝子座の2遺伝子型(aa, bb)を指標にそれぞれの島のサンプルを2つのサブサンプルに分けたうえで，Ada以外の多型遺伝子座について再度，遺伝子型の出現頻度とハーディ-ワインベルグ予測とのずれを調べた．すると，いずれのサブサンプル内でもほぼすべての遺伝子座で有意なずれはみられなかった．したがって，沖縄諸島の"ミナミヤモリ"のなかに，生殖的に隔離された2つの種がいることはほぼ確実である．このことは各サンプル・サブサンプル間で根井の遺伝距離(Nei 1978)を求め，クラスター分析にかけた結果からも支持された(図13-2)．ミナミヤモリは沖縄諸島だけでなくアジア大陸東部や台湾，琉球列島全域，九州南部に広く分布す

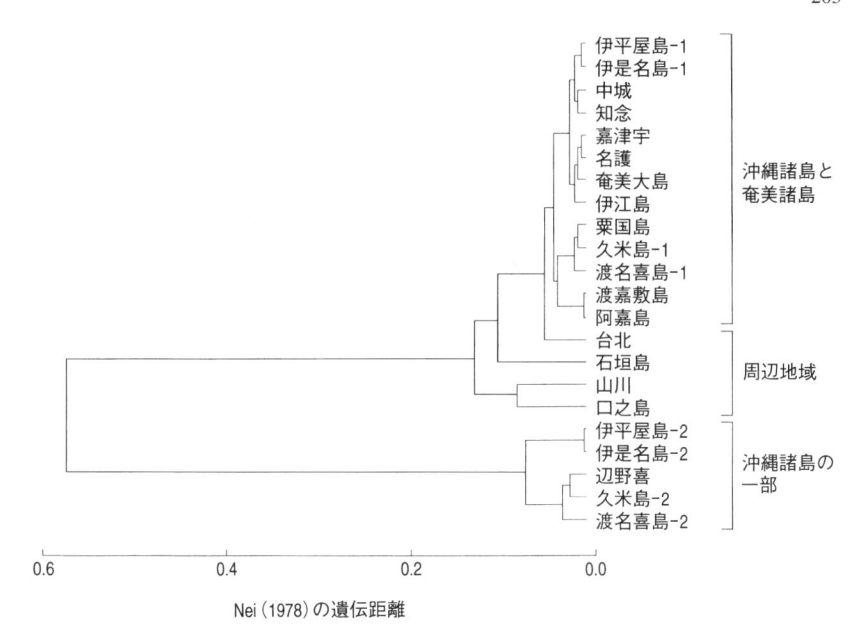

図13-2 沖縄諸島ならびにその近隣地域のミナミヤモリのサンプルについて,電気泳動法で得られた酵素タンパク質支配遺伝子のデータから根井の遺伝距離を求め,非加重平均法でクラスター分析にかけた結果.Toda *et al.* (2001a)を改変.

る.これまでに調べられた沖縄諸島以外のサンプルはすべて"Ada-bb"タイプに属し,こちらが厳密な意味でのミナミヤモリ(基準産地は大陸内)である可能性が高い.対照的に"Ada-aa"タイプは沖縄諸島に限られ,上記4島以外では沖縄島の北部(辺野喜)だけからみつかっている(Toda *et al.* 2001a).したがって,このタイプはきわめて分布の限られた沖縄諸島固有の未記載種と考えられ,今後保全の対象としても注目されるべきである.

　大隅諸島-南九州のヤモリ属に対しても,戸田らは同様の方法で遺伝的変異の解析を行った(Toda *et al.* 2001b).この地域からは2種のヤモリ属(ミナミヤモリと固有種ヤクヤモリ *G. yakuensis*)が報告されているが,これらの間で差異を示す形態形質は非常に少なく,中間的な特徴を示す個体も出現するため,ヤクヤモリの実在性については疑問視する向きもあった.戸田らの研究の結果,ヤクヤモリ-ミナミヤモリ間では4つの遺伝子座で遺伝子がほぼ置換していること,屋久島や佐多岬など数地点で両者が同所的に,かつ遺伝的交流をもたずに生息していること,しかしその一方,大隅半島の2地点で両者の雑種個体群がみら

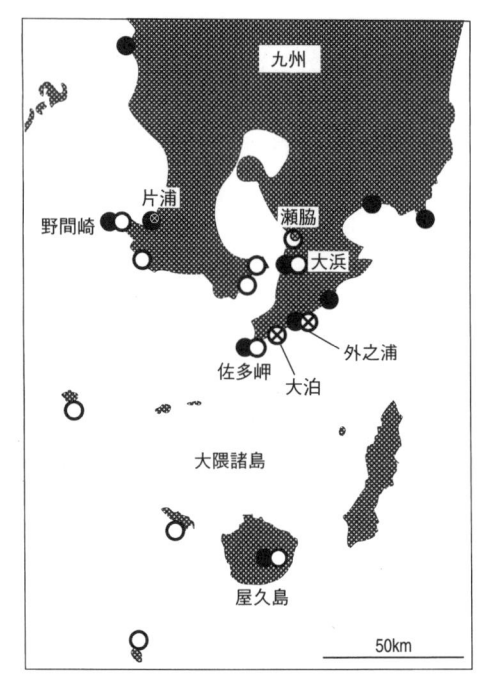

図 13-3　酵素タンパク質の支配遺伝子の変異を指標とした調査で明らかとなった，大隅諸島–南九州地域におけるヤクヤモリ(●)とミナミヤモリ(○)の分布．⊗は雑種起源の繁殖集団を示し，◉は全体としては純系の集団のなかに少数の雑種個体が含まれることを示す．Toda et al. (2001b) を改変．

れること，などが明らかとなった(図13-3)．これらの結果はヤクヤモリの種としての実在性を支持する一方，沖縄諸島の2種の場合と異なり，ミナミヤモリとヤクヤモリの間では生殖隔離が必ずしも完全ではなく，条件によっては両種間に急激な遺伝子浸透が生じる可能性のあることを示唆している．

13.3 遺伝学的手法を用いた進化的に重要な単位やクローン多型の検出

　生物多様性の保全を進めるにあたり，種や亜種といった分類群だけを過度に重視する姿勢は危険である．保全の対象として無視できない多様性の単位がほかにもあるからである．その代表が進化的に重要な単位(evolutionary significant unit)であり，また単為生殖種における個々のクローンタイプである．進化的に重要な単位には，従来の種の概念や亜種分割の基準(生殖的隔離，形態的分化，分類群ごとの単系統性の堅持など)に鑑みると独立した分類群とするには難点があるが，その一方で血縁系統上の独立性，進化的独自性が高く，将来の生物多様性の創出母体となることが予想される集団が含まれる(Moritz 1994)．保全に携わる多くの研究者は現在，種や亜種などの分類群よりもむしろこの進化的に重要な単位を重視しつつある(Karl & Bowen 1998)．また，爬虫類をはじめ多くの動物群には単為生殖を行う系統が少なからず含まれる．こうした単為生殖動物には通常メスしかおらず，形態的に定義可能な範囲の集団が便宜的に種として扱われている．しかし，こうした単為生殖の集団は，生殖を介した個体間の結びつきを種認識の基準とする生物学的種概念にはなじまず(Mayr & Ashlock 1991)，"単為生殖種"のなかにはしばしば複数の，遺伝的差異が大きく場合によると起源も異なる独立したクローンタイプが含まれる(Darevsky 1992)．生物多様性の保全を考える際，こうしたクローンタイプの多様性を考慮せず，形態的類似性にもとづくまとまりにすぎない"種"を最小単位とするのは妥当でない．

　遺伝学的手法を国内産爬虫類の多様性の検出に適用し，分類学の枠組みでは表現されにくい進化的に重要な単位の存在を示唆した例としては，加藤ら(Kato *et al.* 1994)や筆者らの研究(Ota *et al.* 1999)がある．また，単為生殖種のクローンタイプの多様性を示したものとしては，山城らの研究(Yamashiro *et al.* 2000)がある．

　このうち加藤らは，日本から台湾にかけて分布するトカゲ属のなかの1群について酵素支配遺伝子座を調べた．その結果得られた樹状図は，とくにオキナワトカゲ *E. marginatus* 個体群について，形態分類と著しくくいちがう関係を示唆した(図13-4)．オキナワトカゲは従来，沖縄諸島のものが基亜種(*E. m. marginatus*)とされ，奄美諸島とトカラ諸島南部の集団は別亜種オオシマトカゲ *E. m. oshimensis* としてまとめられている．一方，トカラ諸島北部の集団は，本土を中心に分布するニホントカゲ *E. latiscutatus* として扱われている．しかし，加藤らの分析結果は，奄美諸島の南部2島(与論島・沖永良部島)の集団が基亜種に近く，さらに口之島(トカラ諸島の北端)の集団もオキナワトカゲの基亜種に近いことを示した．このうち先の2集団は相互に遺伝的類似性が非常に高い一方，基亜種集団とのクラスター内では真っ先にほかの集団から分かれた．これ

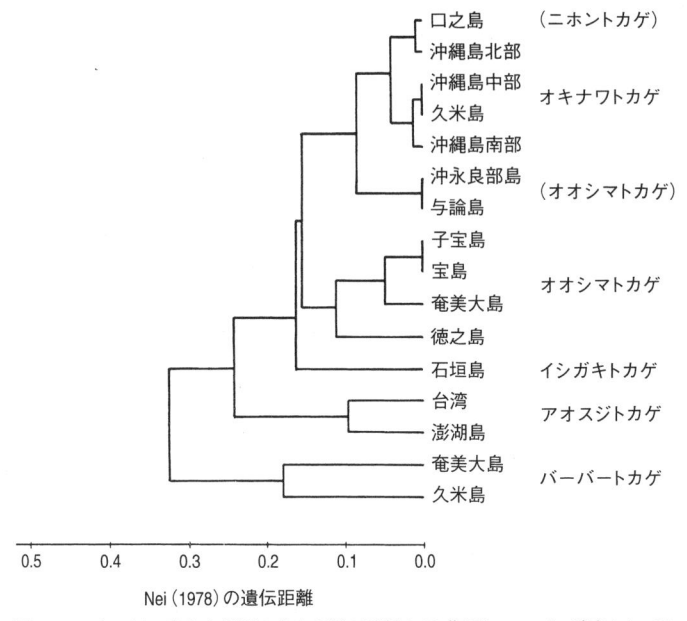

図13-4 東アジア産トカゲ属のうち6種1亜種の19集団について,酵素タンパク質データにもとづき根井の遺伝距離を求め,非加重平均法でクラスター分析にかけた結果.Kato et al. (1994)を改変.

に対し,基亜種から地理的に大きく隔てられた口之島の集団は,基亜種のなかでも沖縄島北部の集団と非常に高い遺伝的類似性を示した.こうした異所的集団間における形態的変異と遺伝的変異の地理的パターンのずれを,従来の分類体系のなかで表現するのは容易ではない.しかし,一方で与論島,沖永良部島,口之島の集団が,その分類学的地位にかかわらず進化学的にきわめて注目すべき貴重な存在であることは明らかである.戦後人為的に移入されたイタチの食害により,沖永良部島やトカラ諸島北部の島々でトカゲ属集団が消滅しつつあるいま,このような認識にもとづき早急に保全対策を立てることが急務である(太田 1996,環境庁 2000).

沖縄諸島を中心に分布し,島嶼間で細かい形態的分化を示す遺存固有種クロイワトカゲモドキについては,ミトコンドリアDNAの配列変異をもとに個体群系統に関する初歩的な検討がなされた(Ota et al. 1999).その結果,調査されたサンプルのなかでは,まず徳之島のものがほかから分かれ,沖縄島北部産が続き,沖縄島南部と伊江島のサンプルが最後までまとまっていた.分類学的には

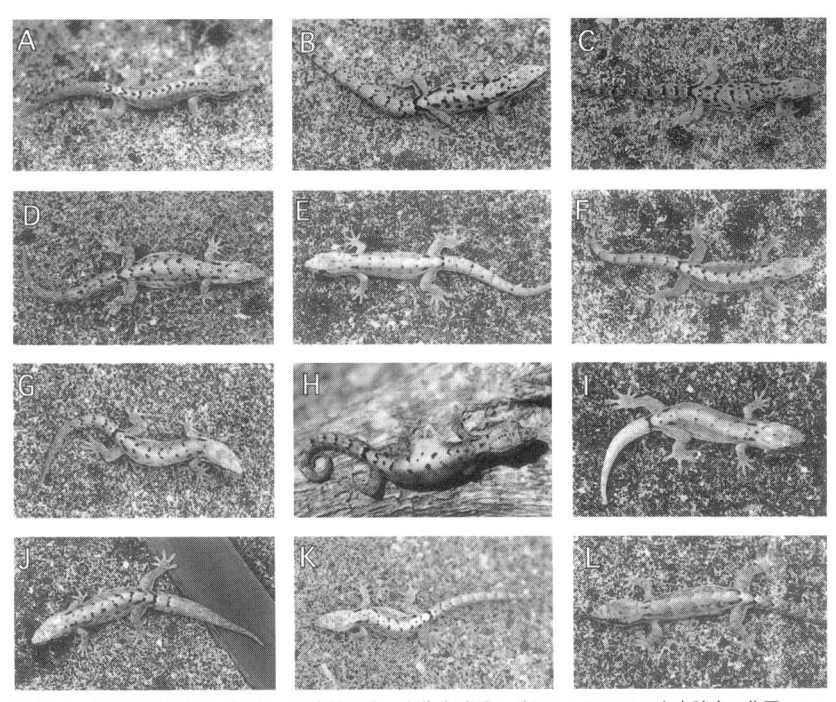

図13-5 驚くほど遺伝的多様性・固有性の高い単為生殖種オガサワラヤモリの大東諸島の集団．A-L の順にクローン Da、クローン B、クローン B′、クローン Bl の 1-8、クローン N．クローン Da は 2 倍体で 44 本の染色体をもつが、ほかのクローンは 3 倍体で 66 本の染色体をもつ．Yamashiro et al.（2000）より．

徳之島の集団は固有亜種オビトカゲモドキ *Goniurosaurus kuroiwae splendens*，伊江島の集団は慶良間諸島や渡名喜島の集団とともに別亜種マダラトカゲモドキ *G. k. orientalis* とされ，沖縄島の集団は基亜種（*G. k. kuroiwae*）としてまとめられている（Grismer et al. 1994）．今回の結果はこうした亜種分類には合致せず，(調べられた標本の数が少なすぎはするが)沖縄島内に複数の進化系統が存在する可能性をも示唆している．このことは，生息環境の悪化や密猟によって著しく縮小してきている同島南部の集団（環境庁 2000）に対する保全策の重要性を強く示している．

一方，山城らは斑紋パターンの変異，染色体の倍数性，酵素支配遺伝子の多型性を指標として，オガサワラヤモリ国内集団におけるクローン組成を調べた（Yamashiro et al. 2000）．オガサワラヤモリは太平洋やインド洋の熱帯・亜熱帯の島嶼域，その近隣の大陸沿岸部に分布する単為生殖種で，2 つの両性生殖種

表13-2 日本産オガサワラヤモリのサンプルにおける多型遺伝子の遺伝子型．国内ではクローンAは小笠原諸島のみに，クローンCは琉球列島のみに，また残りのクローンは大東諸島のみにみられる．大東諸島のクローンのうちクローンBをのぞく11クローンは，世界的にみても大東諸島固有と考えられる．Yamashiro *et al.*(2000)より．

クローン	倍数性	Aat	Acoh	Glydh	G3pdh	Gpi	Ldh	Mdh	Pnp	Pgdh	Pgm-1	Pgm-2	Est-1	Est-2
A	2倍体	ab	ac	bb*	bb*	bb*	bb*	bb*	ac	bb*	bb*	cc*	bb*	aa*
C	3倍体	abb	abb	ab	aaa*	abb	aaa*	aaa*	ac	abb	abb	ccc*	acc	bbb*
Da	2倍体	ab	ab	ab	aa*	ab	aa*	ab	ab	ab	ab	cc*	cc*	bb*
B	3倍体	aab	abc	bbb*	aaa*	abb	aaa*	bbb*	ab	aab	abb	acc	acc	bbb*
B′	3倍体	aab	abc	bbb*	aaa*	abb	aaa*	bbb*	ab	aab	abb	aaa*	acc	bbb*
Bl-1	3倍体	abb	abc	ab	aaa*	abb	aaa*	bbb*	ab	abb	abb	bcc	acc	bbb*
Bl-2	3倍体	bbb*	abc	ab	aaa*	abb	aaa*	bbb*	ab	abb	abb	bcc	acc	bbb*
Bl-3	3倍体	aab	abc	ab	aaa*	abb	aaa*	bbb*	ab	bbb*	abb	bcc	acc	bbb*
Bl-4	3倍体	abb	abc	ab	aaa*	abb	aaa*	bbb*	ab	bbb*	abb	bcc	acc	bbb*
Bl-5	3倍体	abb	abc	ab	aaa*	abb	aaa*	bbb*	ab	abb	abb	bcc	acc	bbb*
Bl-6	3倍体	abb	abc	ab	aaa*	abb	aaa*	bbb*	ab	aab	abb	ccc*	acc	bbb*
Bl-7	3倍体	abb	abc	ab	aaa*	abb	aaa*	bbb*	ab	abb	abb	bcc	acc	bbb*
Bl-8	3倍体	abb	abc	bbb*	aaa*	abb	aaa*	bbb*	ab	abb	abb	bcc	acc	bbb*
N	3倍体	aab	abc	?	aaa*	abb	aaa*	bbb*	ab	abb	abb	bcc	acc	bbb*

*2倍体，および3倍体クローンにおける1本バンドのみの出現は，それぞれ2および3遺伝子の同型接合体を示すとして表記してあるが，それぞれ1遺伝子のみ活性のある可能性や2遺伝子のみの同型接合体の可能性もある．

(親種)の交雑に由来する2倍体クローン，およびこのクローンと親種との戻し交雑に由来する3倍体クローンからなる(Ineich 1988, 1999, Radtkey *et al.* 1995)．国内では小笠原諸島，琉球列島，大東諸島にみられ，これらが分布の北限となっている．解析の結果，小笠原諸島の集団は南太平洋の島々に広く分布する2倍体の通称クローンA(Ineich 1988)のみから，また，琉球列島の集団は同じく広域に分布する3倍体のクローンC(Ineich 1988)のみからなることが明らかになった．近年，南太平洋地域からおそらく人為的に移入されたのであろう．

対照的なのが大東諸島の集団で，12ものクローンタイプ(2倍体1，3倍体11)が認識された(図13-5)．しかもそのうち3倍体のひとつをのぞく11クローンタイプは，この島嶼群に固有であることが強く示唆されたのである．こうしたク

ローンの多様性・固有性は，以前に南太平洋やインド洋の島嶼集団について報告されたもの(Ineich 1999)よりも高い．雑種起源の単為生殖種におけるクローン多様性の増大は，一般に(1)親種の少なくとも一方の複数個体がかかわる反復的なクローンの創出，ないし(2)クローン系列が確立された後での突然変異の蓄積，のいずれかによって生じるとされる(Darevsky 1992)．このうち(2)の場合，突然変異によって新たに生じたクローンタイプは特有の対立遺伝子をもつことが予想されるが，大東諸島のクローンタイプはこのような条件は満たしていない(表13-2)．よってここの3倍体クローンタイプの多様性は，特定の2倍体クローンタイプと近縁の両性生殖種の複数のオスとの交雑に由来すると考えられる．

　海洋島である大東諸島に，このように多くのクローンタイプが集中するに至った生物地理学的プロセスとしては，大きく(3)同諸島内での多様化と，(4)外部からの複数回の侵入，が考えられる．オガサワラヤモリについてはこれまで，人間の活動にともない分布を拡大する能力の高いことが指摘されており(Ineich 1999)，この点からみると(4)の解釈のほうが妥当なように思われるかもしれない．しかし，大東諸島は小笠原諸島や琉球列島とちがい，1900年にはじめて人間が入植して以来，クローンの供給源となりうる地域との直接的な交易はなく，船も飛行機も，戦後になってクローンCが侵入した琉球列島にしか連絡していない．さらに，大東諸島がほかのオガサワラヤモリの産地から距離的にも大きく離れている(1800 km以上)こと，大東諸島のほとんどのクローンタイプがほかの地域でみられないことなどを考えても，(4)の可能性は低いといわざるをえない．親種候補となる近縁の両性生殖種が大東諸島に現存しないことから，(3)の可能性はさらに低くみえるかもしれない．しかし，かつて密林に覆われていた南・北大東島が人間の入植以来急速に開拓され，その結果，鳥類をはじめいくつかの陸生動物が絶滅したことを考えると，(3)のプロセスに続くごく最近の親種の絶滅は，少なくとも(4)に比べ，じつははるかにありそうである．大東諸島のオガサワラヤモリにみられる固有クローンタイプの著しい多様性は，かつてここに生息し近年絶滅した両性生殖種の"大いなる残像"である可能性が高いのである．なお，山城らが示した12のクローンタイプのうちのいくつかは出現頻度が非常に低く，早急な保全策の施行が望まれる．

13.4 遺伝学的手法を用いた人為的移入個体群の検出

　在来の生物多様性の保全にあたり，とりわけ重要な事項のひとつが外来種への対応である(川道ら 2001)．そしてその際，外来集団と在来集団の正確な識別は不可欠である(Ota 1999)．佐藤らによる日本のスッポン集団の由来に関する研究(Sato & Ota 1999)は，遺伝学的手法を用いたこの問題へのアプローチの好例である．

　スッポン *Pelodiscus sinensis* はユーラシア東部に広く分布する淡水性のカメで，古くから各地で食用とされ，しばしば人為的にもち運ばれてきた．そこで佐藤らは，本種の日本集団の在来性について検討を行った．スッポンは，生育環境により形態が非遺伝的に大きく変化することが知られている．そこで佐藤らは，酵素タンパク質支配遺伝子座における対立遺伝子の変異を指標としてこの問題に取り組んだ．さらに南西諸島の集団については，現在スッポンの生息する島々で，その由来に関する聞き込み調査も行った．

　遺伝的変異の分析からは，リンゴ酸脱水素酵素の支配遺伝子座(Me-1)において，日本本土と台湾や大陸(香港)との間で遺伝子が完全に置換していることが

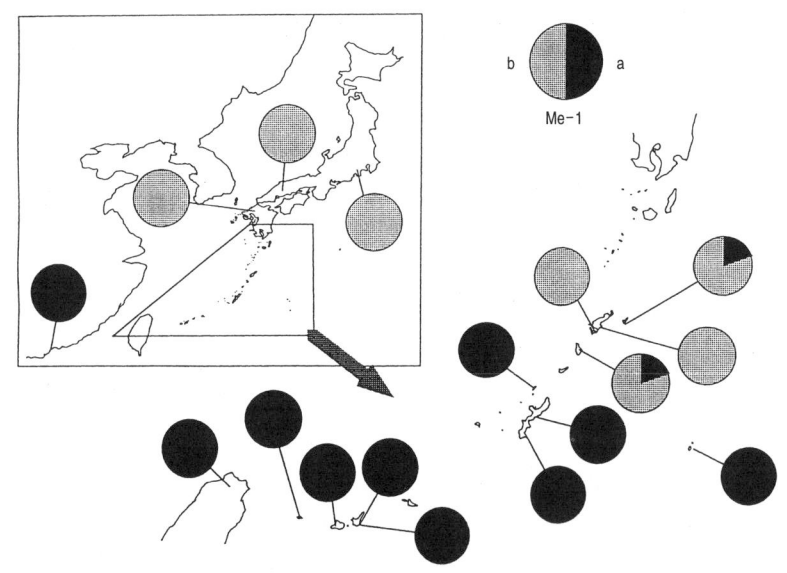

図13-6　東アジアのスッポン集団におけるリンゴ酸脱水素酵素支配遺伝子座(Me-1)の2つの対立遺伝子(a, b)の出現頻度．Sato & Ota(1999)を改変．

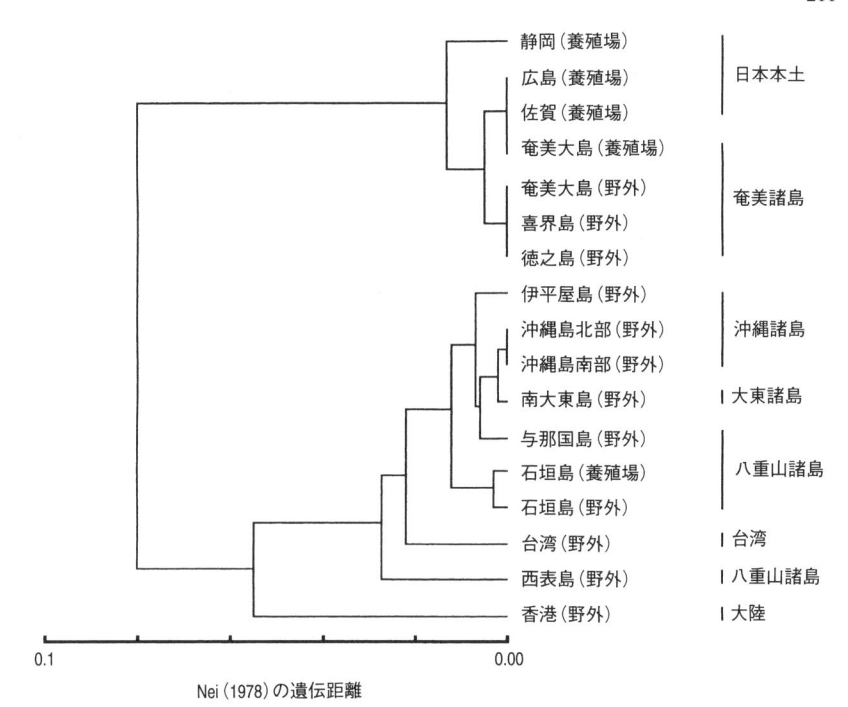

```
                    ┌─ 静岡(養殖場)
                ┌───┼─ 広島(養殖場)     │ 日本本土
                │   └─ 佐賀(養殖場)
            ┌───┤   ┌─ 奄美大島(養殖場)
            │   │   ├─ 奄美大島(野外)   │ 奄美諸島
            │   └───┼─ 喜界島(野外)
            │       └─ 徳之島(野外)
        ┌───┤       ┌─ 伊平屋島(野外)
        │   │   ┌───┼─ 沖縄島北部(野外) │ 沖縄諸島
        │   │   │   └─ 沖縄島南部(野外)
        │   │   ├─ 南大東島(野外)        │ 大東諸島
        │   └───┤   ┌─ 与那国島(野外)
        │       │   ├─ 石垣島(養殖場)   │ 八重山諸島
        │       └───┴─ 石垣島(野外)
        ├─ 台湾(野外)                    │ 台湾
        ├─ 西表島(野外)                  │ 八重山諸島
        └─ 香港(野外)                    │ 大陸

0.1                              0.00
          Nei(1978)の遺伝距離
```

図13-7 東アジアのスッポン集団について酵素タンパク質データにもとづいて根井の遺伝距離を求め、非加重平均法でクラスター分析にかけた結果. Sato & Ota(1999)を改変.

わかった. 南西諸島の集団については, Me-1の遺伝子型をみるかぎり奄美諸島のものはほとんどが日本本土型で, 逆に大東諸島や沖縄諸島, 八重山諸島のものはすべてが台湾・大陸型であった(図13-6). こうした地理的パターンはサンプル間の遺伝距離をクラスター分析にかけた結果ともよく合い(図13-7), さらに聞き込み調査で得られた断片的な情報(おおむね, 奄美諸島の島では本土や諸島内のほかの島から, 大東・沖縄・八重山諸島の島では台湾や沖縄県内のほかの島からスッポンがもちこまれたという内容のもの)とも矛盾しなかった. 以上の結果を総合することにより, 南西諸島のスッポン集団について図13-8のような移入史が推定された. 日本本土の集団については, 上記のように台湾や大陸の集団との間に完全な遺伝子の置換が認められたこと, 遺伝距離の値も, 同じ種に属する集団の間のものとしては比較的大きいことから, 遺伝的にやや分化した在来集団であると考えられる.

スッポンは現在も, 日本を含むアジア各地でさかんに養殖されており, 依然,

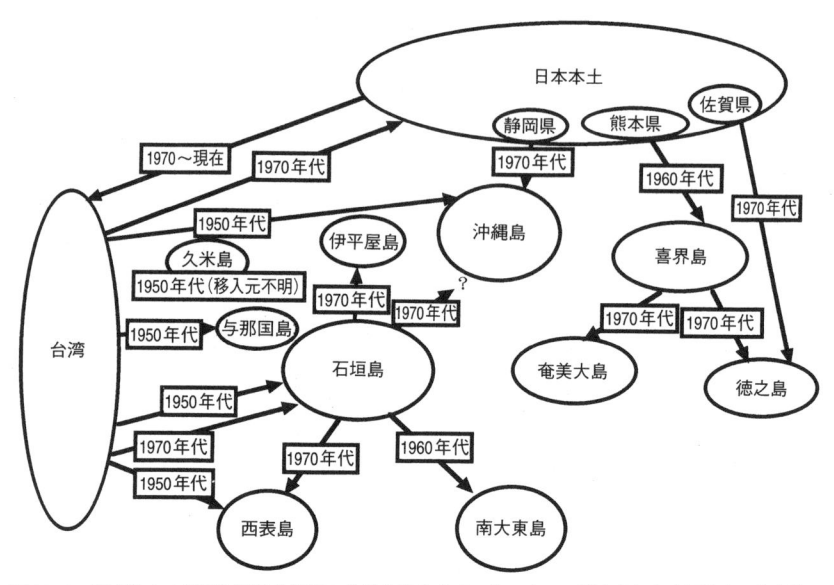

図13-8 聞き込みの結果と遺伝的解析の結果を総合することによって推定された南西諸島の各島嶼へのスッポンの移入経路と移入の時期. Sato & Ota (1999)を改変.

地域間での種苗の移動や，（偶発的なものも含め）移動先での放逐が少なくないと考えられる．佐藤らによる研究の結果は，南西諸島にみられるスッポン集団が在来生物相に悪影響をおよぼしている可能性を示唆する一方で，種苗としての移動や移動先での管理に有効なガイドラインを設け，在来のスッポン集団の遺伝的独自性の保存をはかることの重要性も示している．

13.5 遺伝学的手法を用いた生活史の解明

野生生物の保全を効果的に進めるためには，対象となる種の生活史を十分把握しておく必要がある．しかし，たとえば長期にわたり長距離を移動する種の生活史を解明するのは，実際にはきわめて困難である．そこで遺伝学的手法によるアプローチが，問題解決に有効な場合がある．ミトコンドリアDNAの配列変異を指標としたアカウミガメ *Caretta caretta* 繁殖集団の回遊ルートの解明(Bowen *et al.* 1995)は，その好例といえよう．

太平洋周辺におけるアカウミガメの繁殖場所は，日本の本州中部以南の海岸とオーストラリアの東岸に限られる．しかしそのいずれでも，孵化した幼体が

海に入ってから，つぎに成熟して浜に戻るまでの回遊や成長の過程については，長く知見がなかった．一方，アカウミガメの産卵場から大きく離れたカリフォルニア沖に本種の若齢個体が大挙して現れることは，古くから混獲をとおして漁業従事者にはよく知られていた．とはいえ，これらがはたして日本の繁殖集団に由来するのか，オーストラリア東岸からやってくるのか，それともまったく別の産卵場からやってくるのかについては，決め手となる情報がなかった．アカウミガメの繁殖集団間でミトコンドリアDNAのコントロール領域に配列変異があることに注目したBowenらが(Bowen et al. 1994)，北太平洋とカリフォルニア沖で採集されたアカウミガメの未成熟個体についてこの領域の塩基配列を調べたところ，調査された標本のほとんどは日本型の配列を示し，ごく一部だけがオーストラリア型の配列を示した(Bowen et al. 1995)．この結果や同じく近年行われた標識調査の結果から，日本で孵化したアカウミガメの幼体が黒潮や北太平洋海流に乗って太平洋を西から東に横断し，その後成長とともにふたたび太平洋を今度は東から西に横断して戻ってくることがわかってきており，保護にあたってもこうした生活史を十分考慮する必要のあることが指摘されているのである．

　日本で産卵するほかの2種のウミガメ類，すなわちアオウミガメ Chelonia mydas とタイマイ Eretmochelys imbricata についても，それぞれわずかではあるが，コントロール領域の配列に国内(アオウミガメは小笠原諸島，タイマイは琉球列島)と国外の産卵集団の間で変異のあることが示唆されている(Bowen et al. 1992, Okayama et al. 1999)．さらにタイマイについては，同じ琉球列島内でも石垣島と沖縄島の産卵集団の間で交流がないこと，こうした産卵集団に比して近海の摂餌集団では遺伝的多様性がはるかに高いことも示唆されており(Okayama et al. 1999)，今後の研究の進展が強く望まれる．

　ここで取り上げた内容の多くは，疋田努先生(京都大学)，ならびに戸田守，本多正尚，岩永節子，佐藤寛之，山城彩子，本川(加藤)順子の諸兄との共同研究プロジェクトにもとづくものであり，これらの関係各位に感謝の意を表したい．なお研究の一部は，文部科学省科学研究費，および環境省地球環境研究推進費による助成のもとで行われた．

太田英利

14 両生類

14.1 日本産両生類の遺伝的多様性

現在，日本産の両生類として，有尾類は3科6属22種，無尾類は帰化種も含めて5科8属37種5亜種が記録されているが(松井 1996a)，まだ名前のついていない種がいくつかある．最近記載された種の多くは，その根拠に遺伝的多様性に関する研究があり，未記載の種の存在も，多くの場合そうした研究によって判明してきたものである．すなわち，遺伝的手法を用いた研究によって，日本産の両生類は従来の形態的手法などでは予想もつかなかったほどの多様性を秘めていることが明らかになってきたのだ．本章では，まず，日本産両生類の遺伝的多様性に関する代表的な研究例をあげ，ついでとくに保全にかかわる数種についての事例をややくわしく紹介したい．

14.2 日本産両生類の遺伝的多様性研究の手法と研究例

遺伝的多様性に関する研究のうち，タンパク質レベルの研究としては，水平式デンプンゲル電気泳動法を用いたアロザイム・血液タンパク質の分析結果にもとづく解析が多い．一方，DNAレベルの研究としては，反復DNAのサザンブロット法による分析，ミトコンドリアDNAのチトクローム b 遺伝子，rRNA遺伝子のPCRダイレクトシークエンス法による分析，rRNA遺伝子の制限酵素断片長多型についての解析がなされている．以下に代表的な事例をあげよう．なお，染色体レベルの研究についてはページ数の都合から省略する．

(1) 有尾類

日本産有尾類の遺伝的多様性に関するタンパク質レベルの研究としては，筆者が小型サンショウウオ類(アベ，カスミ，トウキョウ，トウホク，ハクバ，ク

ロ，ホクリクの各サンショウウオ)についてアロザイムの種内変異，種間変異を調べ，各個体群間の遺伝的関係を調査したのが最初で，この結果，ハクバが新種として記載された(Matsui 1987)．筆者らは同様の手法で，エゾを調べ，個体群内，個体群間ともに多様性の高くないことを示した(Matsui *et al*. 1992a)．筆者らはエゾ，キタ，ヒダ，トウホクの各サンショウウオについてアロザイムの種間変異を調べ，エゾが独立属とされるほど遺伝的に特異でないことを示した(Matsui *et al*. 1992b)．また，筆者らはクロとサドの関係を解析し，両者が同一種であると結論した(Matsui *et al*. 1992c)．筆者らはヒダの種内変異を解析し，遺伝的に大きく異なる東西の2大集団の存在を認めた(Matsui *et al*. 2000)．DNAレベルの研究としては，Kuro-o *et al*. (1992)がカスミ，ツシマ，トウキョウ，トウホク，クロ，エゾ，ヒダの各サンショウウオの関係について，サザンブロット法で得られた反復DNAのデータから類縁関係を推定し，カスミとトウキョウが遺伝的に近縁でないことを示した．

オオサンショウウオについては，筆者らが三重県産1個体群内のアロザイム変異を調べた研究があるにすぎない(Matsui & Hayashi 1992；後出)．イモリ類についてもタンパク質レベルの研究があるのみである．筆者らは西日本産のイモリ，シリケンイモリについて，アロザイム変異を調べ，形態・行動で区別されるのとは異なる集団が区別されることを示し，分子時計の目盛がアメリカサンショウウオ科で提唱された値に似ることを明らかにした(Hayashi & Matsui 1988)．筆者らは関東，東北地方産のイモリでは，形態変異と遺伝変異がおおむね一致することを見出した(Hayashi & Matsui 1990)．さらに，Hayashi *et al*. (1992)はイボイモリのアロザイム変異から，この種が島嶼間でシリケンイモリと同程度の遺伝的分化を示すことを明らかにしている．

(2) 無尾類

Kawamura *et al*. (1990)はアロザイムと血液タンパク質の変異から日本産のヒキガエル類の個体群間変異を調べ，ナガレヒキとニホンヒキの遺伝距離は小さいが，同所分布する個体群間ではいくつかの遺伝子座で完全置換していることを示した．Nishioka *et al*. (1990)は，ニホンアマ(韓国産，ロシア産を含む)，ハロウエルアマの各カエルについてアロザイムと血液タンパク質の変異を調べ，日本国内のニホンアマでは分化程度が低いことを見出した．

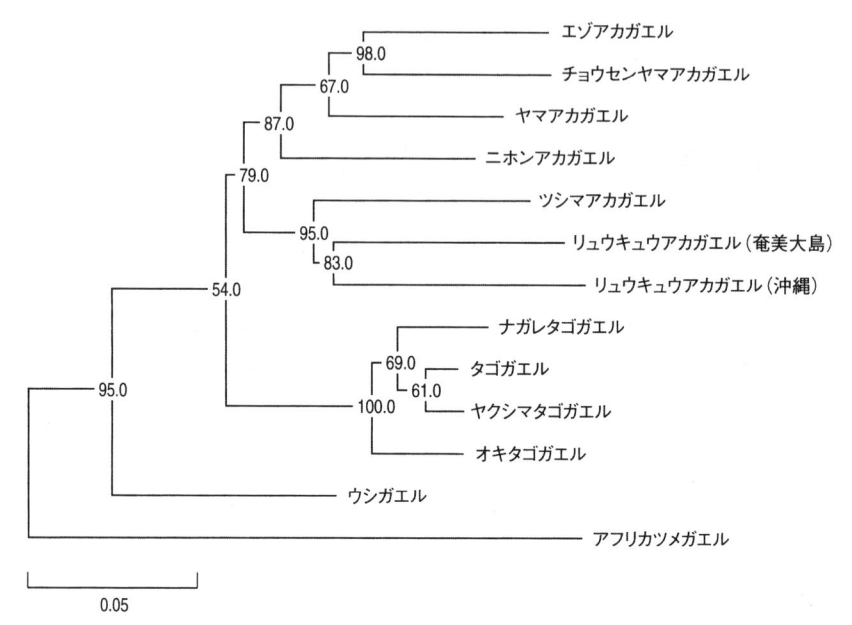

図14-1 ミトコンドリアDNAのチトクローム*b*遺伝子塩基配列にもとづく日本産アカガエル類の系統関係.NJ法による解析結果でノード上の数字はブートストラップ値を示す.Tanaka *et al.* (1996) より.

　真正アカガエル類については，より多くの研究がある.タンパク質レベルの研究として，筆者はエゾアカガエルの記載にあたって，ヤマ，チョウセンヤマとのアロザイムの種間変異を調べた(Matsui 1991).Nishioka *et al.* (1992a)は，東アジア産のより広範なアカガエル類の種間関係をアロザイムと血液タンパク質から解析した.このほかにも，Sumida & Nishioka(1994)によるニホンアカガエル，Sumida & Nishioka(1996)によるヤマアカガエル，Nishioka *et al.* (1987a)による西日本産タゴガエルの研究があり，ニホンアカ，ヤマアカで東西の集団が区別されること，タゴの集団間の変異の程度の高いことが指摘されている.
DNAレベルではTanaka *et al.* (1994)がミトコンドリアDNAのチトクローム*b*遺伝子をダイレクトシークエンス法を用いて調べ，Tanaka *et al.* (1996)は日本産アカガエル類全種，亜種の系統関係を推定し(図14-1)，Tanaka-Ueno *et al.* (1998)はエゾアカガエル，筆者らはチョウセンヤマアカガエルのそれぞれについて近隣地域産との関係を調べている(Matsui *et al.* 1998).こうして，形態からは不可能であった種間の関係が解明され，生物地理学的論議も可能となった.

アカガエル属のその他の種についてもタンパク質レベルの研究は多い．Nishioka & Sumida(1992)と，Nishioka et al. (1992a)はトノサマ，トウキョウダルマ，ダルマについて個体群間変異を調べ，トウキョウダルマとダルマが1群をなしてトノサマと区別されることを示した．Nishioka et al. (1993)はツチガエルの個体群間変異を調べ，日本国内で著しい遺伝的分化の生じていることを明らかにした．ヌマガエルについてはNishioka & Sumida(1990)と，Toda et al. (1997)がアロザイム変異を調べ，八重山諸島の個体群が遺伝的に特化していることを明らかにした．ハナサキガエル複合体については，Nishioka et al. (1987c)が遺伝変異の解析を行い，筆者も同様の解析から，3新種を記載した(Matsui 1994)．DNAレベルの研究は少ないが，Sumida & Ishihara(1997)はアロザイムとミトコンドリアDNAの制限酵素断片長多型から，トウキョウダルマガエルへのトノサマガエルの遺伝子浸透を証明している．

アオガエル類ではNishioka et al. (1987b)がアロザイム変異から，モリアオ，シュレーゲルアオ，オキナワアオ，アマミアオ，ヤエヤマアオ，カジカ，ニホンカジカの系統関係を解析した．一方，Wilkinson et al. (1996)は，ミトコンドリアDNAの制限酵素断片長多型をモリアオ，シュレーゲル，オキナワ，アマミの各アオガエルで比較した．

14.3 保全上問題のある種についての研究事例

上述の研究のなかから，環境庁版レッドデータブック(環境庁 1991, 2000)に取り上げられ保護・保全が必要とされている種・亜種についての研究を数例紹介しよう．

(1) オオサンショウウオ

オオサンショウウオ Andrias japonicus は現存する世界最大の両生類で，岐阜県以西に自然分布し，特別天然記念物として保護されている．このため，捕殺することは厳禁されており，最近になって，ようやくDNA調査用の少量の試料を得ることが可能となったものの，大量の組織の採取をともなうタンパク質レベルでの遺伝的多様性の研究はほとんど不可能である．ところが，幸か不幸か，三重県下で多数個体が死ぬ事件があった．筆者らはただちに冷凍された死体の

うち，保存状態のよかった22個体を用いて，集団内の遺伝的多様性を調査した（Matsui & Hayashi 1992）．その結果，18酵素27遺伝子座のどれにもまったく多型がみられなかった．北米産のヘルベンダー Cryptobranchus alleganiensis でも12個体群のうち3個体群で，調べられた24遺伝子座中2座のみに低度の異型接合がみられただけで，ヘテロ接合度（h）は0.3％以下であったという（Merkle et al. 1977）．一般に，脊椎動物ではこの値は6％ほどあるから，ヘルベンダーでは遺伝的多様性が異常に低いといえる．その原因は解明されていないが，変態しない有尾類では遺伝的多様性の程度が低いという報告がある．なお，まだ研究がされていないが，分布域の一部（近畿）で中国から移入された近縁種タイリクオオサンショウウオ A. davidianus との交雑による遺伝的攪乱が生じている可能性がある．

(2) **カスミサンショウウオとトウキョウサンショウウオ**

以下に述べるカスミサンショウウオ Hynobius nebulosus からオオダイガハラサンショウウオ H. boulengeri までを含む日本産小型サンショウウオは，一般に隠棲的で採集がむずかしく，繁殖期以外に多数の成体の標本を得ることは困難である．そのため分析に十分な数の成体をサンプリングするには長い期間を要するし，多数の成体を採集すること自体が，種の保護と生息環境の保全の観点から問題がある．そこで，多数個体の採集が比較的容易な幼生試料の使用が考えられる．両生類では変態の前後で酵素タンパク質の内容が大きく変わる例が知られているが，これまで数種について調査した結果，発育にともなう酵素の発現型の変化はなく，成体と幼生間で遺伝子型にちがいのないことがわかった．これにより，材料収集はずっと容易になり，また個体群にはより少ない影響を与えるだけですむことが期待されるようになった．

愛知県産トウキョウサンショウウオ H. tokyoensis，京阪のカスミサンショウウオは，東京産トウキョウサンショウウオとともに，環境庁版レッドリスト（環境庁 2000）で，絶滅のおそれのある地域個体群として取り上げられているが，これらの分類学的位置には問題がある．まず，トウキョウサンショウウオとカスミサンショウウオは形態・生態的によく似ており，現在もレッドリストで，前者は後者の亜種とされている．しかし，これらは核型が異なり，予備的な酵素変異の研究から遺伝的にも大きく異なることが指摘されており，たがいに別種

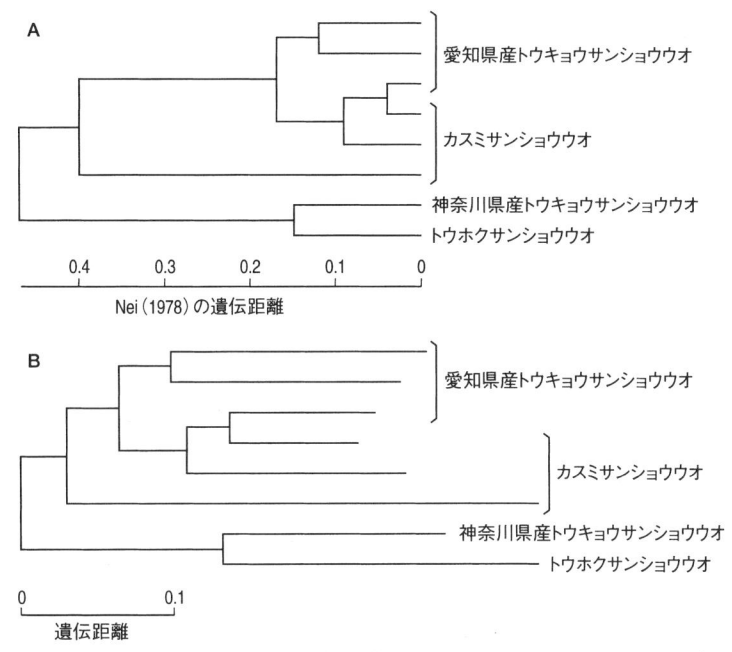

図14-2 アロザイム分析にもとづく愛知県産トウキョウサンショウウオ, 神奈川県産トウキョウサンショウウオ, 岐阜県・三重県・長崎県産カスミサンショウウオ, 福島県産トウホクサンショウウオの関係. A は UPGMA 法, B は NJ 法の解析結果. 愛知県産トウキョウサンショウウオはカスミサンショウウオと同定されるべきである.

の関係にあるという考えが強い(Matsui 1987 など). つぎに現在トウキョウサンショウウオと同定されている愛知県産のサンショウウオは, 関東産の個体群と地理的に大きく隔離されており, また, 核型や DNA からみて, むしろ近隣地域に分布するカスミサンショウウオと同定されるべきものという報告がある. そこで筆者らは愛知県産トウキョウサンショウウオの分類学的位置を決定すべく, 関東(神奈川)産のトウキョウサンショウウオ, 近隣地域(岐阜県, 三重県)産のカスミサンショウウオ, 基準産地に近い九州(長崎県)産のカスミサンショウウオと, 比較のためのトウホクサンショウウオ *H. lichenatus*(福島県産)を用いて, それぞれの間の遺伝的関係をアロザイムの変異分析を通じて調査した(Matsui *et al.* 2001).

得られた遺伝距離(第2部参照)をもとに樹形図を作成したところ, UPGMA 法と NJ 法で樹形は完全に一致した(図14-2). 各個体群はまず, 比較に用いた

トウホクサンショウウオが，0.15という小さな遺伝距離をもって神奈川県産トウキョウサンショウウオとグループを形成し，その他を含むグループと分かれた．これら2グループ間の遺伝距離は0.48であった．その他を含むグループでは，長崎県産カスミサンショウウオが0.41という大きな遺伝距離をもって残りの個体群の外側に位置した．残りの個体群の内部では，愛知県産のトウキョウサンショウウオが1グループを形成しなかった．すなわち，渥美半島産トウキョウサンショウウオは，岐阜県および三重県産カスミサンショウウオとグループをなし，0.16という距離をもって名古屋および知多半島産のトウキョウサンショウウオのなすグループと分かれた．

この結果から，まず，現在カスミサンショウウオおよびトウキョウサンショウウオとされている小型サンショウウオは，かなり遺伝的多様性の高い動物群であり，各地で分化していることが明らかである．そして，愛知県産トウキョウサンショウウオは，関東産トウキョウサンショウウオとは明らかに別種であり，岐阜県および三重県産の小型サンショウウオときわめて近縁で，そのちがいは同種内におさまる程度のものということができる．さらに，これら現在トウキョウサンショウウオとされている愛知県産，およびカスミサンショウウオとされている岐阜県と三重県産の小型サンショウウオの複合体は，長崎県を基準産地とする(真の)カスミサンショウウオと別種である可能性が強く示唆される．なお，トウホクサンショウウオが，関東産トウキョウサンショウウオと遺伝的にきわめて近縁であることは，すでに報告されている結果と一致するものである．

(3) ハクバサンショウウオとヤマサンショウウオ

ハクバサンショウウオ *H. hidamontanus* はレッドデータブック(環境庁 2000)で絶滅危惧IB類とされている．一方，ヤマサンショウウオ *H. tenuis* はレッドリストにまったく取り上げられていないが，これら2種の分類学的関係には問題がある．ヤマサンショウウオの原記載によれば，この種はハクバサンショウウオとは，頭骨の形態がわずかに異なるというにすぎず，種としての独立性には大きな疑問がもたれる．このことから，両者の関係を，形態だけでなく生化学的な手法を用いて再検討することが不可欠であった．

そこで筆者らは，ヤマサンショウウオの分類学的位置を確認すべく，基準産

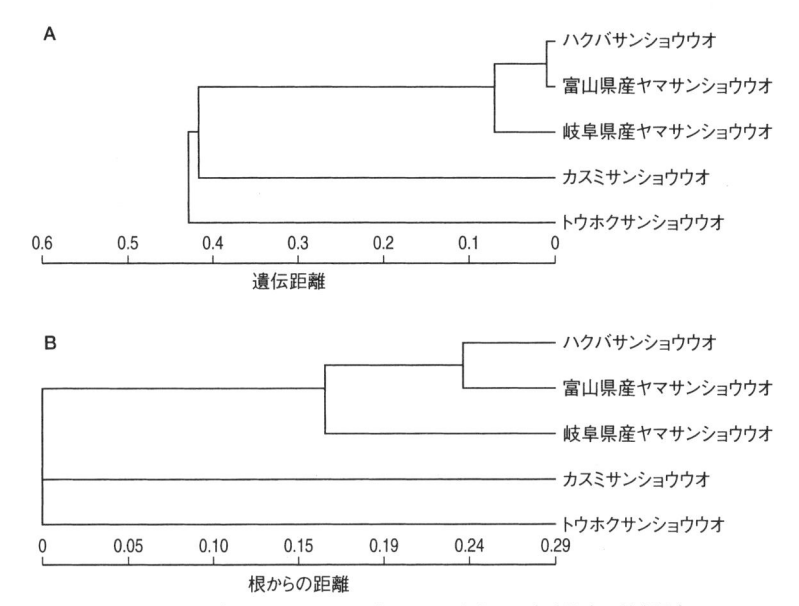

図14-3 アロザイム分析にもとづくハクバサンショウウオ，富山県産・岐阜県産ヤマサンショウウオ，山形県産トウホクサンショウウオ，滋賀県産カスミサンショウウオの関係．A は UPGMA 法，B は Distance Wagner 法の解析結果．ヤマサンショウウオはハクバサンショウウオの同物異名と考えられる．

地である長野県白馬村産のハクバサンショウウオ，基準産地を含む富山県有峰産，岐阜県天生峠産のヤマサンショウウオを用いて，それぞれの間の遺伝的関係をアロザイム分析を通じて調査した(Matsui *et al.* 2002)．比較にはトウホクサンショウウオ(山形県小国町産)とカスミサンショウウオ(滋賀県日野町産)を用いて遺伝子型の特定を行い，遺伝距離を解析したところ，UPGMA 法(図 14-3A)では，まず，比較に用いたトウホクサンショウウオと，その他の 2 グループに分けられた．これら 2 グループ間の遺伝距離は 0.43 であった．つぎに後者のグループでは比較に用いたカスミサンショウウオが 0.42 という大きな遺伝距離をもって，残りの個体群の外側に位置した．この残りのグループ内部ではヤマサンショウウオの 2 個体群がグループを形成することはなかった．すなわち，岐阜県産のヤマサンショウウオが，富山県産ヤマサンショウウオとハクバサンショウウオのなす群から最初に分かれたが，その遺伝距離は 0.067 という小さな値であった．富山県産ヤマサンショウウオとハクバサンショウウオの間の距離は 0.009 と，きわめて小さかった．Distance Wagner 法(図 14-3B)では，トウ

ホクサンショウウオ，カスミサンショウウオ，その他個体群が3分岐した点でUPGMA法の結果とは異なっていたが，その他の個体群内部での関係については，樹形はUPGMA法の結果と完全に一致していた．

この結果から，まず，比較のために用いたカスミサンショウウオとトウホクサンショウウオは，ともにハクバサンショウウオとヤマサンショウウオの成すグループから十分に大きな遺伝距離をもって区別され，別種であることはまちがいないといえる．一方，現在，それぞれが独立の種とされているハクバサンショウウオとヤマサンショウウオは，各地での分化の程度が低く，遺伝的にきわめて類似した動物群であるといえる．ヤマサンショウウオの2個体群どうしではなく，一方の個体群（富山県産）がハクバサンショウウオとグループを形成し，その間の遺伝距離がきわめて小さかったこと，しかもこの個体群はヤマサンショウウオの基準産地から得られたものであることを考慮すれば，この結果は，ハクバサンショウウオとヤマサンショウウオが同種である可能性を強く示唆しているといえる．ヤマサンショウウオのもう一方の個体群（岐阜県産）と，これらとの遺伝距離(0.067)も，亜種と認められるほどの分化を示していないと判断される．

(4) オオダイガハラサンショウウオ

オオダイガハラサンショウウオ *Hynobius boulengeri* は，本州の紀伊半島，四国，九州の山岳地帯のみにみられる流水産卵性の種である．この種の形態に地理的変異が存在することは，以前から断片的調査によって知られていたが，種の分布域全体をカバーする地域から採集された多数標本を用いた比較は，遺伝的にはもとより，形態的にさえまったくなされていなかった．その一方で本州産・九州産と四国産の個体群で保護対象としての扱いにちがいがあり，レッドデータブック（環境庁 2000）では本州産・九州産のみが保護対象とされている．

そこで，筆者らは異なった3地域に隔離された個体群の遺伝的特異性を明らかにするため，本州，四国，九州産のそれぞれ数個体群についてアロザイム変異を解析した(Nishikawa *et al.* 2001)．その結果，UPGMA法とDistance Wagner法の樹形は一致し，各個体群は本州，四国，九州の3グループに分けられた（図14-4）．そして，本州とそれ以外の地域との差はきわめて大きく，もっとも離れているところで遺伝距離は1.0を超えた．また，四国と九州との差も，個

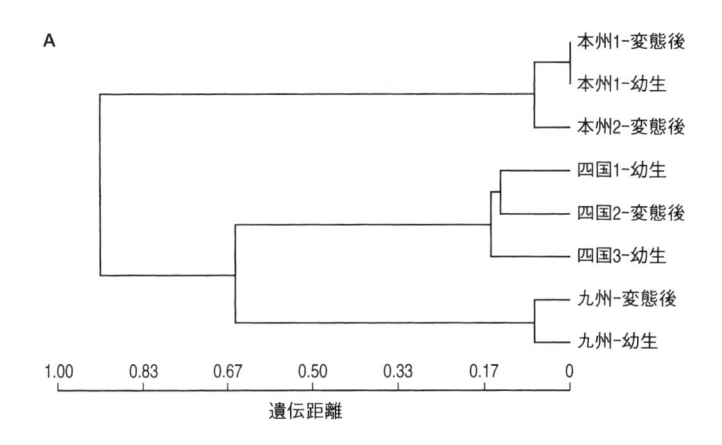

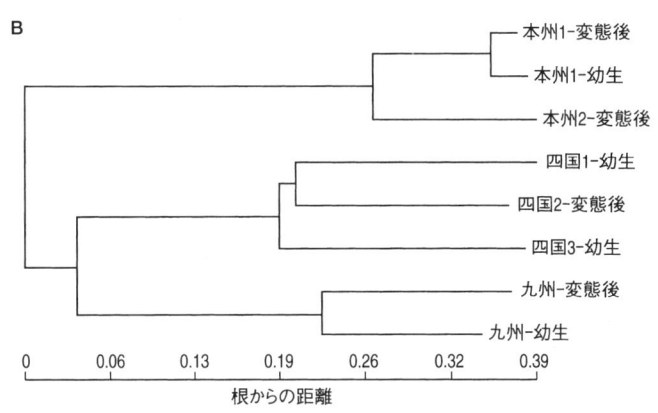

図14-4 アロザイム分析にもとづく本州,四国,九州産オオダイガハラサンショウウオの関係. A は UPGMA 法, B は Distance Wagner 法の解析結果. それぞれの地域産は別種程度にまで分化していると考えられる.

体群間の変異としては非常に大きい値を示した. さらに, 本州と四国の各地域内でもかなりの変異が認められた.

　この結果から, 現在1種とされているオオダイガハラサンショウウオは, きわめて遺伝的多様性の高い動物であり, 本州, 四国, 九州の3地域で大きく分化していること, また, 各地域内でもかなり分化していることが明らかである. 本州とそれ以外の地域との間で 1.0 を超えた遺伝距離は, ほかの近縁種を扱った研究と比較しても, 両地域の個体群を別種として考えるに十分なほど大きい

といえる．アメリカサンショウウオ科やイモリでは，分子時計の目盛が $1D=1400$ 万年と推定されているので(Hayashi & Matsui 1988)，この値を適用すると，本州の個体群がその他のものから遺伝的に分化したのは約1300万年前，四国と九州の個体群が分化したのは約900万年前ということになる．こうした結果は，オオダイガハラサンショウウオが日本列島の成立にかかわる古い時代に起源する生物で，その分布に地史が大きく影響していることを示唆するものである．

(5) ダルマガエル

ダルマガエル Rana porosa brevipoda は西日本に分布するが，生息地の破壊が進み，各地ですでに多くの個体群が絶滅してしまった．このため現在，日本本土のカエル類のなかで，唯一レッドデータブック(環境庁 2000)に取り上げられている種(亜種)である．このカエルは分布域のほとんどで，近縁種トノサマガエル R. nigromaculata と同所的にみられるが，交雑実験の結果，両者を交配すると，雑種オスの精子形成に異常が生じ，受精能力はきわめて低く正逆雑種ともほとんど妊性がないが，メスは卵巣発育不良なもののかなりの妊性をもつことが知られていた．

このように，ダルマガエルはトノサマガエルと雑種繁殖不能によって，一応隔離されている．しかし，その隔離の程度は完全ではなく，各地でトノサマガエルとの交雑による遺伝的攪乱が進み，純粋な遺伝形質が損なわれつつある．そうした現象はすでに40年も前から断片的に知られていた．そして，野外での繁殖行動の観察や，個体の大きさの関係から，種間交雑は主としてダルマガエ

表14-1 同所的産地におけるダルマガエルとトノサマガエルの25遺伝子座における相互の遺伝子浸透の程度．交雑により，トノサマガエルからだけでなく，ダルマガエルからも遺伝子浸透が生じていると考えられる．Nishioka et al. (1992b)のデータにもとづく松井(1996b)より．

産地	トノサマからダルマへの浸透	ダルマからトノサマへの浸透	2種間の遺伝距離
長野県伊那	9遺伝子座	1遺伝子座	0.535
滋賀県米原	5遺伝子座	12遺伝子座	0.375
大阪府東大阪	3遺伝子座	9遺伝子座	0.509
岡山県金光	1遺伝子座	2遺伝子座	0.572
三重県伊賀上野	0遺伝子座	8遺伝子座	0.604
愛知県稲沢	0遺伝子座	0遺伝子座	0.613
広島県庄原	0遺伝子座	0遺伝子座	0.679
広島県熊野	0遺伝子座	0遺伝子座	0.737

ルのメスとトノサマガエルのオスの間で生じ，遺伝子浸透はトノサマガエルの側からダルマガエルへと，一方的に進行すると想像されていた．しかし，Nishioka & Sumida(1992)による両者のアロザイムと血液タンパク質の種内・種間変異を調べた研究の結果は，ダルマガエルとトノサマガエルとの間で相互方向の交雑による遺伝的攪乱が生じていることを示している(表14-1)．同様の遺伝子浸透は，亜種トウキョウダルマガエル *R. p. porosa* とトノサマガエルの間にも生じており(Sumida & Ishihara 1997)，近年の生息場所の著しい生態的攪乱により，こうした近縁種間の交雑による遺伝的攪乱の程度はとりわけ大きくなっていることが予想される．

14.4 遺伝的多様性の研究結果と種個体群の保護・保全

上に紹介したオオサンショウウオは，遺伝的多様性の研究が困難なひとつの例である．種のより適切な保護を考えていくためには，遺伝的多様性に関する基礎資料は不可欠である．本種の場合は，今後，最小限の試料を採取するために必要な調査許可を，より容易に得られるような関係機関の配慮が望まれる．

愛知県産のトウキョウサンショウウオとカスミサンショウウオの例，ハクバサンショウオとヤマサンショウウオの例は，遺伝的多様性の研究結果により，現在保護が叫ばれている種ないし個体群の分類学的扱いが変わるというものである．前者では，現在レッドデータブック(環境庁 2000)に保護すべき個体群とされているトウキョウサンショウウオが，西南日本に広汎に分布するカスミサンショウウオの少なくとも一部とは同種である，という結論が遺伝的多様性の研究の結果得られた．また，後者では分布範囲が基準産地付近に限られ，きわめて狭いという理由で現在レッドデータブック(環境庁 2000)で絶滅危惧 IB 類とされているハクバサンショウオが，ヤマサンショウウオと遺伝的多様性からみれば同一種ということになるというものであった．つまり，両者とも現在，保護の対象とされている種や個体群の分布域がずっと広くなることを意味する．

トウキョウサンショウウオとカスミサンショウウオはともに，レッドデータブック(環境庁 2000)には一部地域の個体群が掲載されているにすぎない．しかし，上に示した研究結果は，同時に，現在トウキョウサンショウウオないしカスミサンショウウオとして一括されている種が，分類学的に細分される可能性

をも強く示唆している．今後の研究によってそうした見解が確立されれば，いま注目されている一部個体群だけでなく，全個体群の遺伝的多様性を維持する必要が生じることになるから，むしろ現在は2種ないし亜種とされているこれら小型サンショウウオの分布域全体にわたる保護対策の早急な確立が必要といえる．事情はハクバサンショウウオとヤマサンショウウオでも同じで，生息地点はごく限られ，けっして連続的ではなくたがいに孤立しているから，環境変化があればただちに危機に陥る可能性が高い．したがって，レッドリスト上でのランクの見直しは必要なものの，広義のハクバサンショウウオをレッドリストに掲載し，保護の対象とせざるをえない状況は変わらないであろう．

　一方，オオダイガハラサンショウウオの例は，逆に，いまは1種とされている種が，遺伝的多様性の研究の結果，分類学的に細分される可能性を強く示唆している．現在，このサンショウウオは本州と九州の個体群が保護すべき個体群とされているにすぎず，四国地域の個体群は産地や個体数が多いという理由で，環境庁のレッドデータブックには掲載されていない．しかし，上に示した結果にもとづき，今後の研究によって分類学的細分が確立されれば，本州，九州産だけでなく，四国産も含めた全個体群の遺伝的多様性を維持する必要が生じることになるだろう．こうした事態の生じる可能性はきわめて高いから，オオダイガハラサンショウウオとされている種の分布域全体にわたる保護，とくに生息地周辺における包括的な保護体制の早急な確立が必要である．

　最後に紹介したダルマガエルの例も種（亜種）の保護を考えていくうえで，遺伝的多様性の研究が不可欠であることを示している．今後は，個体群に悪影響をおよぼさないよう，いかに少量の試料で多くの結果を得ていくかが，ますます重要になるであろう．そうした観点からはDNAを用いた解析が最適と思われるかもしれないが，個体群内の多様性を評価したり，遺伝的攪乱の実態を明らかにするという観点からは，アロザイムの分析はまだ捨て去るわけにはいかないのが実状である．おわりに，本章で紹介した研究結果の研究の一部は，科学研究費と環境省からの援助によるものであることを明記し，感謝の意を表する．

松井正文

15 淡水魚類

15.1 淡水魚類とは

　淡水魚類とは，その名のとおり，淡水域で生活する魚類であり，日本には300種以上が分布している(川那部・水野 1989)．このなかには，"周縁性淡水魚"とよばれる一時的に淡水域に進入するだけのものや，生活史のなかで淡水域と海とを行き来する"通し回遊魚"も含まれている．それ以外の約90種が一生を淡水域で過ごす"純淡水魚"である(後藤 1987)．日本列島は南北に長く，地史的にも複雑な歴史をもつために，これらの淡水魚が地域ごとに多様性・固有性に富んだ群集を構成している．

　河川や湖沼などからなる淡水域は空間的多様性に富む水域であり，増水や渇水，浸食や堆積作用などにより，海洋域などに比べて変動の大きな環境である．淡水魚はそのような環境において，種によってさまざまに異なる生活史特性や個体群構造を有しつつ，長い年月を生きてきた．たとえば，雨期に一時的に出現する水域を繁殖の場とするグループや，湧水地のみにパッチ状に分布するものなどもある．そもそも淡水域そのものが分断的なハビタットであるために，とくに純淡水魚は地理的に隔離されやすく，同種といえども異なる環境条件下で生活していることはめずらしくない．このことは，進化的に重要な単位(evolutionary significant unit ; ESU)が多くの場合，種よりも下のレベルにあり，異なる自然淘汰圧のなかで多様な進化の方向性が生み出されていることを示唆するものである．

　われわれ人間はこのような多様な進化的実体を十分に認識する前に，とくにこの半世紀の間，淡水魚とその生息環境に危機的状況をもたらしてきた．淡水魚は河川や湖沼など人間にとって身近な環境に生息しているために，古くからさまざまな人間活動の影響を受けてきた．利水や治水目的で，河川の流路や湖岸はコンクリート建造物によって変更・固定され，沼沢地は埋め立てられ，ま

た大小のダムが流れを分断し，流量が人為的に制御されるようになった．さらに生活・工業廃水は河川や湖沼を汚染してきた．そのなかで，日本ではこの100年間に少なくとも3種の淡水魚が絶滅し，環境省のレッドリストによると80種近い種が絶滅危惧種となっている．地域個体群のレベルでは，すでに絶滅してしまったものが数知れないであろう．

本章では，まず，遺伝的なデータが進化的実体としての淡水魚の認識や理解にどのように役立ってきたのかを，これまでの研究例をもとに概観する．そして，遺伝学的手法が淡水魚の保全にどのように役立ちうるのかについて整理を行いたい．

15.2 淡水魚類の分子系統学的・集団遺伝学的研究

(1) これまでの研究

まず，日本の淡水魚，とくに純淡水魚と通し回遊魚に限って，生物多様性の保全に深く関連すると思われるこれまでの研究事例をまとめてみたい．ここではとくにタンパク質かDNAレベルでタクサの識別，系統関係あるいは集団構造や遺伝的多様性について調べられたものに限ることとし，染色体・核型に関するものはほかに譲るものとする(小島 1983)．

アロザイムなどのタンパク質多型分析の適用が始まった1970年代から2001年までの約30年間に，少なくとも146件の関連論文を見出すことができた(表15-1；西田ら 1997)．このなかには，卒業論文や学位論文，研究機関の事業報告書など，一般に入手が困難なものは含まれていない．

これらの研究は，その解析対象のレベルで，(a)種間の系統関係に着目したもの(18%)と(b)種内の集団構造に関するもの(59%)に分けることができ，これらには(c)集団内の遺伝的多様性を解析したものも含まれている(表15-1)．ひとつの論文が複数の内容を含むこともある．分析手法は，技術的な歴史の長さを反映して，タンパク質(とくにアロザイム)レベルの研究が多いが(54%)，最近ではミトコンドリアDNAの分析をはじめとするDNAレベルの研究が急増している(図15-1)．

最初のカテゴリー(a)に関しては，まず近縁種・同胞種の識別のための新しい

表15-1 1972-2001年に発表された日本産淡水魚類の分子系統学・集団遺伝学に関する146本の論文の分類群と手法による内訳.

分類群(科)	論文数	手法							おもな目的			
		タンパク質	mtDNA RFLP	mtDNA 配列	フィンガープリント法*	マイクロサテライト	その他	合計(手法)	系統関係	集団構造	その他**	合計(目的)
ヤツメウナギ科	2(1.4)	2	—	—	—	—	—	2	1	2	—	3
ウナギ科	8(5.4)	2	2	4	—	—	—	8	2	2	4	8
コイ科	31(21.1)	14	5	6	4	4	3	36	3	13	18	34
ドジョウ科	6(4.1)	3	3	1	—	—	1	8	1	5	1	7
ギギ科	4(2.7)	2	1	1	—	1	—	5	2	2	1	5
キュウリウオ科	4(2.7)	3	1	—	—	—	—	4	—	2	2	4
アユ科	22(15.0)	11	—	5	5	1	—	22	—	21	1	22
サケ科	26(17.7)	15	2	3	—	—	6	26	9	15	2	26
メダカ科	11(7.5)	8	2	—	—	—	1	11	—	10	1	11
トゲウオ科	13(8.8)	8	3	2	—	—	—	13	1	11	3	15
カジカ科	4(2.7)	3	2	—	—	—	—	5	1	3	1	5
ケツギョ科	1(0.7)	1	—	—	—	—	—	1	1	1	—	2
サンフィッシュ科	2(1.4)	1	1	—	—	—	—	2	—	1	1	2
ドンコ科	4(2.7)	4	—	—	—	—	—	4	1	3	—	4
ハゼ科	9(6.1)	6	—	4	—	—	—	10	6	1	2	9
合計	147***	83	22	26	9	6	11	157	28	92	37	157
		(53.9)	(14.0)	(16.6)	(5.7)	(3.8)	(7.0)		(17.8)	(58.6)	(23.6)	

科の分類は中坊(2000)に準拠. *:ミニサテライト, RAPD, AFLPなどを含む, **:種の識別・交雑など, ***:重複を含む. かっこ内は%.

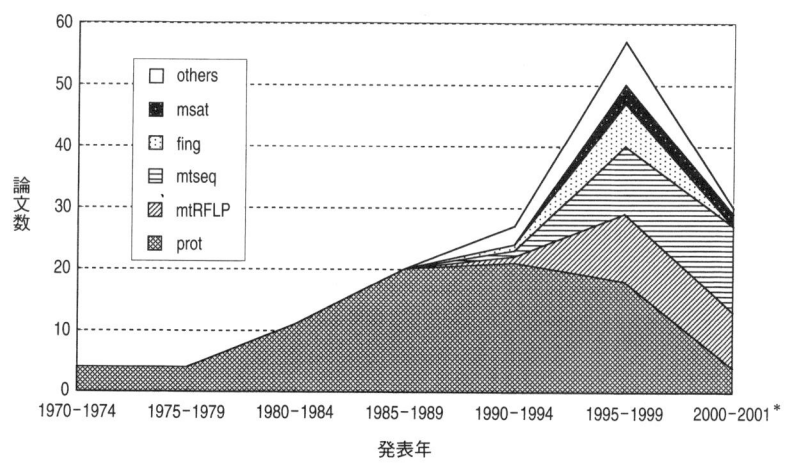

図15-1 日本産淡水魚類の分子系統学的・集団遺伝学的研究の論文数の年代別推移と分析手法ごとの内訳. prot;タンパク質(おもにアロザイム)分析, mtRFLP;ミトコンドリアDNA RFLP分析, mtseq;ミトコンドリアDNA塩基配列分析, fing;各種フィンガープリント分析, msat;マイクロサテライト分析. *:2000-2001年は2年間のみであることに注意.

形質としてタンパク質多型が使われ始め(たとえば,フナの同胞種やギバチの2型),Neiの標準遺伝距離に代表される遺伝的差異の定量化とクラスター分析の適用,さらに最近ではDNA塩基配列データにもとづく分子系統学的方法により,種間の系統類縁関係が高い精度で推定されるようになった.同様に種内の地域集団構造(b)がアロザイムやDNAデータにより調べられ,集団の階層構造とともに,集団間の交雑などについても明らかにされるようになった(たとえば,メダカの地域集団構造).また,集団内の遺伝的多様性(c)がタンパク質遺伝子座のヘテロ接合度やミトコンドリアDNAのハプロタイプ多様度などから推定され,とくに歴史的あるいは人為的攪乱要因の下での有効な集団サイズについて議論するためのデータとなっている.

　淡水魚の科ごとにみると,外来種をのぞく純淡水魚と通し回遊魚,全17科のうち,14科で研究例があるが,このうちもっとも多いのはコイ目コイ科(全論文の21%)であり,続いてサケ目のサケ科(18%)とアユ科(15%)である(表15-1).サケ目魚類の研究が多いのは海外でも同様であり,それはこのグループが水産的に重要で,生活史多型や地域集団分化などの興味深い生物学的特性を示すことによるものであろう.

　学会の口頭発表などを考慮に入れると,実際にはさらに多くの研究がなされており,とくにDNAレベルの研究はますます数を増しつつある.

(2) 遺伝マーカーを用いた研究事例と保全における位置づけ

広域分布種のなかの固有集団——リュウキュウアユの発見

　アユ *Plecoglossus altivelis*(アユ科)は日本の河川性淡水魚を代表する種のひとつであり,重要な淡水水産資源でもある.アユは海と川を行き来する通し回遊(両側回遊)魚である.すなわち秋に河川の下流域で産卵し,孵化仔魚は流下して河口・内湾部で成長する.そして春に川をさかのぼり,よく知られるように河床の岩に生えた藻類を餌として育ち,基本的に1年でその生活史を終える.アユの世界的分布は日本列島,琉球列島,また朝鮮半島,台湾,中国南部からベトナム北部にかけてである.このなかで,形態的にも生態的にも独特であり,また絶滅に瀕している琉球列島の固有集団の存在をはじめ,このアユの実態が,遺伝的な手法によって徐々に明らかにされてきている.

　アユという種は上述のように比較的広い範囲に分布するのだが,その生活史

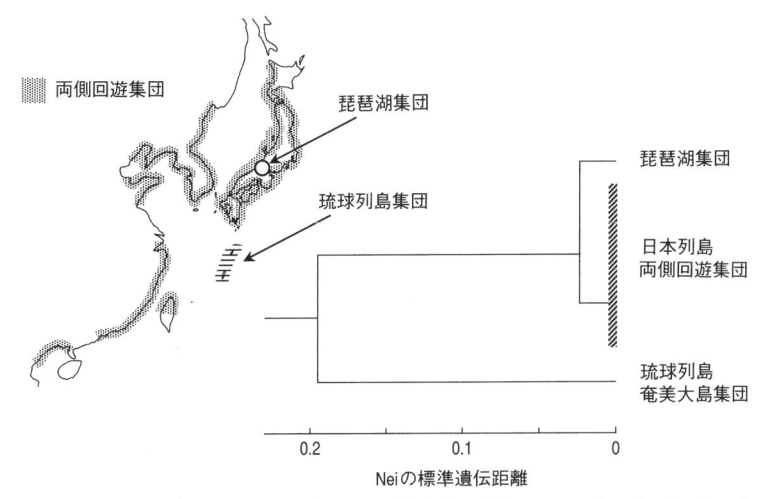

図 15-2 アユの分布とアロザイム分析による遺伝的集団構造.Nishida(1986),関ら(1988)を改変.

や形態,繁殖形質などに地理的変異があることは比較的古くから知られていた.とくに,琉球列島の奄美大島と沖縄島の集団では,胸鰭条数が日本列島のものよりも平均2本ほど少なく,体型的にも全体にずんぐりとした特徴を示す.これは,韓国や台湾,中国南部の標本を含めても,際立った特徴である.また琉球列島産のアユは大卵少産の傾向がある.一方,日本列島のアユにもある程度の地理的変異があり,そのなかでもとくに琵琶湖産のアユは,その生活史や形態に特徴をもっていることが知られている.

アロザイム分析を用いてこれらのアユ集団の遺伝的関係を調べたところ,琉球列島の集団が予想以上にユニークなものであることが明らかになった(図15-2;Nishida 1986).日本列島の集団と,琉球列島のうち奄美大島産の集団は,Neiの標準遺伝距離(D)で0.2ほど離れており,一般的な分子時計(1D=500万年)をあてはめれば,両者が分化して100万年前後の時間が経ったことになる.韓国の集団を含めて解析した結果も,奄美大島産の集団が遺伝的にほかから大きく離れることは変わらず(関ら 1988),つぎに特異な琵琶湖集団の分化レベルは,奄美大島のもののたかだか10分の1程度であった.琉球列島のアユ集団は,地史的な時間スケールにおける列島の歴史の生き証人であるといえるだろう.

さまざまな形態・生態的特徴に加えて,アロザイム分析により,その長く固

有な歴史が明確に示されたこともあり，琉球列島のアユ集団は1988年にリュウキュウアユ *P. altivelis ryukyuensis* として別亜種に記載された(Nishida 1988)．このことは，琉球列島のアユが「日本のどこにでもいるアユ」から「琉球列島にしかいない特別なアユ」に，人間の認識のうえで大きく変わったことを意味し，実際にはそれ以前から始まっていた琉球列島のアユ集団の保全活動を本格化させるひとつの象徴的なステップとなった．

しかし，じつのところ，沖縄島のリュウキュウアユ集団はこれを待たずして，すでに1970年代末に絶滅してしまっていた．これは開発などにともなう河川環境の人為的な変化のためである．この沖縄島のリュウキュウアユは，ホルマリン標本こそ残っているが，アロザイム分析に用いることができるような冷凍標本(あるいはDNA分析のためのエタノール標本)が残っていないため，その遺伝的特徴は謎のままである．しかし，最近のアロザイムやミトコンドリアDNAなどを用いた分析からわかってきたように，奄美大島のリュウキュウアユのなかにさえ，さまざまな遺伝的特徴をもった集団が存在することを考えると(Sawashi & Nishida 1994, Takagi *et al.* 1999)，沖縄島のリュウキュウアユもまた，沖縄島の歴史とともに生き継いできた固有な集団であったことは想像に難くない．1990年代になって，奄美大島産のリュウキュウアユが沖縄島に放流され，定着しつつある．このリュウキュウアユの存在は本来の生態系の姿を取り戻すため，また河川環境のバロメータとして重要な意味をもつだろう．しかし，われわれが沖縄島本来のリュウキュウアユ集団を永久に失ってしまったことには変わりない．

近縁種群の歴史と多様性——モツゴ属魚類の系統地理

さて，アユなどの通し回遊性の魚類とは異なり，純淡水魚の隔離や分散は淡水系の分断と融合に直接的な影響を受けるものと考えられる．海峡や山嶺などによる淡水系の長期間にわたる分断により，このグループでは地理的隔離による異所的な種分化が起こりやすい状況にあるといえる．

コイ科のモツゴ属 *Pseudorasbora* は全長数cmほどの小さな純淡水魚で，日本にはモツゴ，シナイモツゴ，ウシモツゴという3つのタクサ(分類群)が分布する．モツゴは中国大陸部にも広く分布し，日本では関東以西に広く自然分布している．シナイモツゴとウシモツゴは形態的に類似し，亜種の関係にあるとされているが，後者にはまだ学名が与えられていない．両者は異所的に分布し，

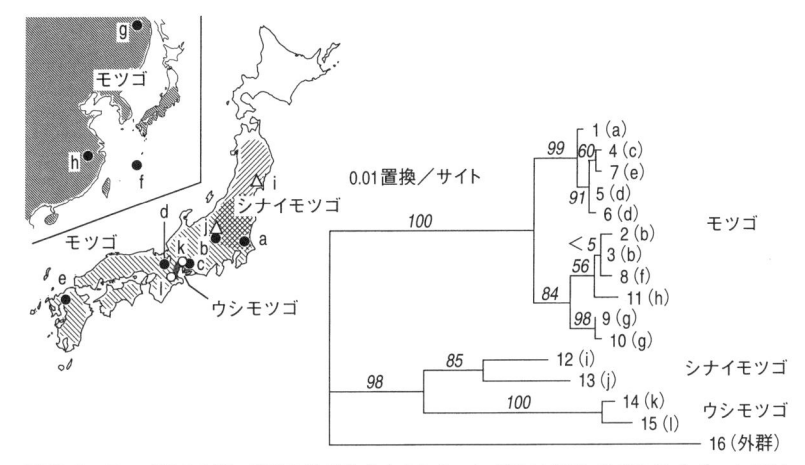

図15-3 モツゴ属の3種・亜種の地理的分布とミトコンドリアDNAの16SリボゾームRNA遺伝子領域の塩基配列にもとづくML樹．系統樹の枝上のイタリック数字はブートストラップ値（リサンプリング：100回）．外群は近縁属のムギツク．Watanabe *et al.*（2000）より．

　シナイモツゴは関東・東北地方に，ウシモツゴは伊勢湾の周辺域に分布する．これら2つのタクサはともに，溜め池や細流などのおもな生息場所が開発により失われ，絶滅が危惧されている．さらに，シナイモツゴの減少には，人為的に分布を広げているモツゴとの種間交雑もまた，大きく影響していると考えられている．

　これらモツゴ属魚類の系統類縁関係が，ミトコンドリアDNAの16SリボゾームRNA遺伝子領域の塩基配列データによって調べられている（図15-3；Watanabe *et al.* 2000）．推定された分子系統樹によると，まず，タクサ間では，従来の分類どおり，シナイモツゴとウシモツゴは相互に近い関係にあった（配列差異：3.7〜4.6％，平均4.1％）．一方，これらと日本および大陸部のモツゴとの間には5.1〜6.7％（平均5.9％）の配列差異が認められた．モツゴ属とされている中国産のほかの種は形態的に明らかに遠縁なので，モツゴと"シナイモツゴ・ウシモツゴ"の姉妹群関係が確証されたことになる．

　ここで問題になるのは，シナイモツゴとウシモツゴの分類学的取り扱い，すなわち両者は同一種の亜種なのか，あるいは独立した2種なのか，という問題である．この2つのタクサは，その分布パターンから，日本列島の淡水魚類相を本州中央部で東西に大きく分けるフォッサマグナ帯に関連した地理的代置種

の関係にあると考えられる．これらのタクサは一緒にされると交配するかもしれないが，形態やアロザイムにちがいがみられ，ミトコンドリア DNA の塩基配列におけるそれらの間の差異はモツゴとの間の差異の約 70% におよぶ．ほかのコイ科のグループと比較すると，これは十分に種間の差異に匹敵するといえる．たとえば，同じコイ科のゼニタナゴとイタセンパラは，最近発表された分子系統解析によると姉妹種関係にあり，シナイモツゴ・ウシモツゴと基本的に同様な分布域の関係，つまりフォッサマグナを隔てた代置関係にある (Okazaki *et al.* 2001)．興味深いことに，この明らかに別種であるタナゴ類 2 種においても，ミトコンドリア DNA リボゾーム RNA 領域 (ただし 12S) において約 4% の配列差異がある．

　異所的な姉妹系列にどのような分類ランクを与えるかは，多分に人為的な判断によらざるをえない (じつのところ，アユとリュウキュウアユの場合も同様であった)．しかしながら，別々の系列として長い歴史を経た形態的・遺伝的に区別可能なグループについて，通常，種として認識するのに問題はないだろう．"希少種"，"絶滅危惧種" として正しく認識するために，ウシモツゴには早急に種としての正式な学名を与えるべきであろう．

　一方，種内の変異はどうだろうか．ウシモツゴは伊勢湾周辺域という狭い地域に分布し，さらに伊勢湾は氷期の海退時にはほとんど干上がり，淡水系がたがいに連絡し合ったと考えられる．そのためか，三重県と愛知県の離れた集団の間には 1% 未満の配列差異しか存在しない (図 15-3)．それに対して本州の北東部に広く分布するシナイモツゴでは，長野県と宮城県の集団の間に 2.1% の差違が認められている．さらに広域に分布するモツゴは大きく 2 つのグループに分かれ (配列差異：1.4-2.0%，平均 1.8%)，ひとつは大陸集団 (中国，シベリア) と沖縄および本州の一部の集団，もうひとつは日本の残りすべての集団から構成される．これと比べても，シナイモツゴの種内変異はかなり大きなものといえるだろう．近年の人間活動にともなうシナイモツゴのあまりに急激な減少は，各地域で蓄積した遺伝的な変異やそれにもとづく適応機構のほとんどが，進化的時間スケールの上では瞬時といえる速さで失われつつあることを意味している．

　各種内の集団構造とその成り立ちについてより明確にするには，さらに多くの集団を解析する必要がある．しかし，モツゴにみられた 2 つのグループの分

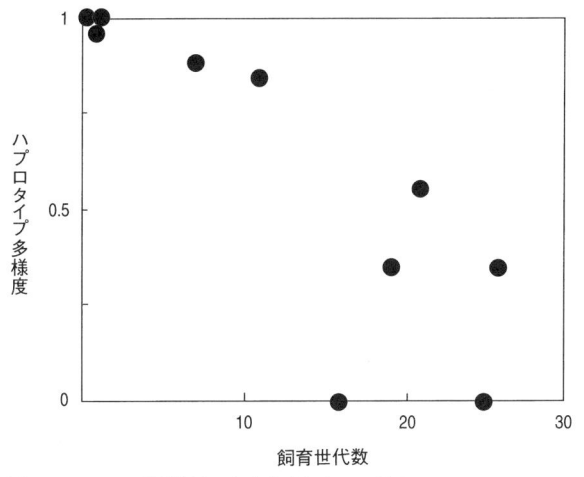

図15-4 アユの継代飼育にともなうミトコンドリアDNAコントロール領域のハプロタイプ多様度の変化. Iguchi et al. (1999)より.

岐は，おそらくは大陸と日本列島のもっとも新しい分断によるものだと考えられる．日本の一部の集団に大陸グループのミトコンドリア遺伝子型が出現するが，ほかの魚種における中国から日本への，また日本国内での人為的な分布の拡大を考慮に入れれば，それは移殖の結果であることも十分に考えられる．

集団内の遺伝的多様性は，ミトコンドリアDNAのレベルでは非常に小さいようである．上述の16SリボゾームRNA領域の解析において，同集団の2個体の間でわずかながら配列差異が認められたのはモツゴの3集団のみである．ウシモツゴに関しては，さらに分子進化速度が速いと考えられるミトコンドリアDNAのコントロール領域を含む断片に関するRFLP分析の結果が報告されているが，調べられた6集団(各5-30個体)において，集団内の多型性は認められていない(大仲ら 1999)．この単型化が人為的な影響による集団サイズの縮小によるものか，あるいは歴史的な要因によるものかは不明である．しかし，現在ウシモツゴの生息地は人為的な管理化にある溜め池などであり，しばしば集団サイズにボトルネックがかかってきたものと推察される．継代飼育下ではアロザイムやミトコンドリアDNAの遺伝的多様性が急速に減少することが知られている(図15-4；Iguchi et al. 1999など)．自然増加率の大きいモツゴ類のような小型魚においては，見かけの集団サイズが大きいからといって，必ずしも本来の遺伝的

多様性が維持されているとは限らず，いいかえれば，集団のおかれた状況を知るためには，遺伝的多様性のモニタリングが役に立つのである．

遺伝的多様性の維持機構──ネコギギのミクロな集団構造と遺伝的変異性

　上でみたように，淡水魚ではしばしばミトコンドリア DNA レベルの遺伝的多様性が集団内で極端に小さい場合がある．これは有効な集団サイズが過去にかなり減少した可能性を示している．場合によっては，それは生息地の破壊などの人為的な要因によることもある．しかし，ミトコンドリア DNA は通常母系遺伝する1倍体であり，有効集団サイズは核ゲノムの4分の1である．したがって，ミトコンドリア DNA は核 DNA と比べて遺伝的多様性を失いやすく，前者の進化速度が平均すると後者の数倍以上速いとはいえ，一度失った多様性は数千年程度の時間スケールでは回復し難い．一方で，領域による進化速度のばらつきが大きく，また強い自然淘汰を受けうる核 DNA の多様性のふるまいは，必ずしもミトコンドリア DNA のそれと連動しない．

　ナマズ目ギギ科魚類は基本的に夜行性の肉食魚類であり，日本には4種が異所的に分布している．このうちネコギギは，ウシモツゴと同様に伊勢湾周辺域にのみ分布が局限され，河川中流域の生息環境の悪化のために絶滅が危惧されている．このネコギギのミトコンドリア DNA コントロール領域の部分配列を調べたところ，分布域全体にわたる8水系から得られた約70個体において，まったく変異が認められなかった(Watanabe & Nishida 2003)．近縁種においても変異性は比較的乏しいが，琵琶湖産のギギ集団は河川性の集団と比べると多型性が高く，このことは河川の集団にボトルネックがかかってきた歴史を示唆している．

　ミトコンドリア DNA のレベルでは多様性をほとんど失っているネコギギであるが，進化速度のきわめて速いことが知られているマイクロサテライト領域(単純配列リピート領域；たとえば，GTGTGTGTGT…)においては，集団間はもちろんのこと，ひとつの集団内においてもそのリピート数に十分な多型性が認められる(Watanabe et al. 2001)．河川中流域は流程数 m から数十 m 程度の瀬と淵が交互に繰り返す基本構造をもっているが，ネコギギはこのうち，流れの緩やかな平瀬から淵にかけての，巨礫などによる隠れ場所の多いところにパッチ状に分布する．そのため，長良川水系の1支流では，生息区間にある計102カ所の緩流部のうち，10カ所(全面積の15%)に個体数の70% 以上が集中する(渡辺・

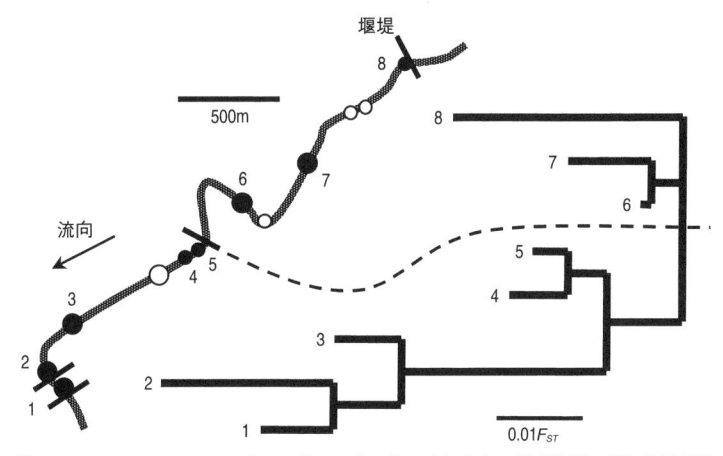

図15-5 マイクロサテライトマーカーにより推定されたネコギギ集団の遺伝的微細構造．●と○はおもな局所集団．樹状図はアリル頻度にもとづく F_{ST} を集団間の距離として用いた近隣結合樹．渡辺・西田（未発表データ）．

伊藤 1999）．それらから主要なパッチを選び，10個のマイクロサテライト座を用いて局所集団間の遺伝的関係を解析したところ，わずか数十m離れたパッチの間でさえ，遺伝子頻度に有意なちがいが認められ，全体では流程に沿った集団構造を示していた（図15-5；渡辺・西田 未発表データ）．

この河川において，ひとつのパッチに生息するネコギギは通常数十個体以下，多いところでも300個体を超えず，パッチ間での個体の移動はわずかである（渡辺 未発表データ）．さらに本種ではオスが川岸や河床の岩の間隙などを繁殖なわばりとすることに関連して，繁殖場所という限られた資源をめぐってオスの間に激しい競争があり，わずかなオスのみが繁殖に寄与することができる．このような状況から，ネコギギの有効な集団サイズは実際の生息個体数よりもかなり小さく，局所集団間で浮動による遺伝的な偏りが生じやすい状況にあると考えられる．

マイクロサテライト分析は，このような小さな地理的・時間的スケールにおける遺伝的多様性の変動や有効集団サイズの推定に有効である．しかし，現在，日本の淡水魚でマイクロサテライトが利用できる種類は非常に限られている（ネコギギのほか，ウナギ，サケ・マス類，アユ，フナ類，イトヨ類など）．これは，マイクロサテライト領域を増幅するためのプライマーが一般に種特異的であり，その開発に時間的・経済的なコストがかかるからである．しかし，とくに希少

種の遺伝的多様性のモニタリングや産地の識別，交配計画の検討などにおいては，共優性で多型性に富むマイクロサテライトマーカーはその開発コストを上回る利点をもつものと考えられる．

15.3 淡水魚の保全に向けて

　以上，日本産淡水魚類に関してみてきたように，遺伝的多様性にはいくつかの階層がある．とくに保全を念頭に，進化的な実体に直接かかわる遺伝的多様性をみる場合には，つぎの3つのレベルの区別を鮮明にしておく必要があると考えられる．まず，(1)近縁種間(すなわち単系統群内)の多様性，(2)種を構成する集団間の多様性，そして(3)集団を構成する個体間の多様性，である．もちろんこれらはそれぞれ独立のものではなく，あるレベルの多様性の減少や消失はほかのレベルの多様性の減少や消失と深く関係している．

　純淡水魚の場合，別々の水系にすむ集団の間の交流は，生態学的な時間スケールではほとんど起こらない．そのため，種内の地域集団間で明瞭な分化がみられることが多い(上記のレベル2)．一方，少なくとも調べられたいくつかの魚種において，集団内の多様性はかなり小さい(ウシモツゴ，ギギ類など；上記のレベル3)．これが歴史的な原因によるものか，あるいは人為的な個体群サイズの減少によるものかは魚種によって異なるだろう．通し回遊魚の場合，本土における両側回遊性のアユなどでは，少なくともミトコンドリアDNAのレベルにおいて集団間の明瞭な分化は認められず，集団内の多型性も高い．ひとくくりに淡水魚といっても，その種や集団の経てきた歴史や生活型によって，遺伝的多様性の大きさや，どの階層レベルに大きな多様性が存在するのかなど，さまざまに異なるはずである．

　しかしながら，多くの淡水魚類の遺伝的多様性の実態はほとんどわかっていないのが現状である．人為的な影響を受ける以前，各地域の集団内の遺伝的多様性は，さまざまな魚種，生息地，生活史型においてどの程度の大きさだったのだろうか．また地域集団間の遺伝的構造は，系統生物地理学で予測されるように，種間で共通のパターンをもっているのか，あるいは種ごとの移動・分散性のちがいなどのために一般的なパターンはみられないのか．日本産淡水魚類の各分類群は，東アジア全体に分布する近縁群のなかでどのような系統的位置

にあり，どのような時間スケールのなかで種分化し，分布域を確立したのか．

これらに関する知見は，淡水魚類の保全策を考えるうえで非常に重要である．なぜなら，まず守るべき対象を明確にし，その優先度を決定するうえで不可欠だからである．さらに，人為的影響(移殖による分布攪乱や遺伝的攪乱，個体群サイズの縮小，飼育の影響など)の質や程度を評価し，保全策の方向性を決定するうえでも必要となる．また，集団内の多様性が減少すれば，当然，個体内(染色体間)の多様性(ヘテロ接合度)が減少することになるが，それが近交弱勢にどのように結びつくかに関しては，まだ不明なところも多い．はじめに概観したように，日本の淡水魚の分子系統学的・集団遺伝学的な研究はこれまで150近くの論文として公表され，上述の諸問題への取り組みが続けられているが，スタートから30年を経た現時点でも，いまだ知見は断片的であり，調べられた魚種も限定されている．

淡水魚類の遺伝的多様性の調査ツールとしては，アロザイムなどタンパク質多型のレベルから始まり，現在では用途によってさまざまなDNAレベルの手法が確立し，適用されつつある．とくにミトコンドリアDNAのRFLP分析や塩基配列分析はすでに確立した方法であり，事実上どの領域でも比較的容易に塩基配列データが得られる状況となっている(Miya & Nishida 1999)．しかし，ミトコンドリアDNAは基本的に母系遺伝であるため，単独では，交雑などの複雑な歴史をもつ集団や種間の関係を明らかにするうえで不十分な場合がある．ユニバーサル・プライマーの開発などによって，核DNAの多数の多型的領域について簡便に塩基配列分析が行えるようになれば，アロザイムに代わるきわめて有効な分析ツールとなるだろう．AFLP分析などの，簡便で，かつ大量のデータを得ることのできるフィンガープリント法も有力な選択肢のひとつであろう．また，とくに希少種に関する遺伝的多様性の評価やモニタリングのために，マイクロサテライトなどの高感度マーカーの開発も急務であるといえるだろう．それらとともに，多様化するデータの種類や解析方法を広く，また正しく活用できるように，実験や解析の方法，そしてその際に必須となるコンピュータソフトウェアの使用指針などを整理することも非常に重要な今日的課題であるといえる(西田ら 1998，日本水産資源保護協会 1999)．

分子系統学的・集団遺伝学的なデータがもたらす生物学的な新しい知見が，淡水魚類に対する，またそれを含む自然に対する人々の価値観を変えることも

ありうるだろう．さらに，より実際的には，さまざまな人為的環境改変の影響を調査するなかで，遺伝的多様性それ自体を評価対象に入れることが今後行われることになるだろう．たとえば，現在，あるダム建設の環境影響予測調査のなかで，希少魚ネコギギの分布や個体群サイズへの影響を調査・予測すると同時に，マイクロサテライトマーカーを用いて，遺伝的多様性への影響を調べることも始められている．遺伝学的データは，守るべき生物学的実体への深い理解をもたらすとともに，生物・環境保全のための活動や意志決定の実用的な指針としても有効であり，その重要性は今後ますます増大していくだろう．

渡辺勝敏・西田　睦

16 昆虫類

16.1 日本の昆虫類の種多様性と保全の現状

　昆虫類は動物群のなかで種多様性のもっとも大きな一群で，現存動物種の3分の2を超える約100万種がすでに記載されており，日本からも約3万種が記録されている．未記載種を含めると，少なくとも500万種，研究者によっては数千万種の昆虫が地球上に生存していると考えている．昆虫類の種多様性がこのように大きいのは，翅を獲得し，体節を機能的な構造に分化させて行動圏を広げるとともに，体を小さくし，各々の種の生活環境(ニッチェ)を小さくすることにより，地球環境と利用資源を細分化して，各々の環境に適応する種を派生してきた結果である．

　これらの昆虫類の生存がいま急速に脅かされている．たとえば，日本版レッドデータブックに絶滅危惧種や希少種として名を連ねる昆虫類の多くは，かつて日本の山野に普通にみられた種である．さらに，島嶼などに局地的に分布する固有種もまた，人間活動によってその存在を脅かされている．人類の科学技術の進歩によって，森林伐採，大規模開発，合成化学物質の乱用などが環境破壊と汚染を招き，昆虫類はすみ場所を奪われ，有毒物質を浴びせられて，死に直面しているといえる．特殊で狭いニッチェに適応を果たしてきた昆虫類にとっては，最近の20-30年の地球環境の変化は，かれらの進化史で例をみないほど激烈なものかもしれない．

　日本では1993(平成5)年に「絶滅のおそれのある野生動植物の種の保存に関する法律」が施行され，法律によって貴重な野生生物が保護されることになった．昆虫類では1998(平成10)年に絶滅危惧種ベッコウトンボ *Libellula angelina* の捕獲が法律で禁止されたのをはじめ，国や地方自治体が天然記念物指定や保護条例などにより，ホタル類やギフチョウ *Luehdorfia japonica* などの絶滅が心配されるチョウ類を保護する動きが増えている．これまでは主として希少種の

個体や個体群が保護の対象となるか,あるいはそれらが生活する生態系が保全の対象とされてきた.これらに加え,最近では昆虫類の遺伝的多様性を保全する動きが高まってきている.

16.2 日本の昆虫類の遺伝的多様性研究の歴史と現状

日本における昆虫類の遺伝的多様性に関する研究は,種の保護保全とは直接関係なく,昆虫類の遺伝的特徴を明らかにする目的で進められてきたものが多い.

(1) 染色体レベルの研究

日本の昆虫類の遺伝的多様性の研究は染色体から始まった.牧野佐二郎による『動物染色体数総覧』には,バッタ目,トンボ目,カメムシ目,チョウ目,ハエ目など,日本産昆虫類330種の染色体数が記録されている(牧野 1950).そ

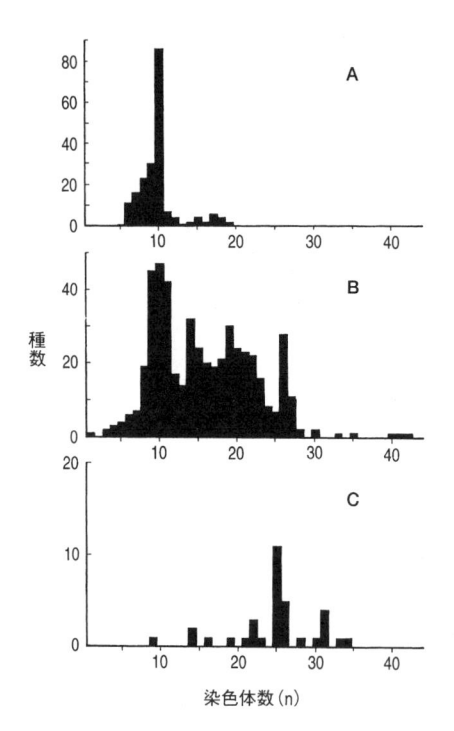

図16-1 ハチ目昆虫の染色体数の頻度分布.
A:ハバチ類,B:アリ類,C:社会性ハチ類.
Hoshiba et al. (1989)より.

の後，Maeki(1961)がチョウ類，Saitoh(1960)やKawazoe(1987)がガ類，Takenouchi(1974)が甲虫類，Naito(1982)がハバチ類，Imai et al. (1988)がアリ類，Hoshiba et al. (1989, 1993)がカリバチ類とハナバチ類で日本産昆虫類の染色体研究を行ってきた(図16-1)．昆虫類の種内の染色体変異については，ヨモギハムシ Chrysolina aurichalcea(Fujiyama 1989)，ムネボソアリ Leptothorax spinosior(Imai 1974)，カタアカスギナハバチ Loderus genucinctus(西本ら 1998)などの研究がある．

(2) アロザイムレベルの研究

酵素の遺伝子型多型から昆虫類の遺伝的多様性を調べる研究は，1960年代の後半から始まった．日本の昆虫類では，主として近縁種間や種内変異の関係を調べる手法として用いられた．近縁種間の関係を調べた研究としては，コウチュウ目のナミテントウ Harmonia axyridis とクリサキテントウ H. yedoensis(Sasaji & Nishide 1994)，ホタル亜科の8種(Suzuki et al. 1996a)，チョウ目のキンウワバ亜科30種(Nomura 1998)，ハチ目のアブラバチ属3種(Takada 1998)，チュウゴクオナガコバチ Torymus sininsis とクリマモリオナガコバチ T. beneficus(伊澤ら 1992)，ニホンミツバチ Apis cerana とセイヨウミツバチ A. mellifera(Rozalski et al. 1996)などがある．種内変異を扱った研究としては，コウチュウ目のゲンジボタル Luciola cruciata(Suzuki et al. 1996b)，ヒメボタル Hotaria parvula (Suzuki et al. 1993)のほかに，同目のキボシカミキリ Psacothea hilaris(Shintani et al. 1992, 網代ら 1995)，チョウ目のニカメイガ Chilo suppressalis(Konno & Tanaka 1996)，カメムシ目のスギマルカイガラムシ Aspidiotus cryptomeriae (宮ノ下ら 1991)などの農林業害虫を対象としたものが多い．

(3) DNAレベルの研究

昆虫類の遺伝的多様性の研究の主流は，DNA増幅のためのPCR法の開発，塩基配列解読シークエンサーの性能向上，コンピュータの進歩にともなうデータ解析法の改良などにより分子レベルに移ってきた．とくに，大澤グループによるオサムシ類を対象としたミトコンドリアDNAのND5領域の塩基置換にもとづく分子系統に関する一連の研究は，系統や種の分化に斬新な見解をもちこむとともに，種内変異についても客観性の高いデータを提供した．すなわち，短期間のうちに多数の属や種が爆発的に分化を起こす「一斉放散」(図16-2)や，

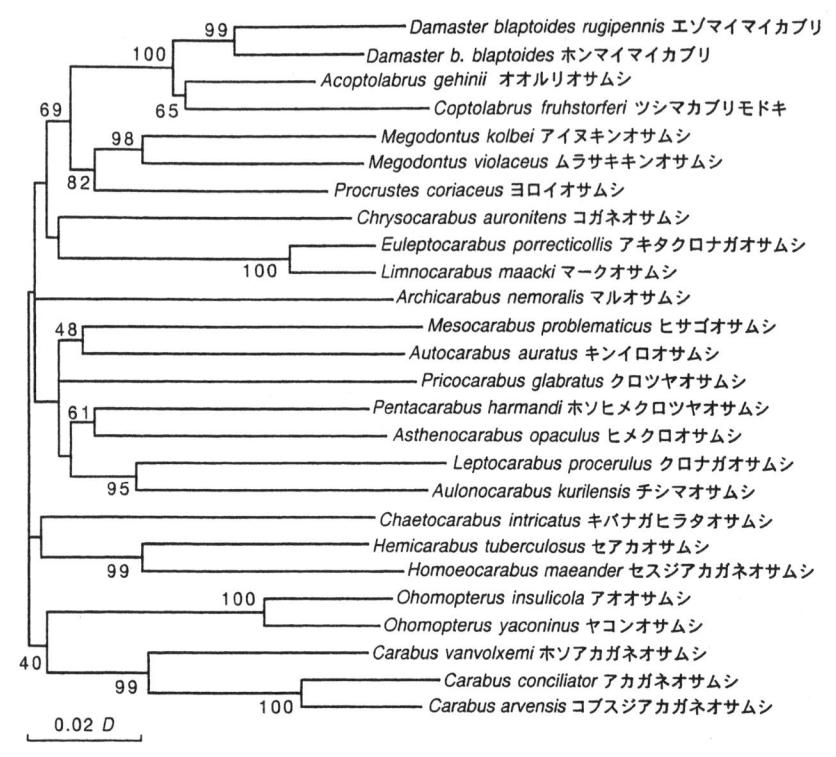

図16-2 オサムシ亜属における主要属の一斉放散.各枝の数字はブートストラップ値で,70以下は分岐順に有意差がなく,主要属の分岐が短期間に生じたと解釈される.NJ法.大澤(1999)より.

系統とは関係なく,形態的に似た種が異なる地域に平行して生じる「平行放散進化」の考えを提唱し,分類学や生物地理学に大きな衝撃を与えた(Osawa *et al.* 1999, 大澤 1999, Su *et al.* 1996a, 1996b, 蘇・金 1999).これらの研究は主としてミトコンドリアDNAの1遺伝子の塩基配列の解析にもとづいているが,曽田(2000)は核DNA遺伝子の塩基配列の比較解析から,オサムシ類の平行放散進化を否定する分子系統樹を構築している.これらの分子系統樹のちがいは研究対象とする遺伝子領域の塩基置換速度のちがいによることが考えられ,分子系統樹の構築には,昆虫類の系統間,種間,種内個体群間など,比較対象に適した遺伝子領域の選択と解析が必要である.

　大澤グループの研究はほかの昆虫群の研究者にも大きな影響を与え,主としてミトコンドリアDNAのND5遺伝子の塩基配列の比較から分子系統を構築す

る研究がさかんになってきた．チョウ目ではアゲハチョウ科(Yagi et al. 1999, 八木・佐々木 1999)，ギフチョウ属(Makita et al. 2000, 新川 1999)，アワノメイガ属(Kim et al. 1999)などで，甲虫目ではハナカミキリ類(斎藤 1999)で，ハエ目ではアシナガバエ類(桝永 1999)で研究例が報告されている．とくにチョウ類では，蝶類 DNA 研究会が結成され，いろいろな系統群で分子系統の研究が進められている．大澤グループとは独立に，DNA レベルで遺伝的変異が研究された昆虫も多い．Maekawa et al. (1998, 1999, 2000)は，ミトコンドリアの CO II 遺伝子の塩基配列の比較からシロアリ類，ゴキブリ類，バッタ類などの分子系統を構築している．Shirota et al. (1999)はショクガタマバエ *Aphidoletes aphidimyza* の種内変異を，ミトコンドリアの CO I 遺伝子の塩基配列から調べている．カメムシ目では，ヒメハナカメムシ類でリボゾーム DNA の ITS-1 領域(Honda et al. 1998)，ハナカメムシ類でミトコンドリア DNA の 16S rDNA，チトクローム *b* 遺伝子および CO II 遺伝子(Muraji et al. 2000a, 2000b)，またアメンボ類で 16S rDNA と核の 28S rDNA(Muraji & Tachikawa 2000)の塩基配列の比較から系統推定が試みられている．ハバチ類では高度反復配列の解析により，種形成と遺伝的変異の関係が考察されている(Sonoda et al. 1992, 1995)．RAPD 法や RFLP 法による DNA 多型の遺伝的解析は，アブラムシ類，ウンカ・ヨコバイ類，ガ類などの農業害虫やカイコ *Bombyx mori*，ミツバチなどの有用昆虫に多くみられる．保全遺伝学の好対象となるホタル類の遺伝子解析も精力的に進められており，ゲンジボタルでは日本各地の個体群を材料として，ハプロタイプの解析や生態的特徴と遺伝的分化，さらに人為的移入による遺伝的攪乱についても研究されている(16.3 節に詳述)．以上のほかにも，分子レベルでの遺伝的多様性の研究は急速に進んでおり，それらの研究報告は枚挙に暇がないほどになりつつある．

16.3 日本の昆虫類の遺伝的多様性研究の実際例

(1) 染色体——カタアカスギナハバチ

カタアカスギナハバチ *Loderus genucinctus* はハチ目のハバチ科に属し，幼虫はスギナを寄主植物としている．本種はヨーロッパ，シベリア，カラフトから日本全土に分布し，スギナが芽吹く早春に成虫が羽化する，年一化性のハバチ

図16-3 カタアカスギナハバチのロバートソニアン型染色体多型. A:n=9, B:n=10, C: n=11. 西本・内藤(未発表)より.

である．メス成虫はスギナの組織内に産卵し，孵化した幼虫はその葉を食べて生育し，約2週間で老熟して土に潜り，翌春までの長い眠りにつく．カタアカスギナハバチは特別な希少昆虫ではないが，顕著な染色体多型がみられ，しかもそれら多型の形成と置換の機構が明らかなので，染色体レベルでの遺伝的多様性研究の好例として紹介する．

　ハバチ類を含めハチ目昆虫は基本的に雄性産生単為発生(ahrrenotoky)を行い，受精卵は2倍体のメスに，未受精卵も発生して半数体のオスになる．カタアカスギナハバチもオスは半数性で，n=9，10および11の3種類の核型多型がみられる(図16-3)．これらの染色体多型は動原体開列または融合に起因するロバートソニアン型の多型で，n=10の2本の端部動原体染色体，およびn=11の4本の端部動原体染色体は，それぞれn=9の1本または2本の大型の中部動原体染色体に相当する．

　ハチ目昆虫では，ハバチ類(Naito 1982)，アリ類(Imai *et al.* 1988)，カリバチ類(Hoshiba *et al.* 1989)およびハナバチ類(Hoshiba & Imai 1993)の染色体進化が，いずれも基本的に染色体数増加の方向性をともなっていることが報告されている．本種の核型も染色体数の少ないn=9が原形で，大型の中部動原体染色体の1本が動原体開列を起こしn=10の核型が，さらにもう1本の大型中部動原体染色体が同様に動原体開列を起こしてn=11の核型が出現し，それらが固

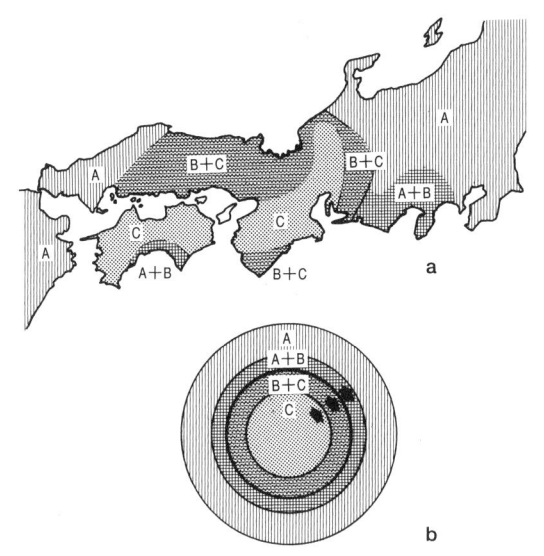

図16-4 カタアカスギナハバチの染色体多型の分布(a)と核型置換の方向(b). a: A(n=9)の分布域, B(n=10)の分布域, C(n=11)の分布域. b: 矢印は派生核型の分布拡大の方向を示す. 西本・内藤(未発表)より.

定したものと思われる(西本ら 1998).

　日本における本種の核型多型の分布(図16-4a)を調べると, n=9は中部・関東・東北から北海道および中国西部から九州に分布している. わずかであるが, 四国の南端部からも発見されている. n=10とn=11の核型は東海・北陸・近畿・中国・四国地方で混在しているが, n=10の分布がやや広く, 関東の一部にも分布がみられ, そこではn=9と混在している. n=9とn=10は分布の接点で混在することがあるが, n=9とn=11が同所的に存在する例は全国でも4地点をのぞくと知られていない. 核型変異の方向性と分布形態から考えると, 核型多型の発生とその置換・固定は以下の経過をたどったことが推定される. すなわち, 本来n=9の核型をもつ個体群が日本に広く分布していたと思われる. n=9のうちの1本の中部動原体の大型染色体に動原体開列が起こり, 端部染色体を2本もつn=10変異核型が近畿地方のどこかで生じ, もとの核型n=9と置き換わるかたちで分布を拡大した. さらに同様の地域においてn=10の中部動原体の大型染色体に動原体開列が起こり, 端部染色体を4本もつn=11の核型が生じ,

これも分布を拡大していった．n=11 は n=10 と広い範囲で混在しており，n=10 から n=11 への核型置換による分布拡大の様相は明確ではないが，四国・近畿・東海地方の一部ではすでに n=10 が消滅している．

　核型多型間の分布の関係をみると，n=10 と n=11 は近畿地方を中心に広い地域で混在しており，両者の遺伝的親和性が高いことを示している．n=9 と n=10 は中国・四国・北陸地方の分布の接点のみで混在がみられるが，東海・関東の一部では比較的広く混在している．一方，n=9 と n=11 はほとんど混在がみられず，たがいに側所的に分布している．これら核型多型の分布形態の成立には，メスの2倍体核型の適応度のちがいが原因している可能性が高い．オスの半数体核型 n=9 を A，n=10 を B，n=11 を C とすると，メスの2倍体核型は AA(2n=18)，AB(2n=19)，BB(2n=20)，AC(2n=20)，BC(2n=21)および CC(2n=22)の6種類が考えられる．実際，これらの2倍体核型をもつメスが，同じゲノムをもつ半数体オスの分布と一致して分布している．しかし，半数体核型が混在する地域あるいは隣接する地域における2倍体核型の頻度には顕著なちがいがみられる．AA，BB，CC などのホモ接合体に比べると，AB，BC などのヘテロ接合体の頻度が低く，とくに AC ヘテロ接合体は発見されていない．これらの事実は，2倍体メスではホモ接合体に比べヘテロ接合体の適応度が低く，交雑地帯ではヘテロ個体が集団から淘汰され，ホモ個体が集団に残りやすくなる仕組みがつくられていることを示唆している．ヘテロ個体の適応度にも差があり，BC→AB→AC の順で適応度が低くなる．とくに AC 個体は発生の初期段階で死亡するものと思われ，A と C の交雑地帯では AA と CC のホモ接合体が側所的に分布する構図をつくりあげている．また，ホモ個体の適応度にも差がみられ，AA→BB→CC の順に高く，より新しく派生した核型ほど高い適応度を示している．

　以上に紹介したように，カタアカスギナハバチでは，ロバートソニアン型動原体開列により新しい核型多型が派生し，ヘテロ接合体の淘汰をとおして，新しい核型のホモ接合体が古い核型のホモ接合体を押し退けるかたちで分布を拡大する機構が明らかになってきた(図16-4b)．本種は染色体レベルでの遺伝的多様化の現象とその仕組みを理解するための興味ある研究対象といえるが，核型多型の形成と置換の進化的意義はさらに究明されるべき課題である．

(2) アロザイム——ゲンジボタルとその仲間

　ホタル類は夏の夜の風物詩として，古くから日本人にはなじみの深い昆虫である．近年の農薬汚染や環境破壊によって一時激減していたホタル類も，最近その数に回復の兆しがみられる．ゲンジボタルやヒメボタルは絶滅が危惧されるほどではないが，自然保護や環境保全の格好の対象として，あるいは村興しの目玉として，多くの地方公共団体が条例により保護方策をとっている．一方で，行き過ぎたホタル類の復活や増殖活動は，他地域からの人為的移入にともなう遺伝的攪乱を引き起こす可能性が危惧されている．

　Suzuki *et al.* (1993, 1996b)と佐藤(1998)はアロザイムからみたゲンジボタルおよびヒメボタルの種内の遺伝的変異を調べた．両種ともに発光パターンや生息環境を異にする生態的二型を含み，遺伝的変異との関係が注目されている．

　ゲンジボタルは北海道をのぞく日本全土に分布し，成虫は年1回，初夏に出現する．ホタル類の特徴である発光パターンは，雌雄で顕著なちがいはないが，オスは発光の周期を同調させ一斉に明滅を繰り返す性質がある．大場(1988, 1989)は日本各地の個体群を調査し，中部山岳域を境に東と西に，遺伝的支配を受ける発光周期が約4秒の集団(東日本型)と約2秒の集団(西日本型)が分布していること，さらにそれらの集団は産卵様式や生息環境のちがいをともなっていることを明らかにした．

　アロザイム変異の調査には17遺伝子座が対象にされ，そのうち6遺伝子座で多型が検出された．各地域個体群の遺伝子頻度のデータを比較し，個体群間の遺伝的分化の程度を遺伝距離 D 値(Nei 1972)で表した(図16-5A)．D 値は分類群によっても異なるが，地域個体群間では0.05以下，亜種間で0.05–0.16，種間で0.16以上がおおよその目安と考えられている(佐藤 1998)．D 値から推定される系統樹は大きく2つのクラスターに分かれるが，これらは生態的二型である東日本型と西日本型にほぼ対応しており，ゲンジボタルの生態的二型は遺伝的分化をともなっていることがわかる．また，D 値は地理的距離ともおおまかな一致を示すが，東京都秋川(東日本型)のように西日本型のクラスターのなかに入り込む例外もみられる．これは西日本の個体の放流による人為的移入の結果である可能性が高い．ホタル類はとくに人為的移入の可能性の高い昆虫であるが，遺伝的変異の研究はこうした遺伝的攪乱の実態を明らかにする手段と

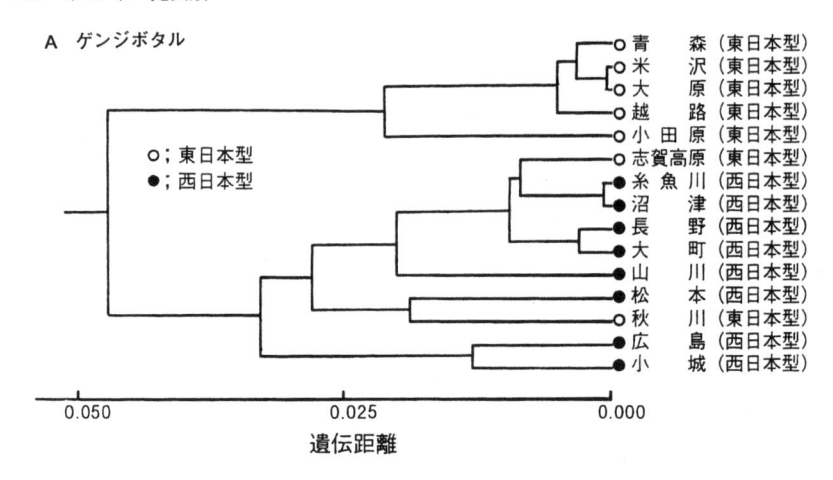

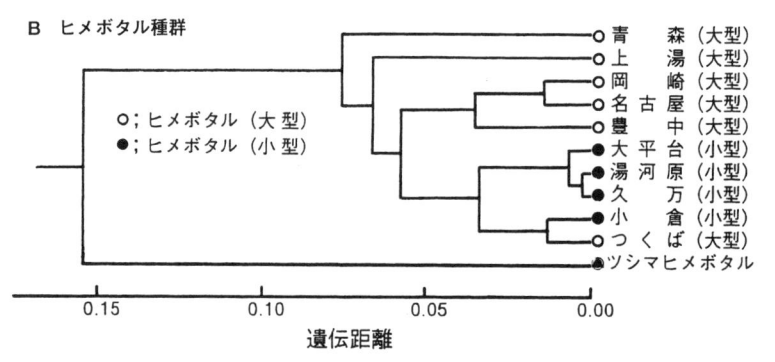

図 16-5 ゲンジボタル(A)およびヒメボタル(B)のアロザイム変異にもとづく地域個体群間の遺伝的類縁関係. 佐藤(1998)より.

しても有効である.

　ヒメボタルは日本の草地や山林に生息する小型の陸生ホタルで, オスの発光間隔が約1秒の個体群と約0.5秒の個体群の存在が知られている. これらは生息環境や形態にも分化がみられ, 前者(大型)はおもに平野部に生息し, 体長が約10 mmと大型であるのに対し, 後者(小型)はおもに山間部に遺存的に分布し, 体長は約6 mmと小型である. 対馬には前胸背板の色彩が異なる近縁種, ツシマヒメボタル H. tsushimana が分布しているが, オスの体長が約9 mm, 発光間隔が約1秒である点から, ヒメボタルの大型個体群と近い関係にあることが予想されている.

図16-5Bはアロザイム分析から得られたヒメボタル地域個体群の遺伝的関係を表している．ヒメボタル小型個体群間の遺伝距離の平均は$D=0.03$と小さく，種内変異のレベルにあり，遺伝的分化があまり進んでいないことを示唆している．これに対して，大型個体群間の遺伝的分化は進んでおり，D値の平均は0.13で，亜種レベルの分化を示している．ヒメボタルとツシマヒメボタル間のD値は0.31で，同属の別種と扱うべき値を示している．佐藤(1998)はこれらのアロザイムの結果からヒメボタル種群の種分化の過程を推測している．すなわち，ヒメボタル種群の祖先種が朝鮮半島より侵入し，対馬に取り残された個体群はツシマヒメボタルとなり，本土に侵入した個体群は青森まで分布を広げ，大型個体群として地域分化を進めた．その後，小型個体群が分化し，大型個体群を山間地に追いやるかたちで，西日本を中心に分布を広げている．

(3) DNA——ゲンジボタルとその仲間

ゲンジボタルやヒメボタルを含むホタル科は，これまで日本から4亜科9属44種が知られている．夜行性で発光するものから，昼行性で発光せず，フェロモンをコミュニケーションの手段としているものまで，ひとくちにホタルといっても多様である．鈴木はミトコンドリアの16SリボゾームRNA遺伝子のうち，517塩基の配列を種ごとに比較し，近隣結合法により分子系統樹を作成した(Suzuki 1997，鈴木 1998)．外群種としてベニボタル科のツヤバネベニボタル *Calochromus rubrovestitus* を用いている．

作成された分子系統樹(図16-6)は形態から構築された従来の分類体系とおおむね一致している．すなわち，4亜科のうちホタル亜科，オバボタル亜科，エダヒゲホタル亜科はそれぞれクラスターを形成している．さらに，ホタル亜科とオバボタル亜科のそれぞれは数属からなるが，それらの属とクラスターがよく一致している．しかし，ホタルモドキ亜科は多系統的で，まとまったクラスターを形成していない．そこに含まれるイリオモテボタル *Rhagophthalmus ohbai* がこれまでもホタル科に入れられたり，独立したイリオモテボタル科として扱われたことがあるように，ホタルモドキ亜科は分類学的にも問題があるが，分岐のブートストラップ値も低く，系統樹の信頼性は高くない．

保護対象として関心の高いゲンジボタルの地域個体群間の遺伝的変異について，Suzuki *et al.* (2002)はRFLP法により調査している．ミトコンドリアCO

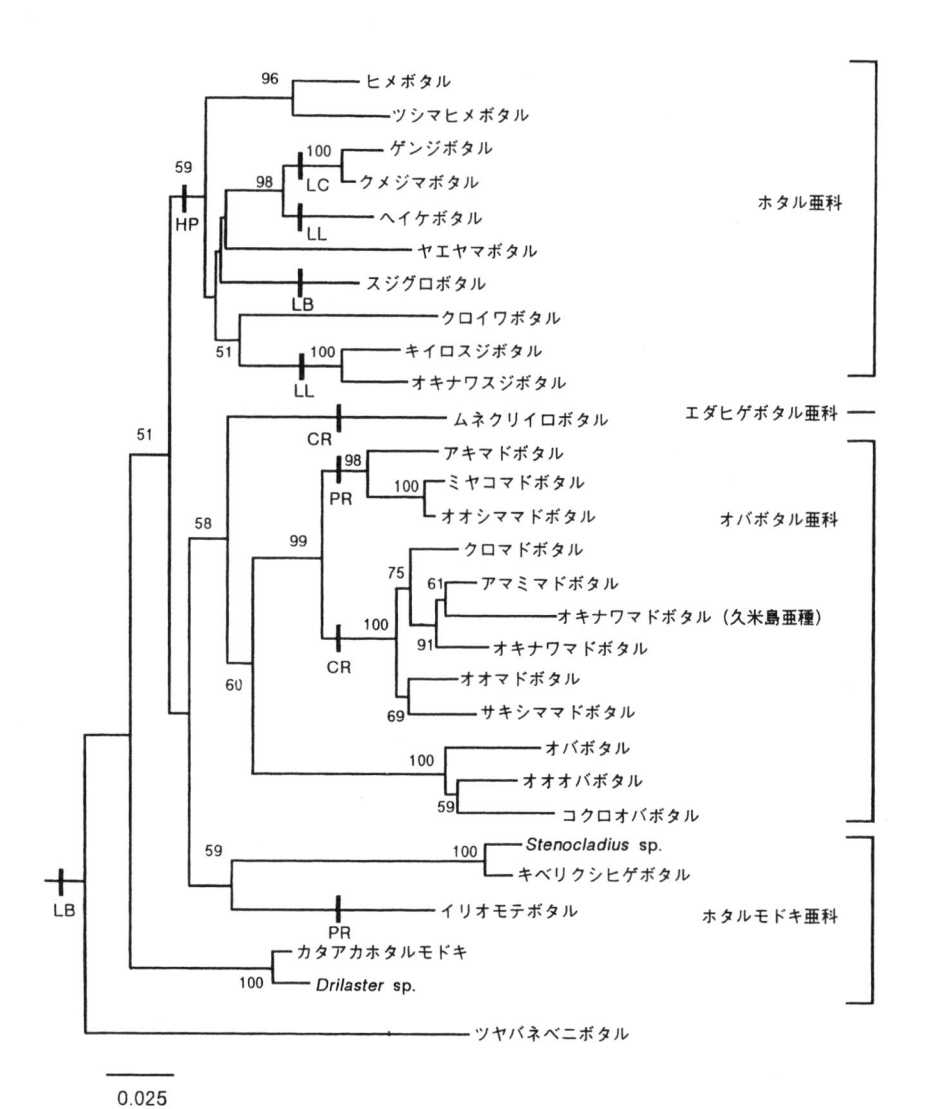

図 16-6 ミトコンドリア 16S リボゾーム RNA 遺伝子の塩基配列からみた日本産ホタル類の分子系統樹．図中の LB, HP などは性フェロモンや発光パターンのちがいによる 6 つの異なる配偶システムを表している．鈴木(1998)より．

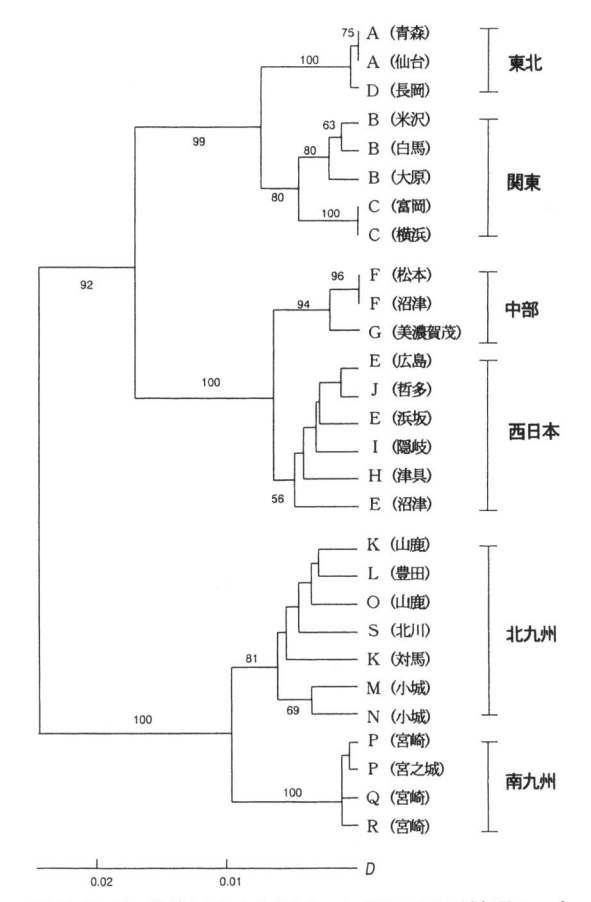

図16-7 ゲンジボタルにおけるミトコンドリアCOⅡ遺伝子のハプロタイプの分子系統樹(UPGMA法). A–Sは19のハプロタイプを示す. Suzuki *et al.* (2002) より.

Ⅱ遺伝子領域を6種類の制限酵素(AseⅠ, RsaⅠ, MvaⅠ, HaeⅢ, HinfⅠ, HpaⅡ)で消化後, ポリアクリルアミドゲル電気泳動によって得られる切断パターン(ハプロタイプ)を比較した. 日本の地域個体群について広く調査した結果, 全体で19のハプロタイプを確認している. さらに, 各個体群のCOⅡ遺伝子領域の塩基配列(740 bp)の比較から作成した系統樹と, ハプロタイプを組み合わせて, ゲンジボタルは6つのハプロタイプグループからなっていることを明らかにした(図16-7, 図16-8). グループ間の関係では, 九州と本州の間に明瞭な遺伝的ギャップがあり, 本州のなかでは西日本グループと東日本グループ(東北グルー

254　第16章　昆虫類

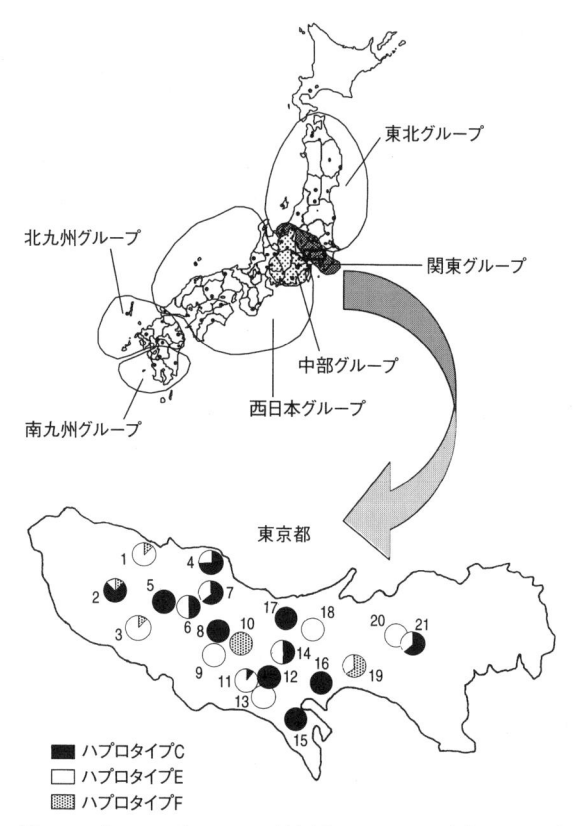

図16-8　ミトコンドリア CO II 遺伝子からみたゲンジボタルのハプロタイプグループ（上）と東京都におけるハプロタイプの分布（下）．鈴木ら（未発表）より．

プ＋関東グループ）の間に，九州のなかでは北九州グループと南九州グループの間にそれぞれギャップがみられる．これらの遺伝的ギャップは，それぞれ関門海峡，フォッサマグナ，中央構造線などの地理的構造と密接に結びついていることがうかがえる．このようにミトコンドリア CO II 遺伝子からみたそれぞれのハプロタイプグループは，日本の各地域に局在しており，自然状態での地理的移動はかなり制限されていることを示唆している．

　しかし，東京都には数種のハプロタイプが混在しており，本来中部や西日本に固有のハプロタイプがみられる（図16-8）．この事実は，ゲンジボタルが日本各地から人為的に東京都にもちこまれ，定着したことを示唆するもので，本来

の遺伝子型の分布の攪乱の問題をうきぼりにした例として注目される．

(4) DNA——オサムシ類

オサムシ類には保全遺伝学の観点からはとくに危急性を要する種は少ないが，昆虫類の分子レベルでの遺伝的多様性や分子系統に先鞭をつけ，それらの分野でいまも熱い議論が続く昆虫として紹介する．すなわち，ミトコンドリア ND5 遺伝子の塩基配列の比較から，オサムシ類の分子系統を構築した大澤グループの研究は，「タイプスイッチングによる平行放散進化」という画期的な考えを提出し注目を集めた．これは従来の分類学や形態学からは想像を超える進化機構であるため，賛否両論が噴出し，現在もその信憑性について議論が絶えない．

曽田 (2000) はオオオサムシ亜属を研究材料として，ミトコンドリア DNA の 2 遺伝子と核 DNA の 3 遺伝子の塩基配列を解読し，5 遺伝子間およびミトコンド

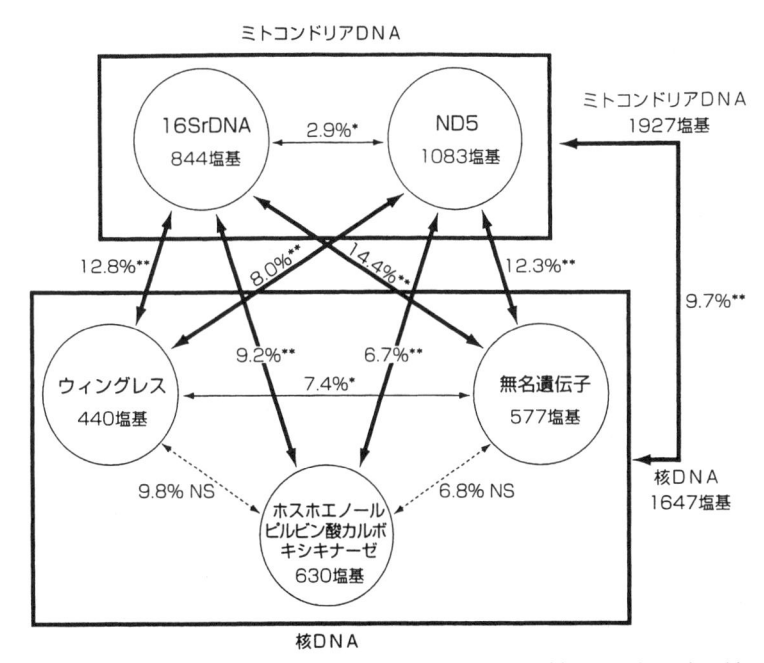

図 16-9 塩基配列からみたオオオサムシ亜属における分子系統情報の不一致．円内は遺伝子名と塩基数を，矢印は遺伝子間または遺伝子群間の系統情報の不一致の程度を％で表している．*は $p<0.05$，**は $p<0.01$ で情報の差が統計的に有意であることを示し，NS は有意差がないことを示す．曽田 (2000) より．

256　第16章　昆虫類

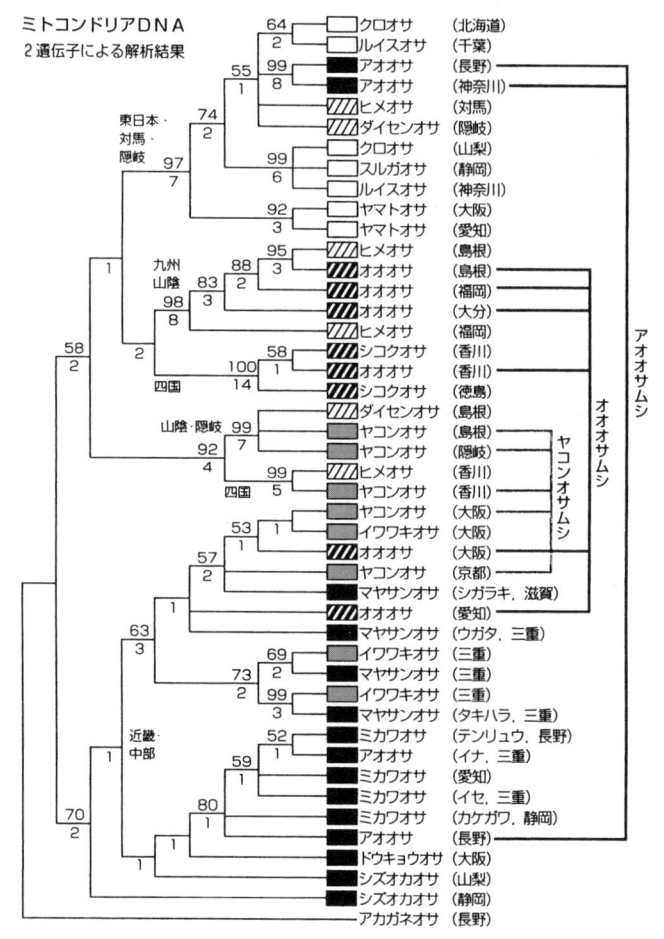

図16-10　ミトコンドリアDNA2遺伝子および核DNA3遺伝子の塩基配列にもは平行放散進化の現象がみられるが，核DNAによる系統樹（右）では形態分類に

リアと核の遺伝子をそれぞれまとめて解析した．その結果，遺伝子間で塩基配列から得られる系統情報に不一致がみられることを明らかにした．すなわち，ミトコンドリア遺伝子間および核遺伝子間でもある程度の不一致があり，さらにミトコンドリアと核の遺伝子の間では著しい不一致がみられた（図16-9）．図16-10はミトコンドリアDNAの2遺伝子および核DNAの3遺伝子の塩基配列の解析から構築した分子系統樹である．ミトコンドリア遺伝子の解析にもとづく系統樹は，ミトコンドリアND5遺伝子による系統のように，形態的に似た種

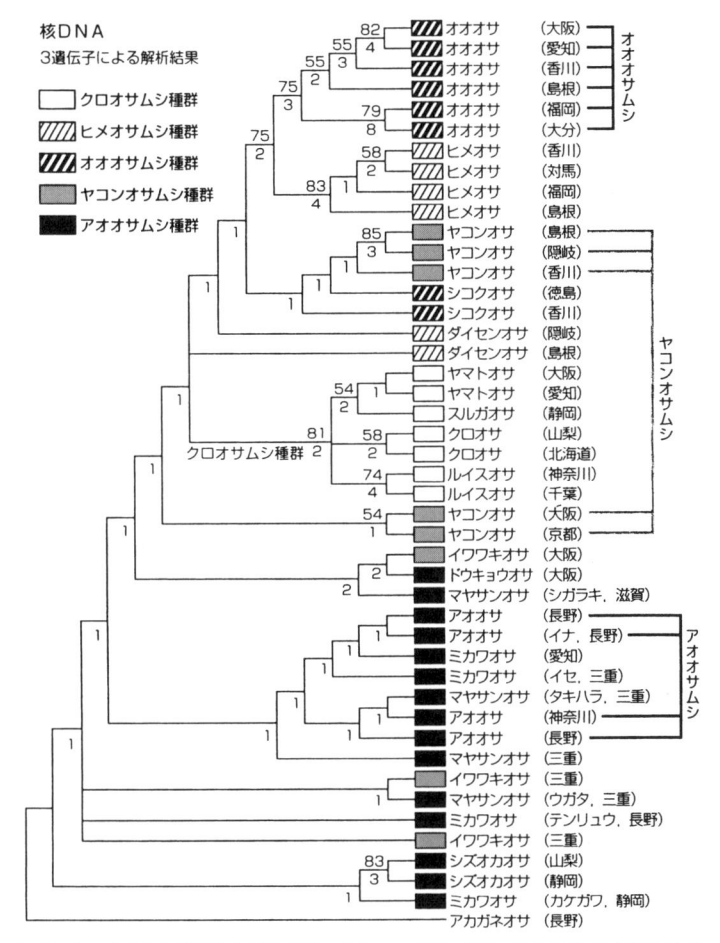

とづくオオオサムシ亜属の分子系統樹．ミトコンドリア DNA による分子系統樹（左）でもとづく群形成と類似した類縁性を示す．曽田(2000)より．

や地域個体群が異なるクラスターに入れ子状に位置づけされる(平行放散進化)のに対し，核遺伝子による系統樹では従来の分類による系統に近いかたちを示している．どちらの分子系統樹がオオオサムシ亜属の系統関係をより正しく反映しているかは断言できないが，分子系統の評価に一石が投じられた意義は大きい．ちなみに，曽田(2000)は「平行進化」によるとされる ND 5 遺伝子の多型発現を，交雑によるミトコンドリアの浸透として解釈する立場をとっている．

16.4 昆虫類の保全遺伝学の今後

　昆虫類の遺伝的多様性の研究はDNAレベルでの解析が主流となってきている．しかも少数個体にもとづく種間や属間の分子系統の構築という初期の研究から，種内の地域個体群間や個体群内の個体変異の解明へと，より詳細で多量の遺伝情報が急速に蓄積されている．また，これまでは農林業の重要害虫や分類学的に興味をひく昆虫類が，DNA解析の対象とされることが多かったが，最近では種多様性の保護の立場から対象昆虫を選ぶ例が増え，保全遺伝学の立場から昆虫類の遺伝的多様性を研究する状況が整ってきた．

　一方で，分子情報の意義についても，今後検証が進むものと思われる．ミトコンドリアDNAと核DNAの系統情報の不一致や，現実問題として対象とするタクサ（分類群）のちがい（種内関係，種間関係，属間関係など）により解析に適する遺伝子を選択しなければならない事実は，遺伝情報の一元的取り扱いのむずかしさを示唆している．コドンを構成する3塩基のうち，第3塩基が第1および第2塩基に比べ置換速度が顕著に速い事実は，このレベルですでに選択がかかっていることを示唆しているとも受け止められ，今後系統構築の基盤である分子進化の中立性の検証にまで立ち返ることになるかもしれない．

　昆虫類は少なくとも数百万種が現存していると思われるが，保全遺伝学の立場からは絶滅が危惧される昆虫類の遺伝的特性を解明するのが急務である．個体数減少にともなう遺伝的変異性の消失や隔離個体群の遺伝的多様性の偏りなどが明らかにされ，健全な遺伝的多様性の回復の方策が模索される日が近いかもしれない．そのためには健全な昆虫類についても，絶滅危惧種と平行して遺伝情報の蓄積が必要である．

内藤親彦

おわりに

　本書の出版は，環境省が行っている「生物多様性調査」のうち，筆者らが平成8年度から進めてきた「遺伝的多様性調査」研究の総括を出発点としている．この研究が一段落した段階で，研究結果をせっかくだから書物としてまとめおこう，という話がもちあがった．これには理由がある．近年，国の内外を問わず，その道の専門家による生物保全の教科書がつぎつぎと刊行され，どれを読むべきか迷うほどである．しかし，日本語で書かれた保全遺伝学の参考書はないに等しい．そうした現状を考えると，課題研究の成果をまとめるだけではもったいないから，実例を中心にしながら，保全遺伝学の教科書になるものをつくってもよいのではないか，ということになった次第である．

　当初の予定では，本書はかなり前に発行されるはずであった．しかし，予定より大幅に遅れるという結果になってしまった．こうした結果に編者としては，各執筆者にお詫びせねばならない．本書の編者は2人いるのだからいいわけにもならないが，編者の双方が多忙のため，相互のコミュニケーションが十分にとれないという問題が大きく，それが編集の遅れにつながってしまった．また，編集作業は予想以上にたいへんであった．研究対象も思想も手法も異なる執筆者の原稿を編集するのは，はっきりいってむずかしかった．できるだけの統一を図りつつ，各執筆者の特色を残すよう努力はしたが，うるさい注文をつけて，無理に書き直しをお願いすることもあった．そんな編集上の問題に加え，この間にもたえず研究を進展させている執筆者のなかには，こんなに遅れるなら改変したい部分があったと不満のある方もいるであろう．この遅れがあったものの，その間に学問的に基本的な問題がそれほど変わったり，古くなっているわけではないと思う．しかし，「保全」という課題が，いま，なぜ話題になるのかを考えれば，本書はもっと急いで刊行されるべきであったことはまちがいない．研究の進展よりも，急速に保全の必要性は高まっているにちがいないのだから．

　顔ぶれからわかるように，執筆者の多くは，必ずしも保全遺伝学の専門家というわけではない．そもそも筆者らが研究を開始したころには，保全遺伝学と

いうような概念さえ，まだなかったのだから，これは当然である．保全理論の進展はめざましいし，実験技術も日を追って革新されている．まだコストを要するとはいえ，塩基配列の解析が日常的にできるとは，20年前には予想もできなかった．筆者自身がそうなのだが，こうした時代の流れの主流とは，やや離れた分野で研究してきた執筆者の一部には，本書の執筆は気軽な作業ではなかった．しかし，保全遺伝学の素人にも近い執筆者も参加したことは，本書を刊行するうえで利点になったかもしれない．系統分類，生物地理，染色体進化といった基礎分野の研究者たちは，自己の研究材料を通じて，近年の野外での自然の劣悪化の現状を強く感じているからである．まだまだ研究が不足している段階であるにもかかわらず，研究すればするほど，地域集団の重要性が浮かび上がってくるという感じを，日常の研究のなかで強くもっている執筆者らが描く第3部は重みがあり，読者を説得するものであろう．

　保全遺伝学の扱う範囲はきわめて広い．本書はこの学問の純粋なハウツーものでも理論書でもない．読者には期待外れの面があるかもしれないが，実験技術にしろ統計理論にしろ，専門書はちまたにあふれているから，それらを参照してほしい．どのみち，1冊の書物ですべてを知ることは不可能だ．いま大切なのは，保全遺伝学のスタートになる野生動物の多様性の現状を遺伝学的側面から枚挙し，問題点の整理に貢献することと割り切り，その理解に必要な最小限の基礎と理論は掲げたつもりである．本書の対象は動物だけであるが，哺乳類から昆虫まで，日本産の身近な生物で，なにが問題なのかを理解していただければ，本書の目的はほぼ達せられるだろう．本書の刊行にあたって，複数執筆者による異なった用語の統一など，たいへんな作業に辛抱強くおつき合いいただいた東京大学出版会編集部の光明義文氏に感謝する．また最後になってしまったが，本書刊行の出発点を与えてくれた環境省，自然環境研究センターに感謝する．

松井正文

引用文献

[第1章]

Avise, J. C. (1994) Molecular Markers: Natural History and Evolution. Kluwer Academic Publishers, Boston.

Avise, J. C. (2000) Phylogeography: The History and Formation of Species. Harvard University Press, Cambridge.

Avise, J. C. and J. L. Hamrick (1996) Conservation Genetics: Case Histories from Nature. Chapman & Hall, New York.

Edward, S. V. and W. K. Potts (1996) Polymorphism of genes in the major histocompatibility complex (MHC): implications for conservation genetics of vertebrates. In "Molecular Genetic Approaches in Conservation" T. B. Smith and R. K. Wayne eds., Oxford University Press, New York, 214-237.

Emiliani, C. (1955) Pleistocene temperatures. Geol., 63 : 538-578.

Hughes, J. B., G. C. Daily and P. R. Ehrlich (1997) Population diversity: its extent and extinction. Science, 278 : 689.

岩槻邦夫・加藤雅啓編 (2000)「多様性の植物学 [全3巻]」, 東京大学出版会, 東京.

木村資生 (1988)『生物進化を考える』, 岩波書店, 東京.

Lande, R. (1988) Genetics and demography in biological conservation. Science, 241 : 1455-1460.

Lewin, R. (1999) Human Evolution. 4th ed. Blackwell Science, Oxford.

Loeschcke, V., J. Tomiuk and S. K. Jain (1994) Conservation Genetics. Birkhäuser Verlag, Boston.

松井正文 (1996)『両生類の進化』, 東京大学出版会, 東京.

Maynard-Smith, J. and E. Szathmáry (1995) The Major Transitions in Evolution. Freeman / Spektrum, Oxford.

Mayr, E. (1942) Systematics and the Origin of Species. Columbia University Press, New York.

McDonald, J. F. and F. J. Ayala (1974) Genetic response to environmental heterogeneity. Nature, 250 : 572-574.

Nevo, E. and C. R. Shaw (1972) Genetic variation in a subterranean mammal, *Spalax ehrenbergi*. Biochem. Genet., 7 : 235-241.

Page, R. D. M. and E. C. Holmes (1998) Molecular Evolution: A Phylogenetic Approach. Blackwell Sciences, Oxford.

Powell, J. R. (1971) Genetic polymorphisms in varied environments. Science, 174 : 1035-1036.

Powell, J. R. and C. E. Taylor (1979) Genetic variation in ecologically diverse environments. Amer. Sci., 67 : 590-596.

Primack, R. B. (2000) A Primer of Conservation Biology. Sinauer Association, New York. [小堀洋美訳 (1997)『保全生物学のすすめ——生物多様性保全のためのニューサイエンス』, 文一総合出版, 東京.]

斉藤成也 (1997)『遺伝子は35億年の夢を見る——バクテリアからヒトの進化まで』, 大和書房, 東京.

Selander, R. K. and D. W. Kaufman (1973) Genic variability and strategies of adaptation in animals. Proc. Natl. Acad. Sci. USA, 70 : 1875-1877.

Smith, P. J. and Y. Fujio (1982) Genetic variation in marine teleosts : high variability in habitat specialists and low variability in habitat generalists. Mar. Biol., 69 : 7-20.

Smith, T. B. and R. K. Wayne (1996) Molecular Genetic Approaches in Conservation. Oxford University Press, New York.

Young, A. G. and G. M. Clarke (2000) Genetics, Demography and Viability of Fragmented Populations. Cambridge University Press, Cambridge.

Vida, G. (1994) Global issues of genetic diversity. In "Conservation Genetics" V. Loeschcke, J. Tomiuk and S. K. Jain eds., Birkhäuser Verlag, Boston, 9-19.

Wilson, E. O. (1992) The Diversity of Life. Harvard University Press, Cambridge.

World-Wide Fund for Nature (1989) The Importance of Biological Diversity. WWF Gland, Switzerland.

[第2章]

Anderson, S., A. T. Bankier, B. G. Barrell, M. H. L. De Bruijn, A. R. Coulson, J. Drouin, I. C. Eperon, D. P. Nierlich, B. A. Roe, F. Sanger, P. H. Schreier, A. J. H. Smith, R. Staden and I. G. Young (1981) Sequence and organization of the human mitochondrial genome. Nature, 290 : 457-465.

Avise, J. C. (1977) Is evolution gradual or rectangular ? : evidence from living fishes. Proc. Natl. Acad. Sci. USA, 74 : 5083-5087.

Avise, J. C. (1994) Molecular Markers : Natural History and Evolution. Chapman & Hall, New York.

Avise, J. C. and F. J. Ayala (1975) Genetic change and rates of cladogenesis. Genetics, 81 : 757-773.

Baba, Y. (2001) Molecular phylogeny and population history of the rock ptarmigan and hazel grouse in Japan. 九州大学大学院比較社会文化研究科学位論文.

Brown, G. G. (1986) Structural conservation and variation in the D-loop-containing region of vertebrate mitochondrial DNA. J. Mol. Evol., 192 : 503-511.

Coyne, J. A. and H. A. Orr (2000) The evolutionary genetics of speciation. In "Evolutionary Genetics : From Molecules to Morphology" R. S. Singh and C. B. Krimbas eds.,

Cambridge University Press, Cambridge, 532-569.

Desjardins, P. and R. Morais (1990) Sequence and gene organization of the chicken mitochondrial genome. J. Mol. Evol., 212 : 599-634.

Eldredge, N. and S. J. Gould (1972) Punctuated equilibria : an alternative to phyletic gradualism. In "Modes in Paleobiology" T. J. M. Schopf ed., Freeman, San Francisco, 82-115.

Houde, P., A. Cooper, E. Leslie, A. E. Strand and G. A. Montaño (1997) Phylogeny and evolution of 12S rDNA in Galliformes (Aves). In "Avian Molecular Evolution and Systematics" D. P. Mindel ed., Academic Press, San Diego, 121-158.

Irwin, D. M., T. D. Kocher and A. C. Wilson (1991) Evolution of the cytochrome b gene of mammals. J. Mol. Evol., 32 : 128-144.

梶田学 (1999) DNAを利用した鳥類の系統解析と分類. 日鳥学誌, 48 : 2-25.

Kocher, T. D., W. K. Thomas, A. Meyer, S. V. Edwards, S. Pääbo, F. X. Villablanca and A. C. Wilson (1989) Dynamics of mitochondrial DNA evolution in animals : amplification and sequencing with conserved primers. Proc. Natl. Acad. Sci. USA, 86 : 6196-6200.

Krajewski, C. and D. G. King (1996) Molecular divergence and phylogeny : rates and patterns of cytochrome b evolution in cranes. Mol. Biol. Evol., 13 : 21-30.

Martin, A. P. and S. R. Palumbi (1993) Body size, metabolic rate, generation time and the molecular clock. Proc. Natl. Acad. Sci. USA, 90 : 4087-4091.

Mindell, D. P. (1997) Avian Molecular Evolution and Systematics. Academic Press, San Diego.

Mindell, D. P. and R. L. Honeycutt (1990) Ribosomal RNA in vertebrates : evolution and phylogenetic applications. Annu. Rev. Ecol. Syst., 21 : 541-566.

Mindell, D. P., J. W. Sites, Jr. and D. Graur (1990) Mode of allozyme evolution : increased genetic distance associated with speciation events. J. Evol. Biol., 3 : 125-131.

宮田隆 (1998)『分子進化』, 共立出版, 東京.

Mukai, T. and C. C. Cockerham (1977) Spontaneous mutation rates at enzyme loci in *Drosophila melanogaster*. Proc. Natl. Acad. Sci. USA, 74 : 2514-2517.

Nagata, J., R. Matsuda and M. C. Yoshida (1995) Nucleotide sequences of the cytochrome b and the 12S rRNA genes in the Japanese sika deer. J. Mamm. Soc. Jap., 20 : 1-8.

Neel, J. V., C. Satoh, K. Goriki, M. Fujita, N. Takahashi, J. Akasawa and R. Hazama (1986) The rate with which spontaneous mutation alters the electrophoretic mobility of polypeptides. Proc. Natl. Acad. Sci. USA, 83 : 389-393.

Nikaido, M., F. Matsuno, H. Hamilton, R. L. Brownell, Jr., Y. Cao, W. Ding, Z. Zuoyan, A. S. Shedlock, R. E. Fordyce, M. Hasegawa and N. Okada (2001) Retroposon analysis of major cetacean lineages : the monophyly of toothed whales and paraphyly of river dolphins. Proc. Natl. Acad. Sci. USA, 98 : 7384-7389.

Nunn, G. B., J. Cooper, P. Joventin, C. J. R. Robertson and G. G. Robertson (1996) Evolutionary relationships among extant albatrosses (Plocellariiformes : Diomedeidae) established from complate cytochrome-*b* gene sequences. Auk, 113 : 784-801.

Ogiwara, I., M. Miya, K. Ohshima and N. Okada (1999) Retropositional parasitism of SINEs on LINEs : identification of SINEs and LINEs in elasmobranchs. Mol. Biol. Evol., 16 : 1238-1250.

Ohta, T. (1992) The nearly neutral theory of evolution. Annu. Rev. Ecol. Syst. 23 : 263-286.

Shields, G. F. and A. C. Wilson (1987) Calibration of mitochondrial DNA evolution in geese. J. Mol. Evol., 24 : 212-217.

Sibley, C. G. and J. E. Ahlquist (1990) Phylogeny and Classification of Birds. Yale University Press, New Haven & London.

Singh, R. S. (2000) Population genetics and speciation. In "Evolutionary Genetics : From Molecules to Morphology" R. S. Singh and C. B. Krimbas eds., Cambridge University Press, Cambridge, 491-531.

和田洋・片山智恵・佐藤矩行 (1992) 18S rDNA 分子からたどる動物の系統・類縁関係. 遺伝, 46 : 51-56.

Zuckerkandl, E. and L. Pauling (1965) Evolutionary divergence and convergence in proteins. In "Evolving Genes and Proteins" V. Bryson and H. Vogel eds., Academic Press, New York, 97-166.

[第 3 章]

Avise, J. C. (1994) Molecular Markers : Natural History and Evolution. Kluwer Academic Publishers, Boston.

Avise, J. C. (2000) Phylogeography : The History and Formation of Species. Harvard University Press, Cambridge.

Avise, J. C. and J. L. Hamrick (1996) Conservation Genetics : Case Histories from Nature. Chapman & Hall, New York.

Baba, Y. (2001) Molecular phylogeny and population history of the rock ptarmigan and hazel grouse in Japan. 九州大学大学院比較社会文化研究科学位論文.

馬場芳之・藤巻裕蔵・小池裕子 (1999) 日本産エゾライチョウ *Bonasa bonasia* の遺伝的多様性と遺伝子流動. 日鳥学誌, 48 : 47-60.

Baba, Y., Y. Fujimaki, K. Siegfried, B. Olga, D. Serguei and H. Koike (2002) Molecular population phylogeny of the hazel grouse *Bonasa bonasia* in East Asia inferred from mitochondrial control-region sequences. Wildl. Biol., 8 : 251-259.

Barret, T., I. K. Visser, L. Mamaev, L. Goatley, M. F. van Bressem and A. D. Osterhaust (1993) Dolphin and porpoise morbilliviruses are genetically distinct from phocine distemper virus. Virology, 193 : 1010-1012.

Crow, J. F. and M. Kimura (1972) The effective number of a population with overlapping generations : a correction and further discussion. Amer. J. Hum. Genet., 24 : 1-10.

Gowans, S., M. L. Dalebout, S. K. Hooker and H. Whitehead (2000) Reliability of photographic and molecular techniques for sexing northern bottlenose whales (*Hyperoodon ampullatus*). Can. J. Zool., 78 : 1224-1229.

Griffiths, R., M. C. Double, K. Orr and R. J. Dawson (1998) A DNA test to sex most birds. Mol. Ecol., 7 : 1071-1075.

Hayashi, K., S. Nishida, M. Goto, L. Pastene, H. Yoshida and H. Koike (2001) Are all the cetacean populations low in MHC diversity? Abstract for "Symposium on Evolutionary Genomics : New Paradigm of Biology in the 21st Century", 62-63.

Hughes, A. L. and M. Nei (1988) Pattern of nucleotide substitution at major histocompatibility complex class I loci reveals overdominant selection. Nature, 353 : 167-170.

景崇洋 (1998) 歯クジラのマイクロサテライト解析. DNA 多型, 6 : 127-135.

Kahn, N. W., J. S. John and T. W. Quinn (1998) Sex identification in birds using an intron from CHD. Auk, 115 : 1074-1078.

小池裕子・R. Díaz-Fernández (2000)タイマイの分子系統と珊瑚礁発達史. 月刊海洋, 358 : 270-274.

Murray, B. W., R. Michaud and B. N. White (1999) Allelic and haplotype variation of major histocompatibility complex class II DRB1 and DQB loci in the St. Lawrence beluga (*Delphinapterus leucas*). Mol. Ecol., 8 : 1127-1139.

中堀豊 (1998) Y染色体——構造・機能・進化. 蛋白質・核酸・酵素, 41 : 2306-2314.

Nei, M. (1973) Analysis of gene diversity in subdivided populations. Proc. Natl. Acad. Sci. USA, 70 : 3321-3323.

根井正利 (1987)『分子進化遺伝学』(五條堀孝・斉藤成也訳), 培風館, 東京.

Nei, M. and F. Tajima (1981) DNA polymorphism detectable by restriction endonucleases. Genetics, 97 : 145-163.

日本 DNA 多型学会 (1998) DNA 多型のさらなる展開. DNA 多型, 6 : 1-286.

Nishida, S., L. Pastene, M. Goto and H. Koike (2001) Phylogenetic relationships among Cetacea based on the SRY and its adjacent region. Abstract for "Symposium on Evolutionary Genomics : New Paradigm of Biology in the 21st Century", 62.

Okayama, T., R. Díaz-Fernández, Y. Baba, M. Halim, O. Abe, N. Azeno and H. Koike (1999) Genetic diversity of the hawksbill turtle in the Indo-Pacific and Caribbean regions. Chelonian Conserv. Biol., 3 : 362-367.

Richard, K., S. W. McCarrey and J. M. Wright (1994) DNA sequence from the *SRY* gene of the sperm whale (*Physeter macrocephalus*) for use in molecular sexing. Can. J. Zool., 72 : 873-877.

Taberlet, P., H. Mattock, C. Dubois-Pagagnon and J. Bouvet (1993) Sexing free-ranging brown bears *Ursus arctos* using hairs found in the field. Mol. Ecol., 2 : 399-403.

高田肇・内山竹彦・猪子英俊 (1996) 染色体 DNA の多型とその意義——HLA : 免疫応答の個人差をつくるメカニズム. 蛋白質・核酸・酵素, 41 : 2355-2368.

Takahashi, M., R. Masuda, H. Uno, M. Yokoyama, M. Suzuki, M. C. Yoshida and N. Oh-taishi (1998) Sexing of carcass remains of the sika deer (*Cervus nippon*) using PCR amplification of the *Sry* gene. J. Vet. Med. Sci., 60 : 713-716.

Taubenberger, J. K., M. M. Tsai, T. J. Atkin, T. G. Fanning, A. E. Krafft, R. B. Moeller, S. E. Kodsi, M. G. Mense and T. P. Lipscomb (2000) Molecular genetic evidence of a novel morbillivirus in a long-finned pilot whale (*Globicephalus melas*). Emerg. Infect. Dis., 6 : 42-45.

植田信太郎 (1996) Ancient DNA. 蛋白質・核酸・酵素, 41 : 733-737.

ワトソン, J. D. ほか (1993)『ワトソン 組換え DNA の分子生物学 (第 2 版)』(松橋通生 ほか監訳), 丸善, 東京.

矢原徹一 (1995)『花の性——その進化を探る』, 東京大学出版会, 東京.

Yoshida, H., M. Yoshioka, M. Shirakihara and S. Chow (2001) Population structure of finless porpoise (*Neophocaena phocaenoides*) in coastal waters of Japan based on mitochondrial DNA sequences. J. Mammal., 82 : 123-130.

[第 4 章]

Ashby, K. R. and C. Santiapillai (1986) The status of the banteng (*Bos javanicus*) in Java and Bali. WWF/IUCN Report, 28 : 1-34.

Chemnick, L. and O. Ryder (1994) Cytological and molecular divergence of orangutan subspecies. In "Proceedings of the International Conference on Orangutans : The Neglected Ape" A. Ogden et al. eds., Zoological Society of San Diego, San Diego, 74-78.

Flesness, N. R. and G. M. Mace (1988) Population database and zoological conservation. International Zoo Yearbook, 27 : 42-49.

Franklin, I. R. (1987) Loss of genetic diversity from managed populations : interacting effects of drift, mutation and population subdivision. Conserv. Biol., 1 : 143-158.

原田正史 (1988) ヒナコウモリ科の核型進化. 哺乳類科学, 28 : 69-83.

早矢仕有子 (1995) 北海道におけるシマフクロウの分布の変遷. 山階鳥研報, 31 : 45-61.

北海道生活環境部自然保護課 (1985)『野生動物分布等実態調査報告書 (ミンク)』, 北海道庁, 札幌.

IUCN (1996) IUCN/SSC Guidelines for re-introductions. Prepared by the SSC Re-introduction Specialist Group (IUCN-SSC Website).

環境庁編 (1996)『多様な生物との共生をめざして——生物多様性保全国家戦略』, 環境庁, 東京.

環境庁 (1998)『哺乳類及び鳥類のレッドリストの見直しについて』, 環境庁発表資料 (1998 年 6 月 12 日), 環境庁, 東京.

環境庁編 (2000)『改訂 日本の絶滅のおそれのある野生生物——レッドデータブック (爬虫類・両生類)』, 自然環境研究センター, 東京.

菊池元史 (1996) 中国産のトキ, ロンロンおよび日本産のトキ, ミドリの細胞と組織の保

存.『環境庁地球環境研究総合推進費終了研究報告書 希少野生動物の遺伝的多様性とその保存に関する研究』, 環境庁, 東京, 125-127.

Laikre, L. and N. Ryman (1991) Inbreeding depression in captive wolf (Canis lupus) population. Conserv. Biol., 5 : 33-40.

Maehr, D. S. (1998) The Florida Panther. Island Press, Florida.

松中昭一 (2000)『農薬のおはなし』, 日本規格協会, 東京.

森脇和郎(研究者代表) (1992)『日本産野生動物の起源に関する遺伝学的研究』, 文部省科学研究費報告書, 文部省, 東京.

Morrell, L. (1995) Will primate genetics split one gorilla into two? Science, 265 : 1661.

日本動物園水族館協会 (1993)『第6回種保存委員会拡大大会経緯報告』, 日本動物園水族館協会, 東京.

日本動物園水族館協会 (1996)『世界動物園保全戦略』, 日本動物園水族館協会, 東京.

日本鳥学会目録編纂委員会 (1997)『日本産鳥類リスト(第6版)』, 日本鳥学会, 東京.

日本野生生物研究センター (1992)『ツキノワグマ保護管理検討会報告書』, 日本野生生物研究センター, 東京.

農業生物資源研究所 (1992)『農林水産省ジーンバンク事業 動物遺伝資源収集保存記録 (第一版)』, 農林水産技術会議連絡調整課, 東京.

野澤謙 (1991) ニホンザルの集団遺伝学的研究. 霊長類研究, 7 : 23-52.

野澤謙 (1994)『動物集団の遺伝学』, 名古屋大学出版会, 名古屋.

大井徹・堀野眞一・三浦慎悟 (1996) ニホンザル個体群の存続可能性の客観的評価をめざして. 霊長類研究, 12 : 241-247.

Peterson, R. O., N. J. Thomas, J. M. Thurber, J. A. Vucetich and T. A. Waite (1998) Population limitation and the wolves of Isle Royal. J. Mammal., 79 : 828-841.

リバーフロント整備センター (1996)『川の生物図典』, 山海堂, 東京.

酒泉満 (1990) 遺伝学的にみたメダカの種と種内変異.『メダカの生物学』江上信雄ほか編, 東京大学出版会, 東京, 143-161.

自然環境研究センター (1998a)『平成8年度生物多様性調査・遺伝的多様性調査報告書』, 自然環境研究センター, 東京.

自然環境研究センター (1998b)『野生動物実態調査報告書』, 自然環境研究センター, 東京.

相馬廣明 (1984)『冷凍動物園の仲間たち』, 丸善, 東京.

Sugardjito, J. and Van Schaik, C. P. (1992) Orangutans : current population status, threats and conservation measures. In "Orangutan Population and Habitat Viability Analysis Workshop" The Ministry of Forestry and the Ministry of Tourism, Post and Telecommunication eds., Republic of Indonesia, 142-152.

太刀掛優 (1998)『帰化植物便覧』, 比波科学教育振興会, 広島.

Tudge, C. (1992) Last Animals at the Zoo. Island Press, Washington.［大平裕司訳 (1996)『動物たちの箱船──動物園と種の保存』, 朝日新聞社, 東京.］

土屋公幸 (1974) 日本産アカネズミ類の細胞学的および生化学的研究. 哺乳類学雑誌, 6 :

67-87.

土屋公幸・酒泉満・鈴木仁・若菜茂晴・森脇和郎（1992）博物館標本と種の遺伝学的特性．哺乳類科学, 31:113-118.

内山知征（1999）ツキノワグマ（*Ursus thibetanus*）の DNA 分析．九州大学大学院比較社会文化研究科修士論文．

WCMC（1994）Biodiversity Data Sourcebook. World Conservation Monitoring Center, Cambridge.

WCMC（1997a）Sumatran Rhinoceros.（http://www.wcmc.org.uk/latenews/emergency/fire_1997/sumatran.htm）

WCMC（1997b）Tiger.（http://www.wcmc.org.uk/latenews/emergency/fire_1997/tiger.htm）

WCMC（2000a）Freshwater Biodiversity: a preliminary global assessment. WCMC Biodiversity Series No. 8.（http://www.wcmc.org.uk/information_service/publications/freshwater/2.thm）

WCMC（2000b）Biodiversity in Development.（http://www.wcmc.org.uk/）

山本義弘・古山順一・田村和朗・村田浩一（1999）コウノトリ剥製ミトコンドリアのハプロタイプの解析．日本鳥学会 1999 年度大会講演要旨．

米田政明（2001）ツキノワグマの地域個体群区分と保全管理．ランドスケープ研究, 64:314-317.

Yonekawa, H., K. Moriwaki, O. Gotoh, J.-I. Hayashi, J. Watanabe, N. Miyashita, M. L. Petras and Y. Tagashina（1981）Evolutionary relationships among five subspecies of *Mus musculus* based on restriction enzyme cleavage patterns of mitochondrial DNA. Genetics, 98:801-816.

[第 5 章]

Caspersson, T., L. Zech, C. Johansson and E. J. Modest（1970）Identification of human chromosomes by DNA-binding fluorescent agents. Chromosoma, 30:215-227.

Hayashi, Y. and C. Nishida-Umehara（2000）Sex ratio among fledglings of Blakiston's fish owls. Jpn. J. Ornithol., 49:119-129.

Honda, T., H. Suzuki and M. Itoh（1977）An unusual sex chromosome constitution found in the Amami spinous country-rat, *Tokudaia osimensis osimensis*. Jpn. J. Genet., 52:247-249.

Honda, T., H. Suzuki, M. Itoh and K. Hayashi（1978）Karyotypical differences of the Amami spinous country-rats, *Tokudaia osimensis osimensis* obtained from two neighbouring islands. Jpn. J. Genet., 53:297-299.

Huynen, L., C. D. Millar and D. M. Lambert（2002）A DNA test to sex ratite birds. Mol. Ecol., 11:851-856.

Kuroiwa, A., K. Tsuchiya, T. Namikawa and Y. Matsuda（2001）Construction of comparative cytogenetic maps of Chinese hamster to mouse, rat and human. Chrom. Res., 9:

641-648.

松原謙一・吉川寛編 (1994)『FISH 実験プロトコール』, 秀潤社, 東京.

Matsubara, K., A. Ishikawa, A. Kuroiwa, T. Nagasa, N. Nomura, T. Namikawa and Y. Matsuda (2001) Comparative FISH mapping of human cDNA clones to chromosomes of the musk shrew (*Suncus murinus*, Insectivora). Cytogenet. Cell Genet., 93 : 258-262.

松田洋一 (1998) 染色体標本作製法.『マウスラボマニュアル』東京都臨床医学総合研究所実験動物研究部門編, シュプリンガー・フェアラーク東京, 東京, 75-87.

Matsuda, Y. and V. M. Chapman (1995) Application of fluorescence *in situ* hybridization in genome analysis of the mouse. Electrophoresis, 16 : 261-272.

Nishida-Umehara, C. and M. C. Yoshida (1994) The karyotypes of nine golden eagles, *Aquila chrysaetos*. Chrom. Inform. Serv., 56 : 22-24.

Nishida-Umehara, C., A. Fujiwara, A. Ogawa, S. Mizuno, S. Abe and M. C. Yoshida (1999) Differentiation of Z and W chromosomes revealed by replication banding and FISH mapping of sex-chromosome-linked DNA markers in the cassowary (Aves, Ratitae). Chrom. Res., 7 : 635-640.

Pinkel, D., T. Straume and J. W. Gray (1986) Cytogenetic analysis using quantitative, high sensitivity fluorescence hybridization. Proc. Natl. Acad. Sci. USA, 83 : 2934-2938.

佐々木本道・高木信夫・西田千鶴子 (1983) 染色体による鳥類の性別判定――その実技と応用. 動水誌, 25 : 105-113.

Schmid, M., I. Nanda, M. Guttenbach, C. Steinlein *et al.* (2000) First report on chicken genes and chromosomes 2000. Cytogenet. Cell Genet., 90 : 169-218.

Seabright, M. (1971) A rapid banding technique for human chromosomes. Lancet, ii : 971-972.

Seuanez, H. N., H. J. Evans, D. E. Martin and J. Fletcher (1979) An inversion of chromosome 2 that distinguishes between Bornean and Sumatran orangutans. Cytogenet. Cell Genet., 23 : 137-140.

Sumner, A. T. (1972) A simple technique for demonstrating centromeric heterochromatin. Expl. Cell Res., 75 : 304-306.

高木信夫 (1978) 染色体の分染法.『染色体異常』外村晶編, 朝倉書店, 東京, 340-359.

高橋永一・松田洋一・堀雅明 (1990) 核型の同定.『新生化学実験講座 18 細胞培養技術』日本生化学会編, 東京化学同人, 東京, 57-67.

土屋公幸・若菜茂晴・鈴木仁・服部正策・林良博 (1989) トゲネズミの分類学的研究. 国立科博専報, 22 : 227-234.

Yoshida, M. C., T. Ikeuchi and M. Sasaki (1975) Differential staining of parental chromosomes in interspecific cell hybrids with a combined quinacrine and 33258 Hoechst technique. Proc. Japan Acad., 51 : 184-187.

Verma, R. S. and A. Babu (1995) Human Chromosomes : Principles and Techniques. McGraw Hill, New York.

[第 6 章]

Avise, J. C. (1974) Systematic value of electrophoretic data. Syst. Zool., 23 : 465–481.
Avise, J. C. and C. F. Aquadro (1982) A comparative summary of genetic distances in the vertebrates. In "Evolutionary Biology Vol. 15" M. Hecht, K. B. Wallace and C. T. Prance eds., Plenum Press, New York, 151–185.
Boyer, S. H., D. C. Fainer and E. J. Watson-Williams (1963) Lactate dehydrogenase variation from human blood : evidence for molecular subunits. Science, 141 : 642–643.
Clayton, W. J. and D. N. Tretiak (1972) Amine-citrate buffers for pH control in starch gel electrophoresis. J. Fish. Res. Board, Canada, 29 : 1169–1172.
Harris, H. and D. A. Hopkinson (1976) Handbook of Enzyme Electrophoresis in Human Genetics. North Holland, Oxford.
Matsui, M., Y. Misawa, K. Nishikawa and S. Tanabe (2000) Allozymic variation of *Hynobius kimurae* Dunn (Amphibia, Caudata). Comp. Bioch. Physiol. B, 125 : 115–125.
Murphy, R., J. W. Sites, Jr., D. G. Buth and C. H. Haufler (1990) Proteins I : isozyme electrophoresis. In "Molecular Systematics" D. M. Hillis and C. Moritz eds., Sinauer, Sunderland, 45–126.
Nei, M. (1972) Genetic distance between populations. Amer. Natur., 106 : 283–292.
Nishioka, M., M. Sumida and H. Ohtani (1992) Differentiation of 70 population in the nigromaculata group by the method of electrophoretic analyses. Sci. Rep. Lab. Amphibian Biol. Hiroshima Univ., 11 : 1–70.
Richardson, B. J., P. R. Baverstock and M. Adams (1986) Allozyme Electrophoresis. Academic Press, Sydney.
Rogers, J. S. (1972) Measures of genetic similarity and genetic distance. Stud. Genet. VII, Univ. Texas Publ., 7213 : 145–153.
佐藤千代子 (1982) 血液中の蛋白質・酵素の変異.『人類遺伝学研究法』松永英編, 共立出版, 東京, 114–155.
Shaw, C. R. and R. Prasad (1970) Starch gel electrophoresis of enzymes : a compilation of recipes. Biochem. Genet., 4 : 297–320.
Swofford, D. L. and S. H. Berlocher (1987) Inferring evolutionary trees from gene frequency data under the principle of maximum parsimony. Syst. Zool., 36 : 293–325.
Wiens, J. (2000) Reconstructing phylogenies from allozyme data : comparing method performance with congruence. Biol. J. Linn. Soc., 70 : 613–632.
Wright, S. (1978) Evolution and the Genetics of Populations Vol. 4. Variability within and among Natural Populations. University of Chicago Press, Chicago.

[第 7 章]

Cheng, S., C. Fockler, W. M. Barnes and R. Higuchi (1994) Effective amplification of long targets from cloned inserts and human genomic DNA. Proc. Natl. Acad. Sci. USA, 91 : 5695-5699.

エーリッヒ, H. A. 編 (1990)『PCR テクノロジ——DNA 増幅の原理と応用』(加藤郁之進監訳), 丸善, 東京.

Felesenstein, J. (1981) Evolutionary trees from DNA sequences : a maximum likelihood approach. J. Mol. Evol., 17 : 368-376.

Felsenstein, J. (1993) PHYLIP (Phylogeny Inference Package) version 3.5c. Distributed by the author. Department of Genetics, University of Washington, Seattle.

加藤郁之進 (1990) PCR 法の原理と応用.『遺伝子増幅 PCR 法——基礎と新しい展開』藤永薫編, 共立出版, 東京, 7-26.

長谷川政美・岸野洋久 (1996)『分子系統学』, 岩波書店, 東京.

Hengen, P. N. (1995) Methods and reagents : cloning PCR products using T-vectors. Trends Biochem. Sci., 20 : 85-86.

Hoelzel, A. R. and A. Green (1991) Analysis of population-level variation by sequencing PCR-amplified DNA. In "Molecular Genetic Analysis of Populations : A Practical Approach" A. R. Hoelzel ed., Oxford University Press, Oxford, 159-187.

Hughes, A. L. and M. Nei (1990) Evolutionary relationships of class II Major-Histocompatibility-Complex genes in mammals. Mol. Biol. Evol., 7 : 491-514.

石野良純 (1996) 耐熱性 DNA ポリメラーゼと PCR. 蛋白質・核酸・酵素, 41 : 429-436.

Kitahara, E., Y. Isagi, Y. Ishibashi and T. Saitoh (2000) Polymorphic microsatellite DNA markers in the asiatic black bear *Ursus thibetanus*. Mol. Ecol., 9 : 1661-1662.

Kumar, S., K. Tamura, I. B. Jakobsen and M. Nei (2001) MEGA2 : molecular evolutionary genetics analysis software. Bioinformatics, 17 : 1244-1245.

Larrick, J. W. and P. D. Siebert (1995) Transcription PCR. Ellis Horwood, London.

Liu, Y. G. and R. F. Whittier (1995) Thermal asymmetric interlaced PCR : automatable amplification and sequencing of insert end fragments from P 1 and YAC clones for chromosome walking. Genomics, 10 ; 25 : 674-681.

三橋将人 (1996) PCR プライマーの設計. 蛋白質・核酸・酵素, 41 : 439-445.

三中信宏 (1997)『生物系統学』, 東京大学出版会, 東京.

宮田隆 (1998)『分子進化』, 共立出版, 東京.

向井博之 (1996) LA-PCR. 蛋白質・核酸・酵素, 41 : 585-594.

村上善則 (1996) RT-PCR 法. 蛋白質・核酸・酵素, 41 : 595-602.

中山広樹・西方敬人 (1995) 分子生物学の基本操作.『バイオ実験イラストレイテッド①分子生物学の実験の基礎』, 秀潤社, 東京, 113-122.

根井正利 (1987)『分子進化遺伝学』(五條堀孝・斉藤成也訳), 培風館, 東京.

Nei, M. and S. Kumar (2000) Molecular Evolution and Phylogenetics. Oxford University Press, Oxford.

Orita, M., H. Iwahana, H. Kanazawa, K. Hayashi and T. Sekiya (1989) Detection of poly-

morphisms of human DNA by gel electrophoresis as single-strand conformation polymorphisms. Proc. Natl. Acad. Sci. USA, 86 : 2766–2770.
プリムローズ, S. B.（1996）『ゲノム解析ベーシック──シークエンシングから応用まで』（檀上稲穂訳），シュプリンガー・フェアラーク東京, 東京.
斉藤昌枝・服部正平（1996）PCR 産物の解析 2. PCR と塩基配列決定. 蛋白質・核酸・酵素, 41 : 522–530.
斉藤成也（1997）『遺伝子は 35 億年の夢を見る──バクテリアからヒトの進化まで』，大和書房, 東京.
Saitou, N. and M. Nei（1987）The neighbor-joining method : a new method for reconstructing phylogenetic trees. J. Mol. Evol., 24 : 189–204.
Sanger, F., S. Nicklen and A. R. Coulson（1977）DNA sequencing with chain-terminating inhibitor. Proc. Natl. Acad. Sci. USA, 74 : 5463–5467.
関谷剛男（1996）SSCP 法 1. 塩基置換の簡便な検出法. 蛋白質・核酸・酵素, 41 : 522–530.
Swofford, D. L.（2002）PAUP : Phylogenetic Analysis Using Parsimony and Other Methods Version 4. Sinauer Associates, Sunderland, Massachusetts.
Thompson, J. D., D. G. Higgins and T. J. Gibson（1994）CLUSTAL W : improving the sensitivity of progressive multiple sequence alignment through sequence weighting, position specific gap penalties and weight matrix choice. Nucleic Acids Res., 22 : 4673–4680.
Thompson, J. D., F. Plewniak and O. Poch（1999）A comprehensive comparison of multiple sequence alignment programs. Nucleic Acids Res., 27 : 2682–2690.
Underhill, P. A., L. Jin, R. Zemans, R. J. Oefner and L. L. Cavalli-Sforza（1996）A pre-Columbian Y chromosome-specific transition and its implications for human evolutionary history. Proc. Natl. Acad. Sci. USA, 93 : 196–200.
Underhill, P. A., L. Jin, A. A. Lin, S. Q. Mehdi, T. Jenkins, D. Vollrath, R. W. Davis, L. L. Cavalli-Sforza and P. J. Oefner（1997）Detection of numerous Y chromosome biallelic polymorphisms by denaturing high-performance liquid chromatography. Genome Res., 7 : 996–1005.
Wolfe, K. H. and P. M. Sharp（1993）Mammalian gene evolution : nucleotide sequence divergence between mouse and rat. J. Mol. Evol., 37 : 441–456.
安田純（1996）PCR 産物の解析 1. TA クローニング. 蛋白質・核酸・酵素, 41 : 518–521.

[第 8 章]

Bulter, V. L. and N. J. Bowers（1998）Ancient DNA from salmon bone : a preliminary study. Ancient Biomolecules, 2 : 17–26.
Escorza, S., C. A. Lux and A. S. Costa（1997）Methods of DNA extraction : from initial tissue preservation to purified DNA storage. In "Molecular Genetics of Marine Mammals" A. E. Dizonm, S. J. Chivers and W. F. Perrin eds., Special Publication Number 3, The Society for Marine Mammalogy, 87–106.

Greenwood, A. D., C. Capelli, G. Possnert and S. Pääbo (1999) Nuclear DNA sequencing from late pleistocene megafauna. Mol. Biol. Evol., 16 : 1466–1473.

Herrmann, B. and S. Hummel (1994) Ancient DNA. Springer-Verlag, New York.

Higuchi, R. (1989) Simple and rapid preparation of samples for PCR. In "PCR Technology : Principles and Applications for DNA Amplification" H. A. Erlich ed., Stockton Press, New York, 61–70.

Higuchi, R., B. Bowman, M. Freiberger, O. A. Ryder and A. C. Wilson (1984) DNA sequences from the Quagga, an extinct member of the horse family. Nature, 312 : 282–284.

Higuchi, R., C. H. Beroldingen, G. F. Sensabaugh and H. A. Erlich (1988) DNA typing from single hairs. Nature, 332 : 543–546.

Höss, M. S. and S. Pääbo (1993) DNA extraction from Pleistocene bones by a silica-based purification method. Nucleic Acids Res., 21 : 3913–3914.

Höss, M. S., S. Pääbo and N. K. Vereshchagln (1994) Mammoth NA sequencing. Nature, 370 : 333.

梶田学 (1999) DNAを利用した鳥類の系統解析と分類. 日鳥学誌, 48 : 1–28.

Machugh, D. E., C. J. Edwards, J. F. Bailey, D. R. Bancroft and D. G. Bradley (2000) The extraction and analysis of ancient DNA from bone and teeth : a survey of current methodologies. Ancient Biomolecules, 3 : 81–102.

Okumura, N., N. Ishiguro, M. Nakano, A. Matsui, N. Shigehara, T. Nishimoto and M. Sahara (1999) Variation in mitochondrial DNA of dogs isolated from archaeological sites in Japan and neighbouring islands. Anthropol. Sci., 107 : 213–228.

Pääbo, S. (1985) Molecular cloning of ancient Egyptian mummy DNA. Nature, 314 : 644–645.

Parsons, K. M., J. F. Dallas, D. E. Claridge, J. W. Durban, K. C. Balcomb III, P. M. Thompson and L. R. Noble (1999) Amplifying dolphin mitochondrial DNA from faecal plumes. Mol. Ecol., 8 : 1753–1768.

Shibata, D., W. J. Martin and N. Arnheim (1988) Analysis of DNA sequences in forty-year-old paraffin-embedded thin tissue sections : a bridge between molecular biology and classical histology. Cancer Res., 48 : 4564–4566.

Shinoda, K. and S. Kanai (1999) Intracemetery genetic analysis at the Nakazuma Jomon site in Japan by mitochondrial DNA sequencing. Anthropol. Sci., 107 : 129–140.

植田信太郎 (1996) Ancient DNA. 蛋白質・核酸・酵素, 41 : 733–737.

Vachot, A. and M. Monnerot (1996) Extraction, amplification and sequencing of DNA from formaldehyde-fixed specimens. Ancient Biomolecules, 1 : 3–16.

[第9章]

Abernethy, K. (1994) The establishment of a hybrid zone between red and Sika deer (genus *Cervus*). Mol. Ecol., 3 : 551–562.

Davison, A., J. D. S. Birks, H. I. Griffiths, A. C. Kitchener, D. Biggins and R. K. Butlin

(1999) Hybridization and the phylogenetic relationship between polecats and domestic ferrets in Britain. Biol. Conserv., 87 : 155-161.

土肥昭夫・伊澤雅子 (1997) ツシマヤマネコの現在と未来. どうぶつと動物園, 49 : 288-294.

北海道環境科学研究センター (2000)『ヒグマ・エゾシカ生息実態調査報告書 IV 野生動物分布等実態調査 (ヒグマ : 1991-1998 年度)』, 北海道環境科学研究センター, 札幌.

Hubbard, A. L., S. McOrist, T. W. Jones, R. Boid, R. Scott and N. Easterbee (1992) Is survival of European wildcats *Felis silvestris* in Britain threatened by interbreeding with domestic cats ? Biol. Conserv., 61 : 203-208.

Imaizumi, Y. (1967) A new genus and species of cat from Iriomote, Ryukyu Islands. J. Mamm. Soc. Jap., 3 : 75-108.

伊澤雅子・土肥昭夫 (1991) イリオモテヤマネコ・ツシマヤマネコ保護対策の現状. 哺乳類科学, 31 : 15-22.

Izawa, M., T. Doi and Y. Ono (1991) Ecological study on the two species of Felidae in Japan. In "Wildlife Conservation" N. Maruyama, B. Bobeck, Y. Ono, W. Regelin, L. Bartos and P. R. Ratcliffe eds., Sankyo, Tokyo, 141-143.

梶光一 (1995) シカの爆発的増加. 哺乳類科学, 35 : 35-43.

川本芳・白井啓・荒木伸一・前野恭子 (1999) 和歌山県におけるニホンザルとタイワンザルの混血の事例. 霊長類研究, 15 : 53-60.

河村善也 (1982) 日本産のクマの化石. ヒグマ, 13 : 24-27.

木村政昭 (1996) 琉球弧の第四紀古地理. 地学雑誌, 105 : 259-285.

Kurose, N., A. V. Abramov and R. Masuda (2000a) Intrageneric diversity of the cytochrome *b* gene and phylogeny of Eurasian species of the genus *Mustela* (Mustelidae, Carnivora). Zool. Sci., 17 : 673-679.

Kurose, N., R. Masuda, T. Aoi and S. Watanabe (2000b) Karyological differentiation between two closely related mustelids, the Japanese weasel *Mustela itatsi* and the Siberian weasel *Mustela sibirica*. Caryologia, 53 : 269-275.

増田隆一 (1996) 遺伝子からみたイリオモテヤマネコとツシマヤマネコの渡来と進化起源. 地学雑誌, 105 : 354-363.

増田隆一 (1999) 野生動物の保全と管理.『環境保全・創出のための生態工学』岡田光正・大沢雅彦・鈴木基之編, 丸善, 東京, 63-72.

増田隆一 (2000) ヒグマの遺伝的多様化と北海道への渡来. 月刊海洋, 32 : 214-218.

増田隆一 (2002) ヒグマは三度, 北海道に渡って来た. 遺伝, 56 : 47-52.

Masuda, R. and M. C. Yoshida (1994) A molecular phylogeny of the family Mustelidae (Mammalia, Carnivora), based on comparison of mitochondrial cytochrome *b* nucleotide sequences. Zool. Sci., 11 : 605-612.

Masuda, R., M. C. Yoshida, F. Shinyashiki and G. Bando (1994) Molecular phylogenetic status of the Iriomote cat *Felis iriomotensis*, inferred from mitochondrial DNA sequence analysis. Zool. Sci., 11 : 597-604.

Masuda, R. and M. C. Yoshida (1995) Two Japanese wildcats, the Tsushima cat and the Iriomote cat, show the same mitochondrial DNA lineage as the leopard cat *Felis bengalensis*. Zool. Sci., 12 : 655-659.

増田隆一・吉田廸弘 (1996) イリオモテヤマネコ集団の遺伝子多様度について. 日本哺乳類学会 1996 年度大会プログラム講演要旨集, 38.

Masuda, R., J. V. Lopez, J. P. Slattery, N. Yuhki and S. J. O'Brien (1996) Molecular phylogeny of mitochondrial cytochrome *b* and 12S rRNA sequences in the Felidae : ocelot and domestic cat lineages. Mol. Phylogenet. Evol., 6 : 351-365.

Masuda, R., K. Murata, A. Aiurzaniin and M. C. Yoshida (1998) Phylogenetic status of brown bears *Ursus arctos* of Asia : a preliminary result inferred from mitochondrial DNA control region sequences. Hereditas, 128 : 277-280.

Matsuhashi, T., R. Masuda, T. Mano and M. C. Yoshida (1999) Microevolution of the mitochondrial DNA control region in the Japanese brown bear (*Ursus arctos*) population. Mol. Biol. Evol., 16 : 676-684.

Matsuhashi, T., R. Masuda, T. Mano, K. Murata and A. Aiurzaniin (2001) Phylogenetic relationships among worldwide populations of the brown bears *Ursus arctos*. Zool. Sci., 18 : 1137-1143.

Menotti-Raymond, M. A. and S. J. O'Brien (1995) Evolutionary conservation of ten microsatellite loci in four species of Felidae. J. Heredity, 86 : 319-322.

Nagata, J., R. Masuda, K. Kaji, M. Kaneko and M. C. Yoshida (1998a) Genetic variation and population structure of the Japanese sika deer (*Cervus nippon*) in Hokkaido Island, based on mitochondrial D-loop sequences. Mol. Ecol., 7 : 871-877.

Nagata, J., R. Masuda, K. Kaji, K. Ochiai, M. Asada and M.C. Yoshida (1998b) Microsatellite DNA variations of the sika deer, *Cervus nippon*, in Hokkaido and Chiba. Mammal Study, 23 : 95-101.

Nagata, J., R. Masuda, H. B. Tamate, S. Hamazaki, K. Ochiai, M. Asada, S. Tatsuzawa, K. Suda, H. Tado and M. C. Yoshida (1999) Two genetically distinct lineages of the sika deer, *Cervus nippon*, in Japanese islands : comparison of mitochondrial D-loop region sequences. Mol. Phylogenet. Evol. 13 : 511-519.

日本第四紀学会 (1987)『日本第四紀地図』, 東京大学出版会, 東京.

Nishimura, Y. and other 15 authors (1999) Interspecies transmission of feline immunodeficiency virus from the domestic cat to the Tsuhsima cat (*Felis bengalensisi euptilura*) in the wild. J. Virol., 73 : 7916-7921.

大嶋和雄 (1990) 第四紀後期の海峡形成史. 第四紀研究, 29 : 193-208.

大嶋和雄 (1991) 第四紀後期における日本列島周辺の海水準変動. 地学雑誌, 100 : 967-975.

大嶋和雄 (2000) 日本列島周辺の海峡形成史. 月刊海洋, 32 : 208-213.

Rogers, L. L. (1987) Effects of food supply and kinship on social behavior, movements, and population growth of black bears in northeastern Minnesota. Wildl. Monogr., 97 :

1-72.

佐藤善和・松橋珠子・高槻成紀（2000）野生のヒグマの体毛回収，DNA 個体識別にもとづく個体数と行動圏の推定．日本哺乳類学会 2000 年度大会プログラム講演要旨集，74.

Schwartz, C. C. and A. W. Franzmann (1992) Dispersal and survival of subadult black bears from the Kenai Peninsula, Alaska. J. Wildl. Manage., 56 : 426–431.

Takahashi, M., R. Masuda, H. Uno, M. Yokoyama, M. Suzuki, M. C. Yoshida and N. Ohtaishi (1998) Sexing of carcass remains of the Sika deer (*Cervus nippon*) using PCR amplification of the *Sry* gene. J. Vet. Med. Sci., 60 : 713–716.

Tsuruga, H., T. Mano, M. Yamanaka and H. Kanagawa (1994a) Estimate of genetic variations in Hokkaido brown bears (*Ursus arctos yesoensis*) by DNA fingerprinting. Jpn. J. Vet. Res., 42 : 127–136.

Tsuruga, H., S. Ise, M. Hayashi, T. Mizutani, Y. Takahashi and H. Kanagawa (1994b) Application of DNA fingerprinting in the Hokkaido brown bear (*Ursus arctos yesoensis*). J. Vet. Med. Sci., 56 : 887–890.

Woods, J. G., D. Paetkau, D. Lewis, B. N. McLellan, M. Proctor and C. Strobeck (1999) Genetic tagging of free-ranging black and brown bears. Wildl. Soc. Bull., 27 : 616–627.

Yamauchi, K., S. Hamasaki, K. Miyazaki, T. Kikusui, Y. Takeuchi and Y. Mori (2000) Sex determination based on fecal DNA analysis of the amelogenin gene in sika deer (*Cervus nippon*). J. Vet. Med. Sci., 62 : 669–671.

[第 10 章]

Abe, H. (1996) Habitat factors affecting the geographic size variation of Japanese moles. Mammal Study, 21 : 71–87.

Harada, M., A. Ando, K. Tsuchiya and K. Koyasu (2001) Geographical variations in chromosomes of the greater Japanese shrew-mole, *Urotrichus talpoides* (Mammalia : Insectivora). Zool. Sci., 18 : 433–442.

Hashimoto, T. and M. Abe (2001) Body size and reproductive schedules in two parapatric moles, *Mogera tokudae* and *Mogera imaizumii*, in the Echigo Plain. Mammal Study, 26 : 35–44.

Honda, T., H. Suzuki and M. Itoh (1977) An unusual sex chromosome constitution found in the Amami spinous country-rat, *Tokudaia osimensis osimensis*. Jpn. J. Genet., 52 : 247–249.

Honda, T., H. Suzuki, M. Itoh and K. Hayashi (1978) Karyotypical differences of the Amami spinous country-rats, *Tokudaia osimensis osimensis* obtained from two neighbouring islands. Jpn. J. Genet., 53 : 297–299.

細田徹治・露口雅幾（2000）和歌山県におけるコウベモグラ *Mogera wogura* アズマモグラ *M. imaizumii*（食虫目，モグラ科）の分布境界について．南紀生物，42 : 15–20.

岩佐真宏（1998）ヤチネズミ類における染色体と DNA の変異．哺乳類科学，38 : 145–158.

Iwasa, M. A., Y. Utsumi, K. Nakata, I. V. Kartavtseva, I. A. Nevedomskaya, N. Kondoh and H. Suzuki (2000) Geographic patterns of cytochrome *b* and *Sry* gene lineages in gray red-backed vole, *Clethrionomys rufocanus* (Mammalia, Rodentia) from Far East Asia including Sakhalin and Hokkaido. Zool. Sci., 17 : 477-484.

Iwasa, M. A. and H. Suzuki (2002) Evolutionary networks of maternal and paternal gene lineages in *Eothenomys* voles endemic to Japan. J. Mammal., 83 : 852-865.

金子之史 (1992) 四国における野ネズミ3種の地形的分布. 日本生物地理学会報, 47 : 127-141.

環境庁・自然環境研究センター (1995)『生態系多様性地域調査(奄美諸島地区)報告書』, 環境庁, 東京.

Kawada, S. and Y. Obara (1999) Reconsideration of the karyological relationship between two Japanese species of shrew-moles, *Dymecodon pilirostris* and *Urotrichus talpoides*. Zool. Sci., 16 : 167-174.

Kawamura, Y. (1989) Quarternary rodent faunas in the Japanese Islands (Part 2). Mem. Fac. Sci. Kyoto Univ., Ser. Geol. Mineral., 54 : 1-235.

Kimura, M. (1980) A simple method for estimating evolutionary rate of base substitutions through comparative studies of nucleotide sequences. J. Mol. Evol., 16 : 111-120.

森脇和郎 (1999)『ネズミに学んだ遺伝学』, 岩波書店, 東京.

岡本宗裕 (1998) 日本産モグラは何種か？——ミトコンドリアDNAからみた日本産モグラの系統関係.『食虫類の自然史』阿部永・横畑泰志編, 比婆科学教育振興会, 広島, 59-61.

Serizawa, K., H. Suzuki and K. Tsuchiya (2000) A phylogenetic view on species radiation in *Apodemus* inferred from variation of nuclear and mitochondrial genes. Biochem. Genet., 38 : 27-40.

篠原明男・鈴木仁・土屋公幸・原田正史 (2000) 小型哺乳類——日本産ヒミズ類の遺伝的多様性と保全.『平成11年度生物多様性調査・遺伝的多様性調査報告書』, 自然環境研究センター, 東京, 12-17.

鈴木仁 (1995) ヤマネの地理的変異と起源. 遺伝, 49 : 53-58.

Suzuki, H., S. Minato, S. Sakurai, K. Tsuchiya and I. M. Fokin (1997) Phylogenetic position and geographic differentiation of the Japanese dormouse, *Glirulus japonicus*, revealed by variations among rDNA, mtDNA and the *Sry* gene. Zool. Sci., 14 : 167-173.

Suzuki, H., M. Iwasa, M. Harada, S. Wakana, M. Sakaizumi, S.-H. Han, E. Kitahara, Y. Kimura, I. Kartavtseva and K. Tsuchiya (1999a) Molecular phylogeny of red-backed voles in Far East Asia based on variation in ribosomal and mitochondrial DNA. J. Mammal., 80 : 512-521.

Suzuki, H., M. A. Iwasa, N. Ishii, H. Nagaoka and K. Tsuchiya (1999b) The genetic status of two insular populations of the endemic spiny rat *Tokudaia osimenesis* (Rodentia, Muridae) of the Ryukyu Islands, Japan. Mammal Study, 24 : 43-50.

Suzuki, H., K. Tsuchiya and N. Takezaki (2000) A molecular phylogenetic framework for the Ryukyu endemic rodents *Tokudaia osimensis* and *Diplothrix legata*. Mol. Phylogenet. Evol., 15 : 15-24.
Takezaki, N., A. Rzhetsky and M. Nei (1995) Phylogenetic test of the molecular clock and linearized trees. Mol. Biol. Evol., 12 : 823-833.
Tsuchiya, K. (1974) Cytological and biochemical studies of *Apodemus speciosus* group in Japan. J. Mamm. Soc. Jap., 6 : 67-87.
土屋公幸・若菜茂晴・鈴木仁・服部正策・林良博 (1989) トゲネズミの分類学的研究Ⅰ. 遺伝的分化. 国立科博専報, 22 : 227-234.
Tsuchiya, K., H. Suzuki, A. Shinohara, M. Harada, S. Wakana, M. Sakaizumi, S.-H. Han, L.-K. Lin and A. P. Kryukov (2000) Molecular phylogeny of East Asian moles inferred from the sequence variation of the mitochondrial cytochrome *b* gene. Gene Genet. Syst., 75 : 17-24.
Yamada, F., M. Takaki and H. Suzuki (2002) Molecular phylogeny of Japanese Leporidae, the Amami rabbit *Pentalagus furnessi*, the Japanese hare *Lepus brachyurus*, and the mountain hare *Lepus timidus*, Inferred from mitochondrial DNA sequences. Gene Genet. Syst., 77 : 107-116.
Yonekawa, H. (1991) Mitochondrial DNA and the house mouse, *Mus musculus* : evolutionary aspects and origins of inbred mice. In "Rinshoken 15 Years of Research" T. Yamakawa ed., Rinshoken, Tokyo, 207-227.
Yonekawa, H., K. Moriwaki, O. Gotoh, J. Watanabe, J. I. Hayashi, N. Miyashita, M. L. Petras and Y. Tagashira (1980) Relationship between laboratory mice and the subspecies *Mus musculus domesticus* based on restriction endonuclease cleavage patterns of mitochondrial DNA. Jpn. J. Genet., 55 : 289-296.

[第11章]

Adachi, J. and M. Hasegawa (1995) Phylogeny of whales : dependence of the inference on species sampling. Mol. Biol. Evol., 12 : 177-179.
Arnason, U. and C. Ledje (1993) The use of highly repetitive DNA for resolving cetacean and pinniped phylogenies. In "Mammal Phylogeny" F. S. Szalay, M. J. Novacek and M. C. McKenna eds., Springer-Verlag, New York, 74-80.
Arnason, U., A. Gullberg and B. Widegren (1993) Cetacean mitochondrial DNA control region : sequences of all extant baleen whales and two sperm whale species. Mol. Biol. Evol., 10 : 960-970.
Arnason, U. and A. Gullberg (1994) Relationship of baleen whales established by cytochrome *b* gene sequence comparison. Nature, 367 : 726-728.
Baker, C. S. and S. P. Palumbi (1996) Population structure, molecular systematics, and forensic identification of whales and dolphins. In "Conservation Genetics : Case Histories

from Nature" J. C. Avise and J. L. Hamrick eds., Chapman & Hall, New York, 10-49.
Baker, C. S. and S. P. Palumbi (1997) The genetic structure of whale populations : implications for management. In "Molecular Genetics of Marine Mammals" A. D. Dizon, S. J. Chivers and W. F. Perrin eds., Special Publication 3. The Society for Marine Mammalogy, Lawrence, KS., 117-146.
Excoffier, L., P. E. Smouse and J. M. Quattro (1992) Analysis of molecular variance inferred from metric distances among DNA haplotypes : application to human mitochondrial DNA restriction data. Genetics, 131 : 479-491.
Goto, M. and L. A. Pastene (1997) Population structure of western North Pacific minke whale based on an RFLP analysis of mitochondrial DNA control region. Rep. int. Whal. Commn., 47 : 531-537.
Goto, M., R. Zenitani, Y. Fujise and L. A. Pastene (1998) Examination of mitochondrial DNA heterogeneity in minke whale from Area IV considering temporal, longitudinal and latitudinal factors. Paper SC/50/CAWS 7 presented to the IWC Scientific Committee.
後藤睦夫・上田真久 (2002) 鯨類における遺伝学的手法を用いた系群判別.『鯨類資源の持続的利用は可能か——鯨類資源研究の最前線』加藤秀弘・大隅清治編, 生物研究社, 東京, 99-105.
Hori, H., Y. Besso, R. Kawabata, I. Watanabe, A. Koga and L. A. Pastene (1994) Worldwide population structure of minke whales deduced from mitochondrial DNA control region sequences. Paper SC/46/SH 14 presented to the IWC Scientific Committee.
IWC (1997) Annex J. Report of the Working Group on North Pacific Minke Whale Trials. Rep. int. Whal. Commn., 47 : 203-226.
IWC (2001) Annex U. Report of the Working Group on Nomenclature. J. Cetacean Res. Manage., 3 (suppl.) : 363-367.
Kato, H., T. Kishiro, Y. Fujise and S. Wada (1992) Morphology of minke whales in the Okhotsk Sea, Sea of Japan and off the east coast of Japan with respect to stock identification. Rep. int. Whal. Commn., 42 : 437-442.
加藤秀弘・大隅清治・粕谷俊雄 (2000) クジラ類の分類体系と名称対照表.『ニタリクジラの自然誌』加藤秀弘編, 平凡社, 東京, 304-307.
甲能直樹 (2000) 新しい系統仮説から見るクジラの形態——系統研究における形態の意義. 科学, 70 : 128-132.
Milinkovitch, M. C., G. Orti and A. Meyer (1993) Revised phylogeny of whales suggested by mitochondrial ribosomal DNA sequences. Nature, 361 : 346-348.
Nei, M. (1987) Molecular Evolutionary Genetics. Columbia University Press, New York.
Nikaido, M., A. P. Rooney and N. Okada (1999) Phylogenetic relationships among cetartiodactyls based on insertions of short and long interpersed elements : hippopotamuses are the closest extant relatives of whales. Proc. Natl. Acad. Sci. USA, 96 : 10261-10266.
Nikaido, M., F. Matsuno, H. Hamilton, R. L. Brownell, Jr., Y. Cao, W. Ding, Z. Zuoyan,

A. S. Shedlock, R. E. Fordyce, M. Hasegawa and N. Okada (2001) Retroposon analysis of major cetacean lineages: the monophyly of toothed whales and the paraphyly of river dolphins. Proc. Natl. Acad. Sci. USA, 98: 7384-7389.

西田伸 (2001) 核 DNA の多型領域, Y 染色体等の DNA 分析によるミンククジラの遺伝的構造に関する研究. 2001 年度日本鯨類研究所共同研究報告.

Ohsumi, S. (1983) Minke whales in the coastal waters of Japan in 1981 with reference to their stock boundary. Rep. int. Whal. Commn., 33: 365-371.

Ozawa, T., S. Hayashi and V. M. Mihhelson (1997) Phylogenetic position of mammoth and Steller's sea cow within Tethytheria demonstrated by mitochondrial DNA sequence. J. Mol. Evol., 44: 406-413.

Pastene, L. A., Y. Fujise and K. Numachi (1994) Differentiation of mitochondrial DNA between ordinary and dwarf forms of southern minke whale. Rep. int. Whal. Commn., 44: 277-281.

Pastene, L. A., M. Goto, S. Itoh and K. Numachi (1996) Spatial and temporal patterns of mitochondrial DNA variation in minke whales from Antarctic Areas IV and V. Rep. int. Whal. Commn., 46: 305-314.

Pastene, L. A., M. Goto and H. Kishino (1998) An estimate of mixing proportion of 'J' and 'O' stocks minke whale in sub-area 11 based on mitochondrial DNA haplotype data. Rep. int. Whal. Commn., 48: 471-474.

Rice, D. W. (1998) Marine Mammal of the World, Systematics and Distrivution, Special Publication 4. The Society for Marine Mammalogy, Lawrence, KS.

Rosenbaum, H. C., R. L. Brownell, Jr., M. W. Brown, C. Schaeff, V. Portway, B. N. White, S. Malik, L. A. Pastene, N. J. Pateneude, C. S. Baker, M. Goto, P. B. Best, P. J. Clapham, P. Hamilton, M. Moore, R. Payne, V. Rowntree, C. T. Tynan, J. L. Bannister and R. DeSalle (2000) World-wide genetic differentiation of *Eubalaena*: questioning the number of right whale species. Mol. Ecol., 9: 1793-1802.

Saitou, N. and M. Nei (1987) The neighbour-joining method: a new method for reconstructing phylogenetic trees. Mol. Biol. Evol., 4: 406-425.

田中昌一 (1985)『水産資源学総論』, 恒星社厚生閣, 東京.

Vrana, P. B., M. C. Milinkovitch, J. R. Powell and W. C. Wheeler (1994) Higher level relationships of the arctoid carnivore based on sequence data and "total evidence". Mol. Phyl. Evol., 3: 47-58.

Wada, S. (1983) Genetic structure and taxonomic status of minke whales in the coastal waters of Japan. Rep. int. Whal. Commn., 33: 361-363.

Wada, S. (1984) A note on the gene frequency differences between minke whales from Korean and Japanese coastal waters. Rep. int. Whal. Commn., 34: 345-347.

Wada, S. and K. Numachi (1979) External and biochemical characters as an approach to stock identification for the Antarctic minke whale. Rep. int. Whal. Commn., 29: 421-432.

Wada, S. and K. Numachi (1991) Allozyme analyses of genetic differentiation among the populations and species of the *Balaenoptera*. Rep. int. Whal. Commn. (Special issue 13) : 125-154.

[第12章]

Åberg, J., G. Jansson, J. E. Swenson and P. Angelstam (1995) The effect of matrix on the occurrence of hazel grouse (*Bonasa bonasia*) in isolated habitat fragments. Oecologia, 103 : 265-269.
馬場芳之・藤巻裕蔵・小池裕子(1999)日本産エゾライチョウ *Bonasa bonasia* の遺伝的多様性と遺伝子流動. 日鳥学誌, 47 : 4.
Baba, Y., Y. Fujimaki, R. Yoshii and H. Koike (2001) Genetic variability in the mitochondrial control region of the Japanese rock ptarmigan *Lagopus mutus japonicus*. Jpn. J. Ornithol., 50 : 53-64.
Baba, Y., T. Tsuda, H. Nakamura, Y. Tokoro and H. Koike (2002a) MHC analysis for the rock ptarmigan. Abstract of 9th International Grouse Symposium, 45.
Baba, Y., Y. Fujimaki, S. Klaus, O. Butorina, S. Drovetskii and H. Koike (2002b) Molecular population phylogeny of the hazel grouse *Bonasa bonasia* in East Asia inferred from mitochondrial control-region sequence. Wildl. Biol., 8 : 251-259.
Burg, T. M. and J. P. Croxall (2001) Global relationships amongst black-browed and gray-headed albatross : analysis of population structure using mitochondrial DNA and microsatellites. Mol. Ecol., 10 : 2647-2660.
Edwards, S. V. (1993) Long-distance gene flow in a cooperative breeder detected in genealogies of mitochondrial DNA sequences. Proc. R. Soc. Lond. B., 252 : 177-185.
Ellegren, H. (1996) First gene on the avian W chromosome (CHD) provides a tag for universal sexing of non-ratite birds. Proc. R. Soc. Lond. B., 263 : 1635-1641.
Ellsworth, D. L., R. L. Honeycutt and N. J. Silvy (1996) Systematics of grouse and ptarmigan determined by nucleotide sequence of the mitochondrial cytochrome-*b* gene. Auk, 113 : 811-822.
Griffiths, R., C. M. Double, K. Orr and J. G. R. Dawson (1998) A DNA test to sex most Birds. Mol. Ecol., 7 : 1071-1075.
Hasegawa, O., Y. Ishibashi and S. Abe (2000) Isolation and characterization of microsatellite loci in the red-crowned crane *Grus japonensis*. Mol. Ecol., 9 : 1677-1678.
樋口広芳編 (1998)『保全生物学』, 東京大学出版会, 東京.
Holder, R., R. Mont Gomerie and V. L. Friesen (2000) Glacial vicariance and historical biogeography of rock ptarmigan (*Lagopus mutus*) in the Bering region. Evolution, 53 : 1936-1950.
Ishibashi, Y., O. Mikami and S. Abe (2000) Isolation and characterization of microsatellite loci in the Japanese marsh warbler *Locustella pryeri*. Mol. Ecol., 9 : 365-378.

石田健（1996）鳥類の生態研究における DNA 分析——系統と保全遺伝学を中心に．山階鳥研報, 28：51-80.

伊東俊太郎・安田喜憲編（1996）『地球と文明の画期』，朝倉書店，東京．

梶田学（1999）DNA を利用した鳥類の系統解析と分類．日鳥学誌, 48：5-45.

梶田学・川路則友・山口恭弘・Aleen A. Khan（2001）ルリカケス *Garrulus lidthi* の系統関係について．日本鳥学会 2001 年度大会要旨集, 44.

環境庁編（1991）『日本の絶滅のおそれのある野生生物——レッドデータブック脊椎動物編』，日本野生生物研究センター，東京．

Masuda, R., M. Noro, N. Kurose, C. Nishido-Umehara, H. Takeuchi, T. Yamazaki, M. Kosuge and M. C. Yoshida（1998）Genetic characterisistics of endangered Japanese golden eagles（*Aquila chrysaetos japonica*）based on mitochondrial DNA D-loop sequences and karyotypes. Zoo Biol., 17：111-121.

Mindell, D. P.（1997）Avian Molecular Evolution and Systematics. Academic Press, New York.

永田尚志（1999a）分子生物学的手法の鳥類保全への応用．日鳥学誌, 48：101-122.

永田尚志（1999b）マイクロサテライト遺伝子座からみた霞ヶ浦のオオヨシキリの個体群構造．日本鳥学会 1999 年度大会要旨集, 39.

Nakamura, M. and I. Nishiumi（2000）Large variation in the sex raito of winter flock of the alpine accentor *Prunella collaris*. Jpn. J. Ornithol., 49：145-150.

日本鳥学会（2000）『日本鳥類目録』，土倉事務所，京都．

西海功（1999）鳥類の性配分に関する研究と DNA による性判定．日鳥学誌, 48：83-100.

Nishiumi, D. I. and M. Nakamura（2001）Characterization of nine polymorphic microsatellite loci from the alpine accentor *Prunella collaris*. Jpn. J. Ornithol., 48：205-218.

Ohta, N., S. Kusuhara and R. Kakizawa（2000）A study on genetic differentiation and phylogenetic relationships among East Asian titmice（Family Paridae）and relatives. Jpn. J. Ornithol., 48：205-218.

Quinn, T. W.（1992）The genetic legacy of mother goose：phylogeographic patterns of lesser snow goose *Chen caerulescens caerulescens* maternal lineages. Mol. Ecol., 1：105-117.

Shiina, T., C. Shimizu, A. Oka, Y. Teraoka, S. Watanabe and H. Inoko（1999）Gene organization of the quail major histocompatibility complex（MhcCoja）class I gene region. Immunogenetics, 49：384-394.

Stangel, P. W., M. R. Lennartz and M. H. Smith（1992）Genetic variation and population structure of red-cockaded woodpeckers. Conserv. Biol., 6：283-292.

高木昌興（1999）鳥類の野外個体における近親交配．日鳥学誌, 48：61-82.

Tsuda, T. T., T. Tsuda, T. Naruse, K. Hisako, A. Ando, T. Shiina, M. Fukuda, M. Kurita, J. K. LeMaho and H. Inoko（2001）Phylogenetic analysis of penguin（Spheniscidae）species based on sequence variation in MHC class II genes. Immunogenetics, 53：712-716.

Yamagishi, S., S. Honada, K. Eguchi and R. Thorstrom (2001) Extreme endemic radiation of the Malagasy vangas (Aves : Passeriformes). Mol. Evol., 53 : 39-46.

Yoshii, R. (1988) Palynological study of the bog deposits from the Murodo-Daira, Mt. Tateyama. Jap. J. Palynol., 34 : 43-53.

由利たまき (2002) 鳥類と系統学.『これからの鳥類学』山岸哲・樋口広芳編, 裳華房, 東京, 322-356.

[第13章]

Arnold, L. M. (1992) Natural hybridization as an evolutionary process. Ann. Rev. Ecol. Syst., 23 : 237-261.

Bowen, B., A. B. Maylan, J. P. Ross, C. J. Limpus, G. H. Balazs and J. C. Avise (1992) Global population structure and natural history of the green turtle (*Chelonia mydas*) in terms of matriarchal phylogeny. Evolution, 46 : 865-881.

Bowen, B., N. Kamezaki, C. J. Limpus, G. R. Hughes, A. B. Meylan and J. C. Avise (1994) Global phylogeography of the loggerhead turtle (*Caretta caretta*) as indicated by mitochondrial DNA haplotypes. Evolution, 48 : 1820-1828.

Bowen, B., F. A. Abreu-Grobois, G. H. Balazs, N. Kamezaki, C. J. Limpus and R. J. Ferl (1995) Trans-Pacific migration of the loggerhead turtle (*Caretta caretta*) demonstrated with mitochondrial DNA markers. Proc. Natl. Acad. Sci. USA, 92 : 3731-3734.

Darevsky, I. S. (1992) Evolution and ecology of parthenogenesis in reptiles. In "Herpetology : Current Research on the Biology of Amphibians and Reptiles" K. Adler ed., Society for the Study of Amphibians and Reptiles, Oxford, Ohio, 21-39.

Daugherty, C. H., A. Cree, J. M. Hay and M. B. Thompson (1990) Neglected taxonomy and continuing extinctions of tuatara (*Sphenodon*). Nature, 347 : 177-179.

Grismer, L. L., H. Ota and S. Tanaka (1994) Phylogeny, classification, and biogeography of *Goniurosaurus kuroiwae* (Squamata : Eublepharidae) from the central Ryukyus, Japan, with a description of a new subspecies. Zool. Sci., 11 : 319-335.

Hikida, T., H. Ota, M. Kuramoto and M. Toyama (1989) Zoogeography of amphibians and reptiles in East Asia. In "Current Herpetology in East Asia" M. Matsui, T. Hikida and R. C. Goris eds., Herpetological Society of Japan, Kyoto, 278-281.

Ineich, I. (1988) Mise én evidence d'un complexe unisexué-bisexué chez le gecko *Lepidodactylus lugubris* (Sauria, Lacertilia) en Polynésie Française. C. R. Acad. Sci. Paris, 307(III) : 271-277.

Ineich, I. (1999) Spatio-temporal analysis of the unisexual-bisexual *Lepidodactylus lugubris* complex (Reptilia, Gekkonidae). In "Tropical Island Herpetofauna : Origin, Current Diversity, and Conservation" H. Ota ed., Elsevier Science, Amsterdam, 199-228.

Itô, Y., K. Miyagi and H. Ota (2000) Imminent extinction crisis among the endemic species of the forests of Yanbaru, Okinawa, Japan. Oryx, 34 : 305-316.

環境庁編（2000）『改訂 日本の絶滅のおそれのある野生生物――レッドデータブック（爬虫類・両生類）』, 自然環境研究センター, 東京.

Karl, S. A. and B. W. Bowen (1998) Evolutionary significant units versus geopolitical taxonomy: molecular systematics of an endangered sea turtle (genus *Chelonia*). Conserv. Biol., 13: 990-999.

Kato, J., H. Ota and T. Hikida (1994) Biochemical systematics of the *latiscutatus* species-group of the genus *Eumeces* (Scincidae: Reptilia) from East Asian islands. Biochem. Syst. Ecol., 22: 491-500.

川道美枝子・岩槻邦男・堂本暁子編（2001）『移入・外来・侵入種――生物多様性を脅かすもの』, 築地書館, 東京.

King, M. (1993) Species Evolution. Cambridge University Press, Cambridge.

Losos, J. B. (2001) Evolution: a lizard's tale. Sci. Amer., 2001: 56-61.

Mayr, E. and P. D. Ashlock (1991) Principles of Systematic Zoology. 2nd ed. McGraw Hill, New York.

Moritz, C. (1994) Defining "evolutionary significant units" for conservation. Trend Ecol. Evol., 9: 373-375.

Nei, M. (1978) Estimation of average heterozygosity and genetic distance from a small sample number of individuals. Genetics, 89: 583-590.

Okayama, T., R. Díaz-Fernández, Y. Baba, M. Halim, O. Abe, N. Azeno and H. Koike (1999) Genetic diversity of the hawksbill turtle in the Indo-Pacific and Caribbean Regions. Chelonian Conserv. Biol., 3: 362-367.

太田英利（1996）トカラ列島における爬虫・両生類の分散, 分化と保全.『日本の自然――地域編 8. 南の島々』中村和郎・氏家宏・池原貞雄・田川日出夫・堀信行編, 岩波書店, 東京, 161-163.

Ota, H. (1998a) Geographic patterns of endemism and speciation in amphibians and reptiles of the Ryukyu Archipelago, Japan, with special reference to their paleogeographical implications. Res. Popul. Ecol., 40: 189-204.

太田英利（1998b）これまでに日本産爬虫類を対象に遺伝学的手法を用いて行なわれた研究. 沖縄島嶼研究, (16): 19-32.

Ota, H. (1999) Introduced amphibians and reptiles of the Ryukyu Archipelago, Japan. In "Problem Snake Management: The Habu and the Brown Treesnake" G. H. Rodda, Y. Sawai, D. Chiszar and H. Tanaka eds., Cornell University Press, Ithaca, 439-452.

Ota, H. (2000a) The current geographic faunal pattern of reptiles and amphibians of the Ryukyu Archipelago and adjacent regions. Tropics, 10: 51-62.

Ota, H. (2000b) Current status of the threatened amphibians and reptiles of Japan. Popul. Ecol., 42: 5-9.

Ota, H. and S. Iwanaga (1997) A systematic review of the snakes allied to *Amphiesma pryeri* (Boulenger) (Squamata: Colubridae) in the Ryukyu Archipelago, Japan. Zool. J. Linn.

Soc., 121 : 339–360.

Ota, H., M. Honda, M. Kobayashi, S. Sengoku and T. Hikida (1999) Phylogenetic relationships of eublepharid geckos (Reptilia : Squamata) : a molecular approach. Zool. Sci., 16 : 659–666.

Radtkey, R. R., S. C. Donnellan, R. N. Fisher, C. Moritz, K. A. Hanley and T. J. Case (1995) When species collide : the origin and spread of an asexual species of gecko. Proc. R. Soc. Lond., 259 : 145–152.

Sato, H. and H. Ota (1999) False biogeographical pattern derived from artificial animal transportations : a case of the soft-shelled turtle, *Pelodiscus sinensis*, in the Ryukyu Archipelago, Japan. In "Tropical Island Herpetofauna : Origin, Current Diversity, and Conservation" H. Ota ed., Elsevier Science, Amsterdam, 317–334.

Sato, H. and H. Ota (2001) Karyotype of the Chinese soft-shelled turtle, *Pelodiscus sinensis*, from Japan and Taiwan, with chromosomal data for *Dogania subplana*. Current Herpetol., 20 : 19–25.

Toda, M., T. Hikida and H. Ota (2001a) Discovery of sympatric cryptic species within *Gekko hokouensis* (Gekkonidae : Squamata) from the Okinawa Islands, Japan, by use of allozyme data. Zool. Scripta, 30 : 1–11.

Toda, M., S. Okada, H. Ota and T. Hikida (2001b) Biochemical assessment of evolution and taxonomy of the two morphologically poorly diverged geckos, *Gekko yakuensis* and *G. hokouensis* (Reptilia : Squamata), in Japan, with special reference to their occasional hybridizations. Biol. J. Linn. Soc., 73 : 153–165.

Toriba, M. (1987) Geographic variation of W-chromosome in *Rhabdophis tigrinus* (Boie). Snake, 19 : 1–4.

Yamashiro, S., M. Toda and H. Ota (2000) Clonal composition of the parthenogenetic gecko, *Lepidodactylus lugubris*, at the northern extrimity of its range. Zool. Sci., 17 : 1013–1020.

[第14章]

Hayashi, T. and M. Matsui (1988) Biochemical differentiation in Japanese newts, genus *Cynops* (Salamandridae). Zool. Sci., 5 : 1121–1136.

Hayashi, T. and M. Matsui (1990) Genetic differentiation within and between two local races of the Japanese newt *Cynops pyrrhogaster* in eastern Japan. Herpetologica, 46 : 423–430.

Hayashi, T., M. Matsui, T. Utsunomiya, S. Tanaka and H. Ota (1992) Allozymic variation in the newt *Tylototriton andersonii* from three islands of the Ryukyu Archipelago. Herpetologica, 48 : 178–184.

環境庁編 (1991)『日本の絶滅のおそれのある野生生物——レッドデータブック脊椎動物編』, 日本野生生物研究センター, 東京.

環境庁編 (2000)『改訂 日本の絶滅のおそれのある野生生物——レッドデータブック(爬虫類・両生類)』, 自然環境研究センター, 東京.

Kawamura, T., M. Nishioka, M. Sumida and M. Ryuzaki (1990) An electrophoretic study of genetic differentiation in 40 populations of *Bufo japonicus* distributed in Japan. Sci. Rep. Lab. Amphibian Biol. Hiroshima Univ., 10 : 1–51.

Kuro-o, M., T. Hikida and S.-I. Kohno (1992) Molecular genetic analysis of phylogenetic relationships in the genus *Hynobius* by means of Southern blot hybridization. Genom, 35 : 478–491.

Matsui, M. (1987) Isozyme variation in salamanders of the *nebulosus-lichenatus* complex of the genus *Hynobius* from eastern Honshu, Japan, with a description of a new species. Jpn. J. Herpetol., 12 : 50–64.

Matsui, M. (1991) Original description of the brown frog from Hokkaido, Japan. Jpn. J. Herpetol., 14 : 63–78.

Matsui, M. (1994) A taxonomic study of the *Rana narina* complex, with description of three new species. Zool. J. Linn. Soc., 111 : 385–415.

松井正文 (1996a) 有尾目・無尾目.『日本動物大百科 5 両生類・爬虫類・軟骨魚類』千石正一・疋田努・松井正文・仲谷一宏編, 平凡社, 東京, 8, 28.

松井正文 (1996b) ダルマガエル.『日本の希少な野生水生生物に関する基礎資料(III)』, 日本水産資源保護協会, 東京, 262–267.

Matsui, M. and T. Hayashi (1992) Genetic uniformity in the Japanese giant salamander, *Andrias japonicus*. Copeia, 1992 : 232–235.

Matsui, M., H. Iwasawa, H. Takahashi, T. Hayashi and M. Kumakura (1992a) Invalid specific status of *Hynobius sadoensis* Sato : electrophoretic evidence (Amphibia : Caudata). J. Herpetol., 26 : 308–315.

Matsui, M., T. Sato, S. Tanabe and T. Hayashi (1992b) Local population differentiation in *Hynobius retardatus* : an electrophoretic analysis. Zool. Sci., 9 : 193–198.

Matsui, M., T. Sato, S. Tanabe and T. Hayashi (1992c) Electrophoretic analyses of systematic relationships and status of two hynobiid salamanders from Hokkaido (Amphibia : Caudata). Herpetologica, 48 : 408–416.

Matsui, M., T. Tanaka-Ueno, N.-K. Paik, S.-Y. Yang and O. Takenaka (1998) Phylogenetic relationships among local populations of *Rana dybowskii* assessed by mitochondrial cytochrome *b* gene sequences. Jpn. J. Herpetol., 17 : 145–151.

Matsui, M., Y. Misawa, K. Nishikawa and S. Tanabe (2000) Allozymic variation of *Hynobius kimurae* Dunn (Amphibia, Caudata). Comp. Bioch. Physiol. B, 125 : 115–125.

Matsui, M., N. Nishikawa, S. Tanabe and Y. Misawa (2001) Systematic study of *Hynobius tokyoensis* from Aichi Prefecture, Japan : a biochemical survey (Amphibia : Urodela). Comp. Bioch. Physiol. B, 130 : 181–189.

Matsui, M., N. Nishikawa, Y. Misawa, M. Kakegawa and T. Sugahara (2002) Taxonomic relationships of an endangered salamander *Hynobius hidamontanus* Matsui, 1987 with *H. tenuis* Nambu, 1991 (Amphibia : Caudata). Current Herpetol. 21 : 25–34.

Merkle, D. A., S. I. Gutman and M. A. Nickerson (1977) Genetic uniformity throughout the range of the hellbender, *Cryptobranchus alleganiensis*. Copeia, 1977 : 549–553.

Nishioka, M., S. Ohta and M. Sumida (1987a) Intraspecific differentiation of *Rana tagoi* elucidated by electrophoretic analyses of enzymes and blood proteins. Sci. Rep. Lab. Amphibian Biol. Hiroshima Univ., 9 : 97–133.

Nishioka, M., M. Sumida, S. Ohta and H. Suzuki (1987b) Speciation of three allied genera, *Buergeria, Rhacophorus* and *Polypedates*, elucidated by the method of electrophoretic analyses. Sci. Rep. Lab. Amphibian Biol. Hiroshima Univ., 9 : 53–96.

Nishioka, M., H. Ueda and M. Sumida (1987c) Intraspecific differentiation of *Rana narina* elucidated by crossing experiments and electrophoretic analyses of enzymes and blood proteins. Sci. Rep. Lab. Amphibian Biol. Hiroshima Univ., 9 : 261–303.

Nishioka, M. and M. Sumida (1990) Differentiation of *Rana limnocharis* and two allied species elucidated by electrophoretic analyses. Sci. Rep. Lab. Amphibian Biol. Hiroshima Univ., 10 : 125–154.

Nishioka, M., M. Sumida and L. J. Borkin (1990) Biochemical differentiation of the genus *Hyla* distributed in the Far East. Sci. Rep. Lab. Amphibian Biol. Hiroshima Univ., 10 : 93–124.

Nishioka, M. and M. Sumida (1992) Biochemical differentiation of pond frogs distributed in the Palearctic region. Sci. Rep. Lab. Amphibian Biol. Hiroshima Univ., 11 : 71–108.

Nishioka, M., M. Sumida, L. J. Borkin and Z. Wu (1992a) Genetic differentiation of 30 populations of 12 brown frog species distributed in the Palearctic region elucidated by the electrophoretic method. Sci. Rep. Lab. Amphibian Biol. Hiroshima Univ., 11 : 109–160.

Nishioka, M., M. Sumida and H. Ohtani (1992b) Differentiation of 70 populations in the *Rana nigromaculata* group by the method of electrophoretic analyses. Sci. Rep. Lab. Amphibian Biol. Hiroshima Univ., 11 : 1–70.

Nishioka, M., Y. Kodama, M. Sumida and M. Ryuzaki (1993) Systematic evolution of 40 populations of *Rana rugosa* distributed in Japan elucidated by electrophoresis. Sci. Rep. Lab. Amphibian Biol. Hiroshima Univ., 12 : 83–131.

Nishikawa, K., M. Matsui, S. Tanabe and S. Sato (2001) Geographic enzyme variation in a Japanese salamander, *Hynobius boulengeri* Thompson (Amphibia, Caudata). Herpetologica, 57 : 281–294.

Sumida, M. and M. Nishioka (1994) Genetic differentiation of the Japanese brown frog, *Rana japonica*, elucidated by electrophoretic analyses of enzymes and blood proteins. Sci. Rep. Lab. Amphibian Biol. Hiroshima Univ., 13 : 137–171.

Sumida, M. and M. Nishioka (1996) Genetic variation and population divergence in the mountain brown frog *Rana ornativentris*. Zool. Sci., 13 : 537–549.

Sumida, M. and T. Ishihara (1997) Natural hybridization and introgression between *Rana nigromaculata* and *Rana porosa porosa* in central Japan. Amphibia-Reptilia, 18 : 249-257.

Tanaka, T., M. Matsui and O. Takenaka (1994) Estimation of phylogenetic relationships among Japanese brown frogs from mitochondrial cytochrome *b* gene (Amphibia : Anura). Zool. Sci., 11 : 753-757.

Tanaka, T., M. Matsui and O. Takenaka (1996) Phylogenetic relationships of Japanese brown frogs (*Rana* : Ranidae) assessed by mitochondrial cytochrome *b* gene sequences. Biochem. Syst. Ecol., 24 : 299-307.

Tanaka-Ueno, T., M. Matsui, T. Sato, S. Takenaka and O. Takenaka (1998) Phylogenetic relationships of brown frogs with 24 chromosomes from Far East Russia and Hokkaido assessed by mitochondrial cytochrome *b* gene sequences (*Rana* : Ranidae). Zool. Sci., 15 : 289-294.

Toda, M., M. Nishida, M. Matsui, G.-F. Wu and H. Ota (1997) Allozyme variation among east Asian populations of the Indian rice frog, *Rana limnocharis* (Amphibia : Anura). Biochem. Syst. Ecol., 25 : 143-159.

Wilkinson, J. A., M. Matsui and T. Terachi (1996) Geographic variation in a Japanese frog (*Rhacophorus arboreus*) revealed by PCR-aided restriction site analysis of mtDNA. J. Herpetol., 30 : 418-423.

[第 15 章]

後藤晃 (1987) 淡水魚——生活環から見たグループ分けと分布域形成.『日本の淡水魚』水野信彦・後藤晃編, 東海大学出版会, 東京, 1-15.

Iguchi, K., K. Watanabe and M. Nishida (1999) Reduced mitochondrial DNA variation in hatchery populations of ayu (*Plecoglossus altivelis*) cultured from multiple generations. Aquaculture, 178 : 235-243.

川那部浩哉・水野信彦 (1989)『日本の淡水魚』, 山と渓谷社, 東京.

小島吉雄 (1983)『魚類細胞遺伝学』, 水交社, 東京.

Miya, M. and M. Nishida (1999) Organization of the mitochondrial genome of a deep-sea fish *Gonostoma gracile* (Teleostei : Stomiiformes) : first example of transfer RNA gene rearrangements in bony fishes. Mar. Biotechnol., 1 : 416-426.

中坊徹次 (2000)『日本産魚類検索——全種の同定 (第 2 版)』, 東海大学出版会, 東京.

Nishida, M. (1986) Geographic variation in the molecular, morphological and reproductive characters of the ayu *Plecoglossus altivelis* (Plecoglossidae) in the Japan-Ryukyu Archipelago. Japan. J. Ichthyol., 33 : 232-248.

Nishida, M. (1988) A new subspecies of the ayu *Plecoglossus altivelis* (Plecoglossidae) from the Ryukyu Islands. Japan. J. Ichthyol., 35 : 236-242.

西田睦・渡辺勝敏・山崎裕治 (1997) 淡水魚類.『平成 8 年度生物多様性調査・遺伝的多様性調査報告書』, 自然環境研究センター, 東京, 56-65.

西田睦・大河俊之・岩田祐士（1998）ミトコンドリア DNA 分析による集団構造解析法. 水産育種, 26：81-100.

日本水産資源保護協会（1999）『水産生物の遺伝的多様性の評価及び保存に関する技術マニュアル』, 日本水産資源保護協会, 東京.

大仲知樹・佐々木裕之・長井健生・沼知健一（1999）絶滅危惧種ウシモツゴ集団に見られた mtDNA D ループ領域の著しい単型性. 日本水産学会誌, 65：1005-1009.

Okazaki, M., K. Naruse, A. Shima and R. Arai (2001) Phylogenetic relationships of bitterlings based on mitochondrial 12S ribosomal DNA sequences. J. Fish Biol., 58：89-106.

Sawashi, Y. and M. Nishida (1994) Genetic differentiation in populations of the Ryukyu-ayu *Plecoglossus altivelis ryukyuensis* on Amami-oshima Island. Japan. J. Ichthyol., 41：253-269.

関伸吾・谷口順彦・田祥鱗（1988）日本及び韓国の天然アユ集団間の遺伝的分化. 日本水産学会誌, 54：559-568.

Takagi, M., E. Shoji and N. Taniguchi (1999) Microsatellite DNA polymorphism to reveal genetic divergence in ayu, *Plecoglossus altivelis*. Fisheries Sci., 65：888-892.

渡辺勝敏・伊藤慎一朗（1999）希少種ネコギギの生息個体数と分布. 魚類学雑誌, 46：15-30.

Watanabe, K., K. Iguchi, K. Hosoya and M. Nishida (2000) Phylogenetic relationships of the Japanese minnows, *Pseudorasbora* (Cyprinidae), as inferred from mitochondrial 16S rRNA gene sequences. Ichthyol. Res., 47：43-50.

Watanabe, K., T. Watanabe and M. Nishida (2001) Isolation and characterization of microsatellite loci from the endangered bagrid catfish, *Pseudobagrus ichikawai*. Mol. Ecol. Notes, 1：61-63.

Watanabe, K. and M. Nishida (2003) Genetic population structure of Japanese bagrid catfishes. Ichthyol. Res. 50 (in press).

[第 16 章]

網代健一郎・森重宏・井狩徹（1995）キボシカミキリのエステラーゼアイソザイムにおける地理的変異と遺伝様式. 鳥取大学農学部研究報告, 48：9-15.

Fujiyama, S. (1989) Species problems in *Chrysolina aurichalcea* (Mannerheim) with special reference to chromosome number (Chrysomelidae). Entomography, 6：443-452.

Honda, J., Y. Nakashima, T. Yanase, T. Kawarabata and Y. Hirose (1998) Use of the internal transcribed spacer (ITS-1) region to infer *Orius* (Hemiptera：Anthocoridae) species phylogeny. Appl. Entomol. Zool., 33：567-572.

Hoshiba, H., M. Matsuura and H. T. Imai (1989) Karyotype evolution in the social wasps (Hymenoptera, Vespidae). Jpn. J. Genet., 64：209-222.

Hoshiba, H. and H. T. Imai (1993) Chromosome evolution of bees and wasps (Hymenoptera, Apocrita) on the basis of C-banding pattern analyses. Jpn. J. Entomol., 61：465-492.

Imai, H. T. (1974) B-chromosomes in the myrmicine ant, *Leptothorax spinosior*. Chromosoma, 45 : 431-444.

Imai, H. T., N. Takahata, T. Maruyama, A. Daniel, T. Honda, Y. Matsuda and K. Moriwaki (1988) Modes of spontaneous chromosomal mutation and karyotype evolution in ants with reference to the minimum interaction hypothesis. Jpn. J. Genet., 63 : 313-342.

伊澤宏毅・刑部正博・守屋成一 (1992) アイソザイム分析によるクリタマバチの輸入天敵チュウゴクオナガコバチと土着天敵クリマモリオナガコバチの判別法. 応動昆, 36 : 58-60.

Kawazoe, A. (1987) The chromosome in the primitive or microlepidopterous moth-groups. I-IV. Proc. Japan Acad., 63 : 25-28, 87-90, 193-196, 257-260.

Kim, C. G., S. Hoshizaki, Y. P. Huang, S. Tatsuki and Y. Ishikawa (1999) Usefulness of mitochondrial CO II gene sequences in examining phylogenetic relationships in the Asian corn borer, *Ostrinia furnacalis*, and allied species (Lepidoptera : Pyralidae). Appl. Entomol. Zool., 34 : 405-412.

Konno, Y. and F. Tanaka (1996) Aliesterase isozymes and insecticide susceptibility in rice-feeding and water-oat-feeding strains of the rice stem borer, *Chilo suppressalis* Walker (Lepidoptera : Pyralidae). Appl. Entomol. Zool., 31 : 326-329.

Maekawa, K., T. Miura, O. Kitade and T. Matsumoto (1998) Genetic variation and molecular phylogeny based on the mitochondrial genes of the damp wood termite *Hodotermopsis japonica* (Isoptera : Termopsidae). Entomol. Sci., 1 : 561-571.

Maekawa, K., O. Kitade and T. Matsumoto (1999) Molecular phylogeny of orthopteroid insects based on the mitochondrial cytochrome oxidase II gene. Zool. Sic., 16 : 175-184.

Maekawa, K. and T. Matsumoto (2000) Molecular phylogeny of cockroaches (Blattaria) based on mitochondrial CO II gene sequences. Syst. Entomol., 25 : 511-519.

Maeki, K. (1961) A study of chromosomes in thirty-five species of the Japanese Nymphalidae (Lepidoptera, Rhopalocera). Jpn. J. Genet., 36 : 137-146.

Makita, H., T. Shinkawa, K. Ohta, A. Kondo and T. Kanazawa (2000) Phylogeny of *Luehdorfia* butterflies inferred from mitochondrial ND 5 gene sequences. Entomol. Sci., 3 : 321-329.

牧野佐二郎編 (1950) 『動物染色体数総覧』, 北隆館, 東京.

桝永一宏 (1999) 外部形態解析と分子系統解析から推測した海浜性アシナガバエの系統関係. 昆虫と自然, 34 : 30-34.

宮ノ下明大・田付貞洋・草野忠治・藤井宏一 (1991) スギマルカイガラムシのエステラーゼアイソザイム変異. 応動昆, 35 : 317-320.

Muraji, M. and S. Tachikawa (2000) Phylogenetic analysis of water striders (Hemiptera : Gerroidea) based on partial sequences of mitochondrial and nuclear ribosomal RNA genes. Entomol. Sci., 3 : 615-626.

Muraji, M., K. Kawasaki and T. Shimizu (2000a) Phylogenetic utility of nucleotide sequences of mitochondrial 16S ribosomal RNA and cytochrome *b* genes in anthocorid bugs (Heteroptera : Anthocoridae). Appl. Entomol. Zool., 35 : 293–300.

Muraji, M., K. Kawasaki and T. Shimizu (2000b) Nucleotide sequence variation and phylogenetic utility of the mitochondrial CO I fragment in anthocorid bugs (Hemiptera : Anthocoridae). Appl. Entomol. Zool., 35 : 301–308.

Naito, T. (1982) Chromosome number differentiation in sawflies and its systematic implication (Hymenoptera, Tenthredinidae). Kontyu, Tokyo, 50 : 569–587.

Nei, M. (1972) Genetic distance between populations. Amer. Natur., 106 : 238–292.

西本裕・森谷正之・内藤親彦 (1998) 雄性産生単為発生種カタアカスギナハバチの染色体多型の分布とその起源. 日本昆虫学会第 58 回大会講演要旨, 36.

Nomura, M. (1998) Allozyme variation and phylogenetic analysis of genera and species of Japanese Plusiinae (Lepidoptera : Noctuidae). Appl. Entomol. Zool., 33 : 513–524.

大場信義 (1988)『ゲンジボタル』, 文一総合出版, 東京.

大場信義 (1989) 西と東で異なるゲンジボタル. 昆虫と自然, 24 : 2–6.

大澤省三 (1999) オサムシにおける系統多様化の道のり. 昆虫と自然, 34 : 15–19.

Osawa, D., Z. H. Su, C. G. Kim, M. Okamoto, O. Tomiyama and Y. Imura (1999) Evolution of the carabid ground beetles. Adv. Biophys., 36 : 65–106.

Rozalski, R. J., H. Sakurai and K. Tsuchida (1996) Esterase and malate dehydrogenease isozymes analysis in the population of honeybee, *Apis cerana japonica* and *Apis mellifera*. Jpn J. Entomol., 64 : 910–917.

Saitoh, K. (1960) A chromosome survey in thirty species of moths. Jpn. J. Genet., 35 : 41–48.

斎藤秀生 (1999) カミキリムシの DNA 解析のこころみ. 昆虫と自然, 34 : 35–38.

Sasaji, H. and K. Nishide (1994) Genetics of esterase isozymes in *Harmonia yedoensis* (Takizawa) (Coleoptera : Coccinellidae). Mem. Fac. Educ., Fukui Univ., Ser. II (Nat. Sci.), (45) : 1–13.

佐藤安志 (1998) アロザイムからみたホタルの遺伝的変異と種分化. 昆虫と自然, 33 : 19–25.

新川勉 (1999) ギフチョウ属 (*Luehdorfia*) のミトコンドリア分子系統. 昆虫と自然, 34 : 26–29.

Shintani, Y., Y. Ishikawa and H. Honda (1992) Geographic variation in esterase isozymes of the yellow-spotted longicorn beetle, *Psacothea hilaris* (Pascoe) (Coleoptera : Cerambycidae). Appl. Entomol. Zool., 27 : 53–67.

Shirota, Y., K. Iituka, J. Asano, J. Abe and J. Yukawa (1999) Intraspecific variations of mitochondrial cytochrome oxidase I sequence in an aphidophagous species, *Aphidoletes aphidimyza* (Diptera : Cecidomyiidae). Entomol. Sci., 2 : 209–215.

曽田貞滋 (2000) 分子系統で見るオサムシの進化——オオオサムシ亜属は平行進化したか. インセクタリウム, 37 : 20–29.

Sonoda, S., T. Yamada, T. Naito and F. Nakasuji (1992) A family of highly repeated DNA sequences of the fern sawfly *Hemitaxonus japonicus* complex (Hymenoptera : Tenthredinidae). Appl. Entomol. Zool., 27 : 399-405.
Sonoda, S., T. Yamada, T. Naito and F. Nakasuji (1995) Molecular characterization of a family of tandemly repetitive DNA sequences (pYS family) in the genus *Hemitaxonus* (Hymenoptera : Tenthredinidae). Jpn. J. Genet., 70 : 533-542.
Su, Z. H., T. Ohoma, T. S. Okada, K. Nakamura, R. Ishikawa and S. Osawa (1996a) Phylogenetic relationships and evolution of the Japanese Carabinae ground beetles based on mitochondrial DNA gene sequences. J. Mol. Evol., 42 : 124-129.
Su, Z. H., O. Tominaga, T. Ohama, E. Fujiwara, R. Ishikawa, T. Okada, K. Nakamura and S. Osawa (1996b) Parallel evolution in radiation of *Ohomopterus* ground beetles inferred from mitochondrial ND 5 gene sequences. J. Mol. Evol., 43 : 662-671.
蘇智・金衡 (1999) オサムシのきた道を DNA でたどる. 昆虫と自然, 34 : 4-10.
Suzuki, H. (1997) Molecular phylogenetic studies of Japanese fireflies and their mating systems (Coleoptera : Cantharoidea). TMU Bull. Nat. Hist., (3) : 1-53.
鈴木浩文 (1998) DNA レベルでみた日本産ホタルの系統進化. 昆虫と自然, 33 : 11-15.
Suzuki, H., Y. Sato, S. Fujiyama and N. Ohba (1993) Genetic differentiation between ecological two types of the Japanese firefly, *Hotaria parvia* : an electrophoretic analysis of allozymes. Zool. Sci., 10 : 697-703.
Suzuki, H., Y. Sato, S. Fujiyama and N. Ohba (1996a) Biochemical systematics of Japanese fireflies of the subfamily Luciolinae and their flash communication systems. Biochem. Genet., 34 : 191-200.
Suzuki, H., Y. Sato, S. Fujiyama and N. Ohba (1996b) Allozymic differentiation between two ecological types of flashing behavior in the Japanese Firefly, *Luciola cruciata*. Jpn J. Entomol., 64 : 682-691.
Suzuki, H., Y. Sato and N. Ohba (2002) Gene diversity and geographic differentiation in mitochondrial DNA of the genji firefly, *Luciola cruciata* (Coleoptera : Lampyridae). Mol. Phylogenet. Evol., 22 : 193-205.
Takada, H. (1998) A review of *Aphidius colemani* (Hymenoptera : Braconidae ; Aphidiinae) and closely related species indigenous to Japan. Appl. Entomol. Zool., 33 : 59-66.
Takenouchi, Y. (1974) A study of the chromosomes of thirty-four species of Japanese weevils (Coleoptera : Curculionidae). Genetica, 45 : 91-110.
八木孝司・佐々木剛 (1999) DNA によるチョウの系統解析. 昆虫と自然, 34 : 20-25.
Yagi, T., G. Sasaki and H. Takebe (1999) Phylogeny of Japanese papilionid butterflies inferred from nucleotide sequences of the mitochondrial ND 5 gene. J. Mol. Evol., 48 : 42-48.

事項索引

A
ACOH（アコニターゼ）　96
AFLP 分析　239
AMOVA　186

C
C-染色法　85
CHD 遺伝子　54, 190
CLUSTAL W　126
CO II 遺伝子　251
CTAB　135

D
D 値　249
DHPLC 法　118
DNA（デオキシリボ核酸）　12, 20, 243
DNA 交雑法　179
DNA 残渣　133
DNA 診断　18
DNA 分解酵素　130
DNA ポリメラーゼ　105

E
EMBL 核酸塩基データベース　127
ESU　204, 205, 227

F
FBA（アルドラーゼ）　96
FISH　20

G
G-染色法　84
GenBank　127
GuSCN　135

H
HK（ヘキソキナーゼ）　96
Hot-start PCR　110
HV 領域　37

I
IDH（イソクエン酸デヒドロゲナーゼ）　96

L
LA-PCR　111
LDH（乳酸デヒドロゲナーゼ）　94, 96

M
MDH（リンゴ酸デヒドロゲナーゼ）　96
MEGA　126
MHC（主要組織適合遺伝子複合体）　17, 56, 190
MHC 遺伝子多型分析　188
Multiplex PCR　111

N
ND 5 遺伝子　244
Nei（根井）の（標準）遺伝距離　100, 202, 230, 231
Nested PCR　111

O
OTU　122

P
PAUP　126
PCR　104, 144
PCR 促進剤　109
PCR トラブルシューティング　108
PCR 反応のプラトー　108
PGM（ホスホグルコムターゼ）　96
PHYLIP　126
Proteinase K　135

Q
Q-染色法　82

R
rDNA　160
Rogers の遺伝的類似度　100, 101
RSB 緩衝液　128
RT-PCR 法　112

S
SDS　99
SDS ポリアクリルアミド電気泳動法　99
SINE（サイン）　31, 178
SOD（スーパーオキシドジスムターゼ）　96
SRY 遺伝子　55, 156, 160
SSCP 法　118

T
TAIL-PCR 法　114
TAS　37
TE 緩衝液　136
Tm 値　107

V
VNTR　53

Y
Y 染色体遺伝子　55, 178

ア行
アイソザイム　94
亜種分類　207
網状進化　162
アメロゲニン遺伝子　156
アロザイム　96, 215, 228, 243
鋳型 DNA　109
移住個体数　43
異所的な種分化　232
イソプロパノール-エタノール法　135
遺存固有種　206
一斉放散　43, 243

294　事項索引

遺伝距離　43, 49, 101, 120, 183
遺伝子　11, 19
遺伝子汚染　66, 71
遺伝子型（ジェノタイプ）
　12, 201, 202
遺伝子座　11, 201
遺伝子浸透　204, 225
遺伝子族　23
遺伝子多型解析　183
遺伝子多様度　15, 40
遺伝子重複　13
遺伝子プールの攪乱　157
遺伝子保存　59
遺伝子流動　17, 29, 52
遺伝的攪乱　218, 225
遺伝的構造　16, 45
遺伝的交流　202, 203
遺伝的最少有効個体数　69
遺伝的多様性　7, 10, 11, 146, 175, 228
遺伝的多様性調査　63
遺伝的多様性の低下　59, 65
遺伝的多様性保全　61
遺伝的独自性　212
遺伝的浮動　14, 34, 146, 172, 187
遺伝的分化係数　43
遺伝的放散　48
遺伝的モニタリング　18
移入種　66, 71, 157
イントロン　21
隠蔽種　100
ヴュルム氷期　193, 195
泳動型　97
液浸標本　134
エクソン　21
エコロケーション　176
塩基多様度　42
塩基置換数　42
塩基置換頻度分布　51
塩基置換率　24
塩基配列決定　117
オートシークエンサー　116
親子判別　17
親種　207, 209
オリゴマー　97

カ行

外群　177

回遊　213
外来種　198, 210
外来集団　210
回廊　68, 69
核 DNA　201, 255
核型　19, 79, 201
核型多型　246
核型変異　171
核系群　186
家系図　17
化石試料　138
化石標本　134
ガラスビーズ法　139
環境影響予測調査　240
寒天　93
灌木樹形　47
記載分類　200
基準産地　203
偽常染色体　54
ギムザ染色法　82
逆転写酵素反応　111
キャリングオーバー　128
局所集団　237
距離行列法　122
寄与率　47
距離法　101
近交係数　17, 45
近交弱勢　15
近親交配　15, 45
近隣結合法　123, 183, 251
組換え　12
クレード　47
クローニング法　114
クロマチン　19
クローン組成　207
クローンタイプ　205
クローンタイプの多様性　205
系群　175, 184
蛍光 in situ ハイブリダイゼーション（FISH）　20, 87
形質状態法　122
系統関係　228
系統樹　122
系統樹作成ソフト　126
系統進化学的位置　144
血液培養　80
血縁関係図　28
欠損　12, 23
血統登録　69

ゲノム　11, 19
ゲル　93
ゲルバッファー　97
顕微鏡標本　134
交雑　218
構成異質染色質　85
酵素タンパク質　201
酵素タンパク質支配遺伝子座　210
口内粘膜　128
小型哺乳類　159
国際捕鯨委員会（IWC）　176
古代 DNA　53, 134
個体群　5
個体識別　17, 52, 149, 180
骨格標本　133
骨試料　138
固有種　198
固有度　159
混合率　185
コントロール領域（D-loop）
　35, 149, 235

サ行

採血　129
最節約法　101, 125
細胞破壊　135
細胞破壊用緩衝液　135
ザイモグラム　94
最尤法　101, 126, 184, 198
在来種　157, 198
在来集団　210, 211
索餌域　181
サザンブロット法　215
雑種起源　209
雑種個体群　203
サテライト DNA　86
3倍体クローン　208
産卵回帰性　45
産卵地　46
自然環境保全基礎調査　62
ジャンク DNA（がらくた DNA）
　13, 19
種　7, 10
周縁性淡水魚　227
自由交配集団　201
集団構造　228
集団座礁　57
12S リボゾーム RNA　35, 36,

295

144
18S リボゾーム RNA　29, 32, 87
縦列反復配列多型　53
16S リボゾーム RNA　35, 233, 251
種間競合　165
種多様性　7, 10, 241
種の保存委員会　70
種分化　13, 24
純淡水魚　227
食痕　131
除タンパク質　135
ショットガンシークエンス　117
人為的移入　249
進化速度　29, 35
進化的に重要な単位（ESU）　204, 205, 227
人工繁殖計画　148
水溶性タンパク質　93
すみわけ　185
生活史　212, 213
制限酵素　253
制限酵素断片長多型　217
制限酵素断片長多型（RFLP）法　118
生殖隔離　25, 204
生殖隔離メカニズム　201
生息域外（ex-situ）保全　67
生息域内（in-situ）保全　67
生態系　3
生態系多様性　7
生態的二型　249
性判別　156
生物学的種　10
生物学的種概念　205
生物体系学　16
生物多様性　6
生物多様性国家戦略　62
生物多様性条約　61, 65
生物分類群　16
世界分類学イニシアチブ（GTI）　74
絶滅危惧種　15, 198, 241
セルロースアセテート　93
全種（記載）調査（インベントリー）　5, 10, 73
染色体　19, 242
染色体多型　79

染色体地図　20
染色体分染法　82
染色体ペインティング法　90
染色体変異　12, 22
染色体マッピング法　87
操作上の分類単位（OTU）　122
創始者効果　28, 35
挿入　12, 23
祖先ノード　50, 193, 195, 197

タ行

第三紀　160
ダイターミネイター法　116
ダイプライマー法　116
ダイマー　97
第四紀　167, 170
対立遺伝子　11
多型遺伝子座　202
脱落羽毛　132
脱落体毛　132
単為生殖種　205, 207
段階的探索法　122
淡水魚類　227
タンパク質多型分析　228
タンパク質分解　135
短反復配列　53
地域間共有率　48
置換　12, 23
地球圏・生物圏国際協同研究計画（IGBP）　74
チトクローム b 遺伝子　144, 159, 216
チトクローム b 領域　35, 37
中立説　14
直腸粘膜　128
地理的代置種　233
適応度　248
データライブラリー　127
テトラマー　97
転位　23, 30, 120
電荷　93
転換　23, 30, 120
電気泳動法　92
転写領域（コーディング領域）　12
点突然変異　12, 13, 23
デンプン　93
同義置換（数）　56, 120
動原体開列　247

通し回遊魚　227
等電点　99
等電点電気泳動　98
動物法医学　16
突然変異　12, 209

ナ行

軟組織試料　135
二次元電気泳動　99
ニッチェ　9, 241
2 倍体クローン　207
日本 DNA データバンク（DDBJ）　127
日本版レッドデータブック　63, 64
ヌクレオソーム　19
ネオダーウィニズム　14
ネットワーク樹　51, 125
ネットワーク法　125

ハ行

歯　133
バイオプシー　130, 180
剥製標本　133
博物館標本　74, 133
バッファー　93
ハーディーワインベルグ平衡　99
ハーディーワインベルグ予測　201
花火型　126
花火型放散　47
ハプロタイプ　40, 253
ハプロタイプ LmMCA　192
ハプロタイプ多様度　40
ハプロタイプ表　125
繁殖域　181
繁殖個体群（繁殖集団）　46, 212, 213
反復単位　53
反復配列　53
非同義置換（数）　56, 120
皮膚培養　81
フェノール・クロロホルム法　135
フォッサマグナ　233
不活性対立遺伝子　98
父系系列（父系性の系譜）　28, 54

付着物・派生物試料　138
ブートストラップ　126
プライマー　106
フラグメント解析　119
プロモーター　21, 55
糞　131
分岐年代　27, 145
分子系統解析　149
分子系統学　230
分子生態学　52
分子時計　26, 215, 224, 231
分子量　93
分類　144
分類学的多様性　200, 201
分類群　205
ヘアートラップ（法）　132, 154
平均距離法　123
平行置換　125
平行放散進化　244
ヘテロクロマチン　85
ヘテロ接合体　248
ヘテロ接合度　9, 40, 146, 218
変化阻害剤　98
方向性淘汰　122

母系遺伝（母性遺伝）　34, 150, 166
母系性の系譜　28, 34
保護増殖事業　70
保全遺伝学　15
ボトルネック効果（瓶首効果）　28, 235, 236
ホモ接合体　248
ポリアクリルアミド　93

マ行

マイクロサテライト　236
マイクロサテライト（多型）分析　146, 188
マイクロサテライトマーカー　53
マスストランディング　58
マルチキャピラリー法　117
マルチプルアライメント　117
未記載種　203
ミトコンドリアDNA（mtDNA）　32, 33, 144, 159, 176, 212, 213, 216, 228, 255
ミニサテライトマーカー　53

網羅的探索法　122
モノマー　97
モルビリウイルス　58

ヤ行

野生復帰　148
有効個体群サイズ（有効集団サイズ）　17, 187, 236
雄性産生単為発生　246
ユニバーサルプライマー　33

ラ行

ラムサール条約　189
卵　132
リボゾームRNA領域　35
琉球列島　230
両性生殖種　201, 207, 209
冷凍動物園　72
レッドデータブック（RDB）　65, 198, 199, 220, 222, 224, 225
レッドリスト　5, 200, 218, 220
レトロポゾン　31

生物名索引

A

Ailuropoda melanoleuca 72
Amphiesma 201
A. pryeri 201
A. p. concelarum 201
A. p. ishigakiense 201
Andrias davidianus 218
A. japonicus 70, 217
Apodemus 164
A. speciosus 61
Aquila chrysaetos 70

B

Balaenoptera acutorostrata 183
B. a. acutorostrata 183
B. a. scammoni 183
B. bonaerensis 183
Bonasa bonasia 194
B. b. vicinitas 194
Bos javanicus 66

C

Canis latrans 66
C. lupus 66
C. rufus 66
C. simensis 66
Capricornis crispus 61
Caretta caretta 212
Cervus elaphus 72
C. nippon 72, 155
Chelonia mydas 213
Ciconia ciconia 59
Cryptobranchus alleganiensis 218

D

Dicerorhinus sumatrensis 65
Diplothrix legata 163
Dymecodon pilirostris 169

E

Eothenomys andersoni 167
E. smithii 167
Eretmochelys imbricata 45, 213
Eubalaena australis 182
E. glacialis 182
E. japonica 182
Eumeces 198
E. latiscutatus 205
E. marginatus 205
E. m. oshimensis 205
Euroscaptor mizura 169

F

Felis bengalensis 144
F. b. euptilura 146
F. b. iriomotensis 146
F. concolor 68
F. euptilura 63
F. iriomotensis 63, 144

G

Gallirallus okinawae 72
Gekko 201
G. hokouensis 201
G. yakuensis 203
Goniurosaurus kuroiwae orientalis 207
G. k. splendens 207
Glirulus 160
Gorilla gorilla 67
Grus japonensis 70
G. vipio 196

H

Herpestes javanicus 71
Hotaria parvula 243
H. tsushimana 250
Hynobius boulengeri 218, 222
H. hidamontanus 220
H. lichenatus 219
H. nebulosus 218
H. tenuis 220
H. tokyoensis 218

K

Ketupa blakistoni 60, 86

L

Lagopus mutus 191
L. m. japonicus 191
Loderus genucinctus 245
Luciola cruciata 243

M

Macaca fuscata 61
M. nemestrina 72
M. sp. 67
Mayailurus iriomotensis 144
Mogera imaizumii 169
M. tokudae 169
M. wogura 169
Mus 87
M. musculus 61, 90
M. platythrix 90
Mustela erminea 71
M. itatsi 71
M. vison 71

N

Nesoscaptor uchidai 73
Nipponia nippon 59

O

Oryzias latipes 61

P

Pan paniscus 70
Panthera tigris 66
Pelodiscus sinensis 201, 210
Phoca vitulina 70
Plecoglossus altivelis 230
P. a. ryukyuensis 232
Pongo pygmaeus 67, 85

298　生物名索引

Procyon lotor　71
Pseudorasbora　232
Purunella collaris　191

R

Rana nigromaculata　224
R. porosa brevipoda　224
R. p. porosa　225
Rhabdophis tigrinus tigrinus　201
Rhinoceros sondaicus　65

T

Tokudaia osimensis　72, 83, 90

U

Urotrichus talpoides　169
Ursus arctos　149

ア行

アオウミガメ　199, 213
アオスジトカゲ　206
アカウミガメ　199, 212
アカオオカミ　66
アカシカ　72
アカネズミ　61, 164
アカボウクジラ科　176
アザラシ科　178
アシカ科　178
アズマモグラ　169
アベサンショウウオ　214
アマゾンカワイルカ科　176
アマミアオガエル　217
アマミタカチホヘビ　199
アユ　230
アユ科　230
アライグマ　71
アライグマ科　179
アリ類　242
イシガキトカゲ　206
イタセンパラ　234
イタチ　71, 198, 206
イタチ科　179
イッカク科　176
イヌワシ　190
イヘヤトカゲモドキ　199
イボイモリ　215
イモリ　215
イリオモテヤマネコ　63, 144

イワサキセダカヘビ　199
イワサキワモンベニヘビ　199
イワヒバリ　190, 191, 197
ウシモツゴ　232
ウズラ　190
ウミガメ類　198, 213
ウミヘビ類　198
エゾアカガエル　216
エゾオコジョ　71
エゾサンショウウオ　215
エゾシカ　155
エゾライチョウ　194, 197
エチオピアオオカミ　66
オオオサムシ亜属　255
オオカミ　66
オオサンショウウオ　70, 217
オオシマトカゲ　205
オオセッカ　190
オオダイガハラサンショウウオ　218, 222
オオハシシモズ　190
オオヨシキリ　190
オガサワラヤモリ　207, 209
オキナワアオガエル　217
オキナワトカゲ　199, 205
オサムシ亜属　244
オーストラリアマルハシ　190
オナガザル属　71
オビトカゲモドキ　199, 207
オランウータン　67, 85

カ行

海牛目　175
カジカガエル　217
カスミサンショウウオ　218, 221
カタアカスギナハバチ　245
ガラスヒバァ　201
カワイルカ科　176
鰭脚亜目　178
キクザトサワヘビ　199
キシノウエトカゲ　199
キタサンショウウオ　215
キノボリトカゲ　199
偶蹄目　178
クジラ目　175
クマ科　179
クロイワトカゲモドキ　199, 206

クロサンショウウオ　214
ケナガネズミ　163
ゲンジボタル　249
コイ科　230
コウノトリ　59
コウベモグラ　169
コククジラ科　176
コシャチイルカ　176
コセミクジラ　176
コセミクジラ科　176
コマッコウ科　176
コヨーテ　66
ゴリラ　67

サ行

サキシマアオヘビ　199
サキシマバイカダ　199
サケ科　230
ザトウクジラ　180
サドサンショウウオ　215
サドモグラ　169
シジュウカラ科　190
シナイモツゴ　232
シマフクロウ　60, 86
ジャイアントパンダ　72
社会性ハチ類　242
ジャワサイ　65
ジャワマングース　71
ジュゴン科　179
シュレーゲルアオガエル　217
食肉目　175
シリケンイモリ　215
シロナガスクジラ　176
スッポン　199, 201, 210, 211
スマトラサイ　65
スミスネズミ　167
セイウチ科　178
ゼニガタアザラシ　70
ゼニタナゴ　234
セマルハコガメ　199
セミクジラ　181
セミクジラ科　176
センカクモグラ　73

タ行

タイマイ　45, 199, 213
タイリクオオサンショウウオ　218
タゴガエル　216

ダルマガエル 102,224
タンチョウ 70,190
チョウセンヤマアカガエル 216
チンパンジー 70
ツシマサンショウウオ 215
ツシマヒメボタル 250
ツシマヤマネコ 63,145
トウキョウサンショウウオ 218
トウキョウダルマガエル 225
トウホクサンショウウオ 219
トカゲ属 198,205
トキ 59
トゲネズミ 72,83,90,162
トノサマガエル 102,224
トラ 66

ナ行

ナガスクジラ科 176
ナガレヒキガエル 215
ナベヅル 197
ニホンアカガエル 216
ニホンアマガエル 215
ニホンイヌワシ 70
ニホンカジカガエル 217
ニホンカモシカ 61
ニホンザル 61
ニホンジカ 72
ニホントカゲ 199,205
ニホンヒキガエル 215
ニホンヤマネ 160
ニホンライチョウ 191
ヌマガエル 217
ネコギギ 236
ネズミイルカ科 176

ハ行

ハイ 199

ハクガン 189
ハクジラ亜目 176
ハクバサンショウウオ 220
ハツカネズミ 61,90,172
ハツカネズミ属 87
ハナサキガエル 217
ハバチ類 242
バーバートカゲ 199,206
ハロウエルアマガエル 215
バンテン（ジャワウシ） 66
ヒグマ 149
ヒゲクジラ亜目 176
ヒダサンショウウオ 102,215
ヒミズ 169
ヒメネズミ 164
ヒメヒミズ 169
ヒメヘビ 199
ヒメボタル 249
ヒャン 199
ヒラゲハツカネズミ 90
ブタオザル 72
ブチサンショウウオ 102
フロリダピューマ 68
ヘルベンダー 218
ベンガルヤマネコ 144
ペンギン 191
ホオジロシマアカガエラ 190
ホクリクサンショウウオ 215
ホタル科 251

マ行

マイルカ科 176
マダラトカゲモドキ 199,207
マッコウクジラ 176
マッコウクジラ科 176
マナヅル 196
マナティ科 179
ミズラモグラ 169
ミナミヤモリ 201,202,203

ミヤコトカゲ 199
ミヤコヒバァ 199,201
ミヤラヒメヘビ 199
ミンク 71
ミンククジラ 182
ムカシトカゲ目 200
無尾類 215
メダカ 61
モツゴ 232
モツゴ属 232
モリアオガエル 217

ヤ行

ヤエヤマアオガエル 217
ヤエヤマタカチホヘビ 199
ヤエヤマヒバァ 201
ヤクヤモリ 203
ヤチネズミ 167
ヤマアカガエル 216
ヤマカガシ 201
ヤマサンショウウオ 220
ヤマシナトカゲモドキ 199
ヤモリ属 201,203
ヤンバルクイナ 72
ユウダ属 201
有尾類 214
ヨウスコウカワイルカ科 176
ヨナグニシュウダ 199

ラ行

ライチョウ 191,197
ラプラタカワイルカ科 176
リュウキュウアユ 232
リュウキュウヤマガメ 199
ルリカケス 190

[編者紹介]

小池裕子（こいけ・ひろこ）
1947年　生まれる．
1975年　東京大学大学院理学系研究科博士課程単位取得退学．
現　在　九州大学大学院比較社会文化研究院教授，理学博士．
専　門　先史生態学——DNA解析・アイソトープ分析などの手法で，人類と動植物の歴史的動態をみている．
主要著書　『考古学と人類学』（分担，1998年，同成社），『環境と人類——自然の中に歴史を読む』（共著，2000年，朝倉書店）．

松井正文（まつい・まさふみ）
1950年　生まれる．
1975年　京都大学大学院理学研究科博士課程中退．
現　在　京都大学大学院人間・環境学研究科教授，理学博士．
専　門　動物系統分類学——両生爬虫類の分類，進化，保全に関心をもち，現在はおもに両生類の分類と自然史についての研究を行っている．
主要著書　『両生類の進化』（1996年，東京大学出版会），『日本カエル図鑑 改訂版』（共著，1999年，文一総合出版），『カエル——水辺の隣人』（2002年，中央公論新社）．

[執筆者紹介]（五十音順）

梅原千鶴子（うめはら・ちづこ）
1952年　生まれる．
1975年　徳島大学医学部栄養学科卒業．
現　在　北海道大学創成科学共同研究機構助手，栄養学士．
専　門　細胞遺伝学——染色体の数とかたち，いわゆる核型に関心をもち，おもに鳥類を対象に各種分染法とFISH法を用いて，核型の比較，性染色体の分化過程の解析を行っている．
主要著書　『図解・実験動物技術集Ⅱ』（分担，1988年，丸善）．

太田英利（おおた・ひでとし）
1959年　生まれる．
1988年　京都大学大学院理学研究科博士課程中退．
現　在　琉球大学熱帯生物圏研究センター教授，学術博士．
専　門　系統分類学・生物地理学——熱帯・亜熱帯の島嶼における，爬虫類を中心とした陸生脊椎動物の多様化，特殊化に興味をもち，琉球列島，台湾，パラオ諸島などを中心に多様性の現状，形成過程，保全に関する研究を行っている．
主要著書　『日本の絶滅危惧生物』（共著，1993年，保育社），"Tropical Island Herpetofauna"（編著，1999年，Elsevier），『レッドデータアニマルズ全8巻』（共編著，2000-2001年，講談社），『外来種ハンドブック』（共編著，2002年，地人書館）．

後藤睦夫（ごとう・むつお）
1963年　生まれる．
1993年　東京大学大学院農学研究科博士課程修了．
現　在　財団法人日本鯨類研究所研究部資源分類研究室室長，農学博士．
専　門　遺伝生物学——鯨類の集団遺伝，進化，保全に関する研究．国際捕鯨委員会（IWC）科学委員会委員．
主要著書　『鯨類資源の持続的利用は可能か』（分担，2002年，生物研究社）．

鈴木　仁（すずき・ひとし）

1956 年　生まれる．
1985 年　神戸大学大学院自然科学研究科博士課程修了．
現　在　北海道大学大学院地球環境科学研究科助教授，学術博士．
専　門　分子生物地理学——日本列島および東アジアを舞台にした小型哺乳類の生物地理学的な展開に興味をもっている．現在は，第三紀後期から第四紀にかけての地球環境の変動にともなうアジア産ネズミ類の進化について分子系統学的手法を用いて研究を行っている．
主要著書　『姉妹染色分体交換』（分担，1985 年，サイエンスフォーラム社），"Genetics in Wild Mice: Its Application to Biomedical Research"（分担，1994 年，Japan Scientific Societies Press）．

内藤親彦（ないとう・ちかひこ）

1942 年　生まれる．
1972 年　大阪府立大学大学院農学研究科博士課程修了．
現　在　神戸大学名誉教授，農学博士．
専　門　系統進化学——昆虫類の種多様化機構，系統分類，染色体進化に関心をもち，現在はおもにハバチ類の同所的種分化や雄半数性生殖の性戦略について研究している．
主要著書　『昆虫学セミナーI 進化と生活史戦略』（分担，1988 年，冬樹社），『日本原色虫えい図鑑』（分担，1996 年，全国農村教育協会），『ハチとアリの自然史』（分担，2002 年，北海道大学図書刊行会）．

西田　睦（にしだ・むつみ）

1947 年　生まれる．
1977 年　京都大学大学院農学研究科博士課程単位修得退学．
現　在　東京大学海洋研究所教授，農学博士．
専　門　分子進化生物学——魚類を中心とした海洋および陸水域の生物の系統と進化，種分化，保全などについて，分子生物学的手法を用いて研究している．
主要著書　『魚の自然史』（分担，1999 年，北海道大学図書刊行会），『水と生命の生態学』（分担，2000 年，講談社），『琉球列島の陸水生物』（共編著，2003 年，東海大学出版会）．

馬場芳之（ばば・よしゆき）

1972 年　生まれる．
2000 年　九州大学大学院比較社会文化研究科博士課程単位取得退学．
現　在　九州大学大学院比較社会文化研究科助手，理学博士．
専　門　分子生態学——鳥類を中心に保全遺伝学的研究を行っている．
主要著書　『平成 8 年度生物多様性調査・遺伝の多様性調査報告書』（分担，1997 年，自然環境研究センター），「DNA からみたライチョウの現在」（2000 年，「山と渓谷」11 月号）．

増田隆一（ますだ・りゅういち）

1960年　生まれる．
1989年　北海道大学大学院理学研究科博士課程修了．
現　在　北海道大学創成科学共同研究機構助教授，理学博士．
専　門　分子系統進化学——哺乳類の遺伝，進化，多様性，生物地理に興味をもち，現在はおもに日本産哺乳類の分子系統地理および遺伝的多様性保全に関する研究を行っている．
主要著書　『動物の自然史』(分担，1995年，北海道大学図書刊行会)，『環境保全・創出のための生態工学』(分担，1999年，丸善)，『希少猛禽類保護の現状と新しい調査法』(分担，2001年，技術情報協会)．

松田洋一（まつだ・よういち）

1955年　生まれる．
1983年　名古屋大学大学院農学研究科博士課程修了．
現　在　北海道大学創成科学共同研究機構教授，農学博士．
専　門　分子細胞遺伝学——脊椎動物のゲノムならびに染色体の構造と機能に関心をもち，おもに哺乳類，鳥類，爬虫類を対象として，核型進化，性染色体の分化と性決定，マイクロ染色体の起源，高度反復配列の構造と進化などについて研究を行っている．
主要著書　『マウスラボマニュアル』(分担，1998年，シュプリンガー・フェアラーク東京)，『実験医学別冊 non-RI 実験の最新プロトコール——蛍光の原理と実際』(共編，1999年，羊土社)．

米田政明（よねだ・まさあき）

1950年　生まれる．
1979年　北海道大学大学院農学研究科博士課程修了．
現　在　財団法人自然環境研究センター上席研究員，農学博士．
専　門　野生動物保護管理学——哺乳類の生態・個体群調査を基礎とした，保護区計画を含む生息地保全および個体群管理に関する実践的研究を行っている．
主要著書　『北海道産ノネズミ類の研究』(分担，1984年，北海道大学図書刊行会)，『熱帯雨林をまもる』(分担，1992年，日本放送出版協会)，『野生動物学概論』(共著，1995年，朝倉書店)．

渡辺勝敏（わたなべ・かつとし）

1967年　生まれる．
1995年　東京水産大学大学院水産学研究科博士課程修了．
現　在　京都大学大学院理学研究科助教授，水産学博士．
専　門　個体群生態学・系統進化学・生物地理学・保全遺伝学——淡水魚，おもにギギ科魚類の生態，進化，生物地理と希少淡水魚類の保全についての研究を行っている．
主要著書　『魚の自然史』(分担，1999年，北海道大学図書刊行会)，『淡水生物の保全生態学』(分担，1999年，信山社サイテック)．

保全遺伝学

	2003年5月30日　初　版
	2007年3月30日　第2刷

［検印廃止］

編　者　小池裕子・松井正文
発行所　財団法人　東京大学出版会
代表者　岡本和夫
　　　　113-8654 東京都文京区本郷7-3-1 東大構内
　　　　電話 03-3811-8814　Fax 03-3812-6958
　　　　振替 00160-6-59964
印刷所　株式会社平文社
製本所　有限会社永澤製本所

©2003　Hiroko Koike and Masafumi Matsui
ISBN 978-4-13-060213-6　Printed in Japan

Ⓡ〈日本著作権センター委託出版物〉
本書の全部または一部を無断で複写複製(コピー)することは、著作権法上での例外を除き、禁じられています。本書からの複写を希望される場合は、日本複写権センター(03-3401-2382)にご連絡ください。

樋口広芳編
保全生物学———A5判/264頁/3200円

宮下直・野田隆史
群集生態学———A5判/200頁/3200円

遠藤秀紀　　　　　　　　　Natural History Series
哺乳類の進化———A5判/400頁/5000円

疋田努　　　　　　　　　　Natural History Series
爬虫類の進化———A5判/248頁/4000円

松井正文　　　　　　　　　Natural History Series
両生類の進化———A5判/314頁/4800円

谷内透　　　　　　　　　　Natural History Series
サメの自然史———A5判/280頁/4200円

佐々治寛之　　　　　　　　Natural History Series
テントウムシの自然史———A5判/256頁/4000円

ここに表示された価格は本体価格です．ご購入の際には消費税が加算されますのでご了承ください．